U0189578

中国科协创新战略研究院智库成果系列丛书·专著系列

数据主权与治理模式辨析

武 虹 张 欣 著

中国科学技术出版社

·北 京·

图书在版编目（CIP）数据

数据主权与治理模式辨析 / 武虹 , 张欣著 . -- 北京：中国科学技术出版社 , 2024. 10. --（中国科协创新战略研究院智库成果系列丛书）. -- ISBN 978-7-5236-1047-3

Ⅰ . TP274

中国国家版本馆 CIP 数据核字第 2024UH5759 号

策划编辑	王晓义	
责任编辑	王晓义	
封面设计	郑子玥	
正文设计	中文天地	
责任校对	吕传新	
责任印制	徐　飞	

出　　版	中国科学技术出版社	
发　　行	中国科学技术出版社有限公司	
地　　址	北京市海淀区中关村南大街 16 号	
邮　　编	100081	
发行电话	010-62173865	
传　　真	010-62173081	
网　　址	http://www.cspbooks.com.cn	

开　　本	710mm×1000mm　1/16	
字　　数	305 千字	
印　　张	19.25	
版　　次	2024 年 10 月第 1 版	
印　　次	2024 年 10 月第 1 次印刷	
印　　刷	河北鑫兆源印刷有限公司	
书　　号	ISBN 978-7-5236-1047-3 / TP·501	
定　　价	99.00 元	

前　　言

　　数据作为关键生产要素，推动着生产生活、经济发展和社会治理方式的深刻变革，也正在成为重要的国家战略资源和国家间竞争的战略工具。数字贸易规则制定、本地存储数据的境外调取、数据取证跨境协调、数据管辖权冲突的解决等现实需求，以及数字壁垒与自由贸易、数据保护与适度开放共享、数据自由流动与出境数据审查、本地存储与域外效力等各种治理目标的达成，急需合理的解决与应对方案。数据主权作为国家主权在网络和数字空间的逻辑延伸和具体呈现，已成为学术研究、立法和多双边贸易谈判的热点。与此同时，"数据霸权主义"和"数据殖民主义"甚嚣尘上，数据霸权和反霸权的二元分化与对抗愈演愈烈，"长臂管辖"导致数据主权冲突持续发生，全球主要经济体纷纷出台数据主权相关治理法规。因此，构建数据主权的全球话语权，谋求引领国际规则，已成为数据时代的重要议题。截至 2021 年 5 月 19 日，在全球 195 个国家中，只有 46 个国家未制定数据保护法和隐私法，近一半国家建立了数据和隐私保护机构。各国际组织和国家的数据主权治理模式呈现出不同的取向和特征，其中以欧盟，以及美国、印度等国的数据主权治理模式最具代表性。

　　本书第一章从数据主权的法理基础开始，针对传统主权、网络主权、技术主权等相关概念进行了深入辨析；第二章围绕数据主权，从经济贸易、国家安全与个人隐私等多重视角进行了阐释。在上述数据主权内涵及相关概念的基础上，第三到第六章分别从跨境数据流动、数据本地化存储、数字贸易、"长臂管辖"及其反制策略等方面，分章节详细分析比较了欧盟，以及美国、印度、英国、日本、韩国等国的数据主权治理模式及其实施效果。第七章有针对性地对我国数据主权治理的发轫与演变进行了梳理。第八章针对新时代面临的机遇与挑战，提出了应对数据主权治理挑战的中国方案建议。

数据主权安全是统筹发展与安全，贯彻总体国家安全观的重要抓手。本书基于对欧盟，以及美国、印度等全球主要经济体的调研结果，辨析国内外数据主权治理模式及其格局演进趋势，分析其对推动我国数据跨境流动发展的启示，探索进一步完善数据主权治理战略的途径，为全球数据主权治理提供中国智慧和中国方案，为应对挑战、捍卫数据主权提出针对性的对策建议，具有较为重要的现实意义。

目 录

第一章

数据主权的法理基础

第一节　数据的基础理论

一、数据及其属性

（一）数据的概念界定

纵观国内外对数据的本体论研究，存在数据概念界定混杂、与信息等相关概念混淆使用等现象。这同数据的多学科视角、多理论认识有关，导致研究者难以将数据纳入统一的规范话语体系中进行鉴别、分类与规范。[①]数据概念的模糊性也导致同主权概念结合衍生出的"数据主权"概念界定难度增大。如何准确认识、识别话语背后的客观规律运作与主体利益诉求，有赖对数据概念的准确把握。

关于数据，牛津、剑桥的词典释义都隐含了电子与非电子的两种解释以及存在形式，即数据或是指用于辅助决策而收集来的信息，尤其是用以参考的事实或是数字，或是由计算机存储和使用的电子形式的信息。在社

---

① 郑佳宁. 数据信息财产法律属性探究［J］. 东方法学，2021（5）：43-56.

会科学、自然科学研究领域，数据是有关社会、经济、自然等现象数量指标的统计资料，通常是使用测量、观察、查询或分析技术收集的，可以被进一步用以计算、推理或辅助决策的数字或字符。[①] 其下的概念可以包括统计数据、经济数据等。科学研究领域使用数据进行定量研究早已有之，当数据生产、采集、处理、加工、存储等活动都仅与传统物理、有形媒介，如纸张关联时，无论是数据的形态、利用方式还是规模量，都不足以引发数据利用与主权国家之间的显著矛盾，乃至诞生"数据主权"的概念，主权国家既有的管辖规则与实践足以应对数据"流通—限制"之间的权衡利弊，其数据活动也未能超越物质手段和跨越物理空间。但当数据凭借计算机、网络等信息技术突破传输、利用的物理限制而在在短时间内迅速累积并开启"大数据时代"时，数据资源的开发、挖掘、利用足以影响、改变生产方式和生产关系，进而引发上层建筑变化，[②] 国家基于国力竞争和安全考量对数据资源的激烈争夺与控制难题才可能转化为对数据的主权诉求。

因此，本书探讨的"数据主权"中的数据概念，主要以计算机系统在内的信息网络中以电子方式存在的数据为基础，[③] 下文关于数据同信息的区分与数据特征、分类的讨论也将以此为基础展开。

（二）数据与信息

在确定数据的限定讨论语境后，另一需要充分探讨、区分的是数据和信息的关系问题：数据和信息在法律上是否存在区分意义，进而"数据主权"能否脱离"信息主权"概念获得独立的存在价值与问题域？这一问题

---

① 详情参见：维基百科．"数据"词条页［EB/OL］．（2023-03-20）［2023-06-30］．https://en.wikipedia.org/wiki/Data.

② 黄欣荣．数据哲学的兴起：背景、现状与纲领［J］．科学技术哲学研究，2022，39（2）：1-8.

③ 在我国的规范语境中，对数据的定义并未区分电子方式或其他方式记录的数据，如《数据安全法》第3条：本法所称数据，是指任何以电子或者其他方式对信息的记录。立法层面对数据不加区分的界定出于数据管理、控制的整体性考量，因而有其必要性。但从学理探讨层面看，为使有争议的问题和诉求得以更加清晰的阐释，有必要限定、区分数据的载体，而让新技术环境下诞生的数据属性、类型得到更精确的表述，特此说明。

的解答是本书对数据与信息进行比较、区分的主要动因。

依托不同的理论学说和观察角度，数据与信息的关系呈现复杂、模糊、缠绕的面貌。传统认识认为数据与信息是载体／形式和内容的关系，循此理解，信息不一定依赖数据传递，而数据不一定能表达有效信息。[①②] 这一理解为国际标准化组织（ISO）吸纳。该组织认为，"信息是关于特定事物的知识，数据是该知识的表现形式，同时数据可被自动化处理。信息和数据是在内容和形式两个层面对同一对象的描述"。但这一理解并不准确，在数字网络环境下数据并非作为纯粹信息媒介（media）存在，也难以同信息内容完全区分。有学者认为数据是兼具形式和内容的指代形式，并出现了意义分层：一是作为实质内涵的数据内容层；二是作为比特等记录符号的数据符号层；三是作为实物载体的物理层。[③] 这一分层直观表现在信息网络分层技术架构中数据和信息的生成与转换过程。数据基础设施是数据物理层的存储介质，而存储、流通在信息网络环境中的数据本身以二进制符码形式存在且能被机器识别、读取，最终在应用层面又以图像、语言、文字等能为人所理解的形式将信息内容呈现。在信息"发出—接收"的传输过程中，数据并非完整意义上的媒介，而只是媒介过程中为便利信息机器解码、压缩、传输的中间电子状态；与此同时，数据所承载的信息内容也从未直接被人读取、识别，以机器语言记录的数据必须通过机器自动化转译后才能为人所理解，这一过程因计算机指令的快速识别、反馈而被压缩掩盖、为人忽视。

事实上，为机器所识别的数据与为人所识别的信息这一差异已对数据、信息的概念做出核心区分，且直接在三个具体层面进一步暗示数据、信息的区别：一是识别主体，前者是机器，包括计算机、移动通信设备、传感器等，后者是具有思维、理解能力的人类主体；二是识别机制，前者采取能为

---

① 郑佳宁. 数据信息财产法律属性探究［J］. 东方法学，2021（5）：43-56.

② 韩旭至. 信息权利范畴的模糊性使用及其后果——基于对信息、数据混用的分析［J］. 华东政法大学学报，2020，23（1）：85-96.

③ 纪海龙. 数据的私法定位与保护［J］. 法学研究，2018，40（6）：72-91.

计算机读取的二进制符号系统，后者则多依赖各自所属地区、国家历史发展而来的语言文字；三是识别媒介，前者必须依赖网络技术和可识别设备，后者则依赖人的感官系统。前者是客观存在的事物，后者的存在有客观现实依据，也同主体的主观感知密切相关。数据不涉及"意义"。^①但信息本身是有意义的，也因此对不同主体来说即使面对同样的文本载体，人们所获得的信息内容也不尽相同，信息造就差异。^②由此看，数据、信息的运行逻辑和运行规律是不同的，数据遵循的是数理逻辑，其产生、运行、传播、存储都必须服从计算机和互联网背景下的数字技术规律；^③而信息的诞生同人类主体息息相关，其遵循的是社会逻辑、历史逻辑，其传播必须服从社会传播的一般定律。^④在此逻辑和规律运作下，法律意义上数据问题与信息问题导向的问题域和可能的治理手段是不尽相同的。前者直接导向数据利用、控制的财产性、资源性法律问题，包括企业数据保护、数据爬取、数据主权等，其上的治理最先直接表现为技术手段，即劳伦斯·莱斯格所说"基于代码的规制"；^⑤即使法律上对不同权利人、利益关联者具有经济价值的数据的归属、

---

① 这一观点应当源自信息论创始人香农《通信的数学原理》，其定义信息的动机是为创造一种工具能够更好地分析信号传递的信噪比，进而增加传输的准确率。香农的"信息"是同语义无关的，是纯粹的通信技术概念，因而朗厄福什曾认为香农的"信息论"应更确切地表述为"信号传输理论"，而后计算机通信将传输的信号以二进制符码形式表达，亦即我们知晓的数据形式。相关讨论参见罗伯特·K.洛根.什么是信息：生物域、符号域、技术域和经济域里的组织繁衍［M］.何道宽，译.北京：中国大百科全书出版社，2019：17-42.

② 这一主客交互的"信息"认识源自控制论创始人维纳，后经麦凯、贝特森阐发而成为一种理论观点，麦凯认为，信息是"造成差异的特色"，而贝特森认为，信息是"造成差异的差异"。相关讨论参见 Kay D M M. Information, Mechanism and Meaning［M］. Cambridge and London: MIT Press, 1969. 和 Bateson G. Steps to an Ecology of Mind［M］. New York: University of Chicago Press, 2000.

③ 服从这一技术规律主要表现在数据的生成、处理、传输、储存都必须使用技术操作手段，依附于更基础层面的存储设备、终端、服务器、光纤、电缆等数字基础设施。详情参见韩旭至.信息权利范畴的模糊性使用及其后果——基于对信息、数据混用的分析［J］.华东政法大学学报，2020，23（1）：85-96.

④ 梅夏英.信息和数据概念区分的法律意义［J］.比较法研究，2020（6）：151-162.

⑤ 劳伦斯·莱斯格.代码2.0：网络空间中的法律［M］.北京：清华大学出版社，2009.

使用做出分配、裁决，其实现、执行也必须通过技术操作实现。后者直接导向信息传播、分享的人格性、秩序性法律问题，包括个人信息保护、网络侵犯知识产权、人格权等问题，其上的治理仍相当程度表现为法律、市场和伦理手段，如侵权诉讼、用户协议、合同等。这一逻辑和规律分野也使"数据主权"概念有独立的讨论域和探索价值而同"信息主权"概念区分开来，而具体阐述将在本章第四部分相关概念的辨析中进一步展开。

但上文论述的数据、信息的区分很大程度上仍是相对的，在我们强调数据、信息静态识别差异时，也必须同时看到数字网络技术环境中信息和数据的动态实时转换特征，如通过微信发送文字信息，再经网络、数据传输便能使信息接收方近乎实时地在微信页面读取到相应的文字内容，这使我们很难在不具备技术手段和技术能力的前提下将信息和数据的转换过程剥离。伴随数字技术发展，生长、壮大的数字媒介系统将逐渐重构现实物理空间，万物互联的未来将使"一切都被记录，一切都被分析"[①]，而人工智能合成技术的出现也使机器生产信息内容成为可能。数据的来源将并不局限于人所创造的信息、知识，也包括机器自发送、自生产的数据，且占比不断扩大。[②] 在此前提下，数字媒介将挤占其他信息媒介的地位而出现"信息数据化"的趋势。可以说，信息同数据的纠缠将越发紧密，也将越发难以在认识和实践中将二者区分开来。

（三）数据属性及挑战

单条数据本身并无太多讨论的价值，此处所讨论数据的属性，其实指向数据集的属性，更为准确地说，是"大数据"的属性与其对数据主权问题产生的影响。当信息逐渐以数据方式在数字网络中汇聚，巨量、无间歇的数据行为为"大数据"产生创造土壤。目前还没有对大数据的普遍认识和定义，全球著名的麦肯锡公司将"大数据"界定为数据容量超出传统数据库工

---

① 周涛. 为数据而生：大数据创新实践［M］. 北京：北京联合出版公司，2016：45.

② 当前，数据产生已出现人、机、物的协同现象，既包括人类活动可追踪、收集、整理的数据，也包括计算机网络系统中产生的各类数据，还包括具有数据采集功能的设备、仪器如摄像头、医疗设备、传感器等产生的数据。

具搜索、存储、分析和管理能力范围的数据集。[①] 我国工信部将大数据界定为"容量大、类型多、存取速度快、应用价值高为主要特征的数据集合。"[②] 通常而言，大数据具有"4V"的特征，即数据的规模性（volume）、多样性（variety）、高速性（velocity）和真实性（veracity）；[③] 还有研究认为大数据应具有价值密度低（value）和易变性（variability）。[④]

数据的上述特征也影响到国家对数据资源的利用、控制方式。主权国家很难像控制土地一般通过静态的界碑、节点的人与货出入境管理，通过地图国界线、国内法宣告和国际间领土确认来宣称对数据的绝对、排他占有。数据在产生、利用、传输的流通过程中会与不同主权国家产生联结，数据流动涉及信息的创造者、接收者和使用者，信息的发送地、运送地及目的地，信息基础设施的所在地，信息服务提供商的国籍及经营的所在地等国均可能基于属地或属人管辖规则主张管辖。[⑤] 国外学者将数据同主权国家遭遇出现的管辖难题提取为数据的"非领土性"（Un-Territoriality）[⑥-⑧] 属性，具体而言，数据以其特有属性在下述四方面挑战传统主权基于领土的管辖方式和管辖规则。

---

① MANYIKA J, CHUI M, BROWN B, et al. Big data: The next frontier for innovation, competition, and productivity [R]. Mckinsey & Company, 2011.

② 中国电子信息产业发展研究院. 中国大数据产业发展评估报告（2018）[R]. 中国电子信息产业发展研究院，2018：17.

③ 李战怀，王国仁，周傲英. 从数据库视角解读大数据的研究进展与趋势 [J]. 计算机工程与科学，2013，35（10）：1-11.

④ 彭宇，庞景月，刘大同，等. 大数据：内涵、技术体系与展望 [J]. 电子测量与仪器学报，2015，29（4）：469-482.

⑤ HEINEGG WOLFF HEINTSCHEL von. Territorial Sovereignty and Neutrality in Cyberspace [J]. International law studies, 2013（89）：123-137.

⑥ DASKAL J. The Un-Territoriality of Data [J]. Yale Law Journal, 2016, 125（2）：326-398.

⑦ KRISTEN E. Eichensehr, Data Extraterritoriality [J]. Texas Law Review, 2017（95）：145-160.

⑧ PAUL SCHIFF BERMAN. Legal Jurisdiction and the Deterritorialization of Data [J]. Vanderbilt Law Review, 2018（71）：11-32.

（1）可分数据带来的数据位置确认难题

为防止服务器出现故障，确保用户可以继续从备份位置访问数据，云储存服务中数据通常被复制并保存在多个位置，这些存储位置可能在领土范围内，也可能在域外。同时，为提高管理和使用效率，单个数据库通常分多部分保存。在此情况下，数据位置既可高度操纵，又在某些情况下难以定义。因此，数据的可操作性和不确定性削弱了数据位置的规范意义和稳定性，从而导致了关于数据位置在确定适用规则方面的问题。

（2）混合数据带来的数据区分和管辖障碍

大数据规模性、多样性首先体现在多类数据的混合，其中可能包括不同国籍的身份数据，也可能包括基于不同行为的行为数据。如何在混合的数据集中遵循属人或属地管辖等规则对"本国"数据进行区分审查不但存在技术障碍，而且一并审查也面临执法管辖的合法性障碍。

（3）移动数据带来的跨境流动管辖问题

数据的使命和特性便是在信息网络技术环境中不停歇地传输、流动，而全球化带来的跨国经济活动更使全球范围内的数据互动愈发活跃、频繁，由此产生数据的跨境流动问题。在传统方式下，人、货物的出入境审查通常是事先的、可预期的（报关），但在既有分层网络技术架构中，国家难以干预逻辑层面的数据传输协议（典型如 TCP/IP 协议）运作，而应用层面从终端到服务器或终端到终端的数据传输路径，往往是用户不知情、不选择乃至不传输的情况下发生的，而国家亦难以如物理空间般设定节点审查海量的、实时传输的数据。

（4）易变数据带来的领土管辖范式挑战

从根本上来说，数据管辖问题揭示了传统的威斯特伐利亚体系建立以领土控制为核心的绝对、排他管辖范式在数据时代面临的困境。在传统主权观念和实践中，领土是国家权力活动的领域，主权国家在自己领土范围内可以独立、无碍地行使权力，且排除一切外来的竞争和干涉。[①] 国家、企

---

① 周鲠生. 国际法［M］. 北京：商务印书馆，2018：343.

业对数据资源的争夺如同对矿藏、石油等能源资源的争夺，但数据并非如能源资源般静态储藏、稀缺、可耗尽；相反，数据资源将随着数字化设施铺设、数据活动增多而呈现变化、丰裕、增长的态势。因此，对数据资源的控制无法如同控制矿藏、石油一般基于排他占有、利用的经济控制和法律控制方式达成，而是如学者所言只能通过数据分享基础之上的局部控制达成，[①] 这一控制方式更鲜明、直接表现为技术控制。在数据领域，单一主权国家无法掌握数据赖以生存的所有层叠的技术架构和基础设施，也无法通过国家间共谋"裂土分疆"来分割、宰制数据资源。数据在信息流动、交换中产生，也在信息流动、交换中变换形式，因而在静态领土基础上形成的排他管辖思维范式很难在易变的数据上得以适用。

二、数据类型化

面对大体量、多类型、快变化的数据资源，国家要统协"数据开放—数据管控"之间的动态平衡，一个基本的平衡思路是在数据类型化认识的基础上对数据及数据行为采取分级分类的规制措施。基于对数据的不同认识标准和利益诉求，当前也产生了对数据类型的不同分级分类方案，下文将对这些方案进行梳理、分析和评估。

（一）数据分类的技术视角

从计算机科学角度看，数据类型是计算机编程的最基本单元，最基本的包括整数型、单精度及双精度浮点型、字符型和布尔型等（根据不同的编程语言，其划分略有不同）。不同的数据类型占据的存储空间和表征范围也有所不同。这一了解与数据的法律分类问题并无太多直接关联。本书所讨论的数据技术分类，是指对涵盖多个数据集的大数据分类，即根据大数据的属性或特征，将其按一定的原则和方法进行区分和归类，并建立一定

---

① 梅夏英. 在分享和控制之间——数据保护的私法局限和公共秩序构建 [J]. 中外法学, 2019, 31（4）: 845-870.

分类体系和排列顺序的过程。① 不同分类标准为我们观察、应用、处理变化的大数据提供不同的观察视角和处理方案。

如根据数据产生的频率（单位时间内产生的数据量或到达指定数据量的频率）对数据进行分类，可分为无更新数据、每秒更新数据、每分钟更新数据等或 GB 级数据、TB 级数据、PB 级别数据等。这一分类维度可以为数据资源量和数据分析提供参考。而依据数据产生方式、来源可将数据分为人工采集数据、信息系统产生数据、感知设备产生数据等，或原始数据、二次加工数据等。可以根据数据产生的不同场景分别确定数据采集、保护和处理方案。又如依据数据的稀疏稠密程度可将数据划定为稠密数据和稀疏数据，用以判断数据价值密度。

最常见的、通用的大数据技术分类标准，是依据数据的结构化程度②将数据分为结构化数据、半结构化数据和非结构化数据。结构化数据是指具有清晰逻辑结构、能够直接在数据库中存储、采集的数据；非结构化数据是缺乏清晰逻辑结构、无法用二维逻辑表现的数据，如文本、图片、音频、视频等，需要通过技术手段进行数据提取；而介于两者之间的则是半结构化数据。结构化到非结构化数据之间是可转化的。当前，结构化数据贡献了主要价值，但非结构数据的价值具有"长尾效应"，将随着对非结构数据的挖掘、分析成为新的价值贡献者，并将从大量针对应用问题的解决方案中抽象出非结构化数据的组织模式、结构和模型，而实现非结构化数据向结构化数据的转化。③

---

① 详情参见：国标 GB/T 38667—2020《信息技术 大数据 数据分类指南》"3.3 大数据分类"，第 1 页。

② 包括是否存在预定义的数据模型、数据结构规则与否、数据长度是否规范、数据类型是否固定等分类要素。

③ 李战怀，王国仁，周傲英. 从数据库视角解读大数据的研究进展与趋势［J］. 计算机工程与科学，2013，35（10）：1-11.

（二）数据分类的规范视角

1. 数据分类的域外视角

从法律规范视角看，欧盟作为数字领域规则制定的"领先者"，率先形成以数据主体是否为个人的"个人数据－非个人数据"二分区分思路。其中，个人数据保护、规制主要以《通用数据保护条例》（*General Data Protection Regulation*，以下简称"GDPR"）负责，[①] 而针对非个人数据的规制专门出台《非个人数据自由流动框架条例》（*Free Flow of non-personal Data Regulation*，以下简称"FFDR"），旨在保障欧盟区域内部的非个人数据自由流动，而近年提出的《数据治理法案》（*European Data Governance Act*）《数据法案》（*Data Act*）也设置专章规定非个人数据向第三国传输的具体规则。[②] 针对跨境数据流动问题，欧盟通过 GDPR、FFDR 对数据跨境流动采用基本的"二分法"：针对个人数据，通过 GDPR 原则上严格限制个人数据的跨境传输行为。GDPR 第五章及相关细则要求个人数据跨境传输要经过国家数据保护水平的"充分性认定"和采取适当保障措施。[③] 针对非个人数据，FFDR 敦促欧盟内部各国减少"数据本地化"要求引发的非个人数据流通障碍，创建共同的欧洲数字空间；[④] 但面对非个人数据向欧盟外的第三国传输情况，《数据治理法案》《数据法案》仍遵循总体限制的原则，要求数据控制者采取传输要求审查和提供适当数据保障措施。欧盟的数据分类标准在实践中也面临困境，基于主体的静态数据区分标准难以应对动态数据处理，以及应用场景带来的分类归属交叉、混合的

---

① 此外，在《欧洲议会和理事会 2018/1725 号条例》中第五章也规定了个人数据向第三国传输的一般原则、具体规则、个人数据保护的国际合作机制。

② 此外，针对一些特殊领域、高度敏感的非个人数据如金融数据、卫生数据等，仍需遵循欧盟针对该领域设定的特殊审查规则，如针对金融交易数据的《支付服务指令 2》，针对临床实验数据的《临床试验条例》。

③ 相关规则梳理、解读参见：金晶. 欧盟《一般数据保护条例》：演进、要点与疑义 [J]. 欧洲研究，2018，36（4）：1-26.

④ 唐彬彬. 跨境电子数据取证规则的反思与重构 [J]. 法学家，2020（4）：156-170，196.

情形，①由此出现个人数据和非个人数据的混合数据形态，进而可能引发数据传输者的规则适用冲突和障碍。②

美国方面并未如欧盟通过 GDPR、FFDR 构建统一、清晰的数据分类保护框架，而是通过总统行政命令、议会立法等采取分散、"一事一议"的规制策略，主要关注数据流动对国家安全的影响，但并未明确对数据和信息进行区别。奥巴马政府时期，针对国家安全信息颁布《国家安全信息分类》（*Classified National Security Information*，CNSI）的第 13526 号总统令中，将美国国家安全信息划分为三级八大类。③以泄露信息可能对国家安全造成特别严重损害、严重损害、损害的三种影响后果将国家安全信息设定最高机密（top secret）、机密（secret）、秘密（confidentiality）三级。具体信息覆盖领域分为八个大类，包括：①军事计划、武器系统或行动；②外国政府信息；③情报活动（包括秘密行动）、情报来源、方法或秘密信息；④美国对外关系或国外活动；⑤与国家安全有关的科学、技术或经济事项；⑥美国政府核材料或核设施保障计划；⑦与国家安全有关的系统、装置、基础设施、项目、计划或保护服务的漏洞或能力；⑧开发、生产或使用大规模毁灭性武器。

针对不在上述类型但需要控制的信息，颁布第 13556 号总统令《受控未分类信息》（*Controlled Unclassified Information*，CUI）对非涉密的敏感信息进行管控。④目前已形成针对关键基础设施（11 项）、防御（4 项）、

---

① LAURA SOMAINI. Regulating the Dynamic Concept of Non-Personal Data in the EU: From Ownership to Portability [J]. European Data Protection Law Review, 2020, 6（1）：84-93.

② GRAEF I, GELLERT R, PURTOVA N, et al. Feedback to the Commission's Proposal on a Framework for the Free Flow of Non-Personal Data [J]. Social Science Electronic Publishing, 2018. Available at SSRN 3106791.

③ 详情参见：U.S. Government. Classified National Security Information（The President Executive Order 13526）[EB/OL].（2009-09-29）[2023-06-30]. https://www.archives.gov/isoo/policy-documents/cnsi-eo.html.

④ 详情参见：U.S. Government. Controlled Unclassified Information（The President Executive Order 13556）[EB/OL].（2010-11-04）[2023-06-30]. https://www.federalregister.gov/documents/2010/11/09/2010-28360/controlled-unclassified-information.

出口管制（2项）、金融（12项）、移民（7项）、情报（8项）、国际协议（1项）、执法（18项）、法律（12项）、自然和文化资源（3项）、北约（2项）、原子能（5项）、专利（3项）、隐私（9项）、采购和供应链（3项）、商业秘密（6项）、临时信息（9项）、统计（4项）、税务（4项）、运输（2项）等20个大类及各类别项下共计125个子类别。

此外，美国国家标准和技术研究院（NIST）发布《美国联邦信息和信息系统安全分类标准》（*Standards for Security Categorization of Federal Information and Information Systems*）[①]《将信息和信息系统映射到安全类别的指南》（*Guide for Mapping Types of Information and Information Systems to Security Categories*）[②]创设了基于国家安全影响的信息分类标准。其中，指南将所有联邦政府信息系统中可能运行的信息类型分成三大类：管理和支持类信息；任务/业务导向类信息；立法和行政文件类。在三个大类下面各自又细分了共计几百个信息小类。标准则根据信息的保密性（confidentiality）、完整性（integrity）和可用性（availablity）三个安全维度，评估信息泄露、受损对个人、组织的影响程度，并分为低影响、中等影响和高影响三个等级。例如规定支付信息的一般等级是完整性中、保密性低、可用性低，但同时要求，对于某些支付服务供应者，完整性等级应调整为高。

2.数据分级分类的中国视角

《中华人民共和国数据安全法》（以下简称《数据安全法》）第21条提出，国家建立数据分级分类保护制度。要根据数据在经济发展中的"重要程度"和一旦遭到篡改、破坏、泄露或非法获取、利用可能造成的"危害程度"对数据进行分级分类保护、管理。国际上对于数据分类分级一

① 详情参见：NIST. Standards for Security Categorization of Federal Information and Information Systems（FIPS PUB 199）[EB/OL].（2004-02）[2023-06-30]. https://csrc.nist.gov/csrc/media/publications/fips/199/final/documents/fips-pub-199-final.pdf.

② 详情参见：NIST. Guide for Mapping Types of Information and Information Systems to Security Categories [EB/OL].（2008-08）[2023-06-30]. https://nvlpubs.nist.gov/nistpubs/Legacy/SP/nistspecialpublication800-60v1r1.pdf.

般统称为"Data Classification",根据需要对分类的级别(classification levels)和种类(classification categories)进行描述。我国将数据分类和数据分级进行区分,其中数据分类指根据数据的属性、特征划分成一定的种类;数据分级则按照一定的原则、标准、规律划分成层次有序的级别。①

具体而言,我国采取一种"自上而下"的保护思路,目前正在构建以《数据安全法》为统一基本框架,以各地区、各部门,以及相关行业、领域制定的数据分级分类目录为基础具体展开。这种数据保护路径重点强调对国家安全和社会公共利益的保障,试图构建宏观统筹下具有互操作性的数据分级分类制度。其中,《数据安全法》第21条第1款围绕对国家安全、公共利益、个人合法权益、组织合法权益的影响程度建立数据的基础分级,《网络安全标准实践指南——网络数据分类分级指引》则依据《数据安全法》进一步细化,由此确立核心数据、重要数据、一般数据的基本数据分级框架,而其中一般数据还可进一步分为1级到4级数据(表1.1)。

表1.1 基于《数据安全法》的数据分级分类框架

基本级别		影响对象			
		国家安全	公共利益	个人合法权益	组织合法权益
核心数据		一般危害或严重危害	严重危害	—	—
重要数据		轻微危害	一般危害或轻微危害	—	—
一般数据	1级数据	无危害	无危害	无危害	无危害
	2级数据	无危害	无危害	轻微危害	轻微危害
	3级数据	无危害	无危害	一般危害	一般危害
	4级数据	无危害	无危害	严重危害	严重危害

鉴于数据分类具有多维度、多框架、多类型的表现,《数据安全法》难以通过单一立法确立数据分类的单一维度、单一框架,因此有必要在立

---

① 陈兵,郭光坤. 数据分类分级制度的定位与定则——以《数据安全法》为中心的展开[J]. 中国特色社会主义研究,2022(3):50-60.

法中留足制度接口，通过转介条款授权部门、地区具体确立相应区域内、行业内、领域内的数据分类框架。目前，金融领域已制定《金融数据安全——数据安全分级指南》《中国银保监会监管数据安全管理办法（试行）》《证券期货业数据分类分级指引》；工业领域制定《工业数据分类分级指南（试行）》《汽车数据安全管理若干规定（试行）》；医疗领域发布《国家健康医疗大数据标准、安全和服务管理办法（试行）》《信息安全技术——健康医疗数据安全指南》。此外，一些地方政府也在地方立法层面颁布了相关分类分级标准或规范，如浙江省市场监督管理局于 2021 年发布的《数字化改革——公共数据分类分级指南》，杭州市制定地方标准 DB 3301/T 0322.3—2020《数据资源管理 第 3 部分：政务数据分类分级》，吉林省长春市地方标准 DB 2201/T 17—2020《政务数据安全分类分级指南》等。

从各行业、领域、地区既有数据分级分类的现状看，虽在顶层设计上以《数据安全法》统协数据分级分类的整体框架，但《数据安全法》在立法体例上采取的制度含混、有意留白并未带来因地制宜、因事制宜、因时制宜的效果，反而引发相关规定各行其是的现象，数据分级分类标准交错林立。仅以金融领域为例，由中国人民银行制定的《金融数据安全——数据安全分级指南》依照金融机构数据安全性被破坏后的影响对象和造成的影响程度，将数据安全级别从低到高分为 1—5 级；而中国证券监督管理委员会制定的《证券期货业数据分类分级指引》依照数据安全数据属性（完整性、保密性、可用性）的破坏程度、影响范围、影响程度将数据安全级别从低到高分为 1—4 级。数据分级分类的标准化程度、互操作性低，直接影响统一市场下数据要素的自由流动，增加数据市场化的制度成本。[1][2]

---

① 陈兵，郭光坤. 数据分类分级制度的定位与定则——以《数据安全法》为中心的展开 [J]. 中国特色社会主义研究，2022（3）：50-60.

② 袁康，鄢浩宇. 数据分类分级保护的逻辑厘定与制度构建——以重要数据识别和管控为中心 [J]. 中国科技论坛，2022（7）：167-177.

第二节　传统主权的前世今生

数据主权是主权理论和实践的新时代产物与逻辑延伸，还是纯粹政治话语建构的工具性概念？数据的非领土性属性是否突破"主权—领土"的绝对联系，还是使主权的控制对象获得极大扩展？在对这些问题进行解答之前，本章有必要回顾主权理论和实践的源流与演变，鉴往知来，以确保对数据主权概念范畴定分止争的思考遵循恰当的理论和实践脉络，从而为分析、厘清围绕数据主权的种种主张与争议背后的思想源流、现实利益提供依据。

一、主权概念的由来

（一）古代主权观

主权概念、理论的形成经历漫长的历史演化进程，有着丰富的内涵和制度面向。不同的主权理念往往直接或间接反映在民族国家形成的历史实践中，也反映到以国家为主体的国际政治、经济、文化交往乃至战争之中。溯其根源，西方学者通常认为主权概念要追溯到亚里士多德《政治学》和罗马法。[①] 在《政治学》中，亚里士多德肯定国家中必定存在最高权力，而且可以有一个人、多人或多数人掌握。这一基本分野成为亚里士多德论述分类政体之根源。

进一步直接影响中世纪有关主权的认识源自罗马法。罗马法学家乌尔比安在《学说汇纂》中有关的只鳞片爪的法律格言在中世纪广为人知。[②] "法律不约束皇帝""皇帝的决定具有法律效力"。这些有关皇帝行使绝对权力的

---

① 梅里亚姆. 卢梭以来的主权学说史 [M]. 北京：法律出版社，2006.

② HINSLEY F H. Sovereignty [M]. Cambridge: Cambridge University Press, 1986：42.

想法成为捍卫皇帝至上地位、摆脱教皇权力制约的思想渊源。皇帝"不受法律拘束"（Legibus solutus）的法律格言在中世纪复现，意味着皇帝有了不受某种法律拘束、高于某种法律、成为某种法律渊源的可能，也意味着皇帝（王权）有了突破习惯法或自然法包围的可能。① 与此同时，伴随着西罗马帝国的覆灭、封建王国的兴起，涌现出关于教皇"全权"（plenitudo potestatis-iurisdictio）、皇帝权力、王权的自上而下、权源归于上帝的主权话语；也萌生关于"人民立法者"（legislator humanus）的自下而上、权源归于人民的主权话语。② 中世纪对"主权"概念的探索实际是在各政治实体权力领域斗争基础上的主权话语建构，这些思潮脉动、交缠、汇聚，在历史进程中融为近现代意义上主权理论和斗争实践所依据的隐微思想源泉，最终导向、塑造了近代以来以民族为主体的主权国家的诞生。

（二）近代主权观

16 世纪法国让·博丹（Jean Bodin）在《共和六书》（*Les Six Livres de la République*）中提出的国家主权理论模型通常被认为是最早的、完整的有关国家主权的理论。③ 面对法国宗教战争的混乱局面，博丹提出以绝对君主统治的共和国作为最高权威来解决宗教冲突。博丹对主权的解释不同于中世纪的概念。首先，他将主权与主权者的人格分开；主权已成为一种真正的职能，可以赋予任何个人或机构。其次，主权是至高无上的权力，行使该权力时"没有附加任何限制条件，它意味着体现了全权凌驾于其他所有人之上的某个人或某些人的正当支配。"④ 最后，主权者作为法律的渊源，并不服从自己的法律，但要服从自然法和神法的支配。博丹的思想既是法国政治现实的反映，又代表了世俗王权进一步发展的趋势。博丹主权说的特性表现在他的主权是对内的，是一个民族国家内的最高权力和权

---

① ③ 李筠. 乌尔比安格言的创造性利用：罗马法复兴对现代国家主权理论的影响 [J]. 学海，2012（2）：74-81.

② 郭逸豪. 主权理论前的主权——中世纪主权理论研究 [J]. 苏州大学学报（法学版），2018，5（1）：24-38.

④ 让·博丹. 主权论 [M]. 北京：北京大学出版社，2008：99.

威，但缺乏对外的涵义。① 这一缺失在格劳秀斯那里得到补全。格劳秀斯认为，主权是不受另一主权的法律管辖的权力，国家之间具有天然平等的权利。格劳秀斯关于主权对外独立的考察，是对博丹主权理论的发展和补充。②

在博丹之后，以霍布斯、卢梭为首的社会契约论者对绝对、无条件、神授的主权理论进一步世俗化，进而发展出一种自下而上、基于人民合意的主权观念。在霍布斯的《利维坦》中，霍布斯认为国家是个体与个体之间为建立稳定安全的生活秩序，通过契约建立起的，具有统一意志的强制性政治联合体，而主权者作为统一意志的体现，是基于契约诞生的结果而非订约方。③ 而卢梭在《社会契约论》中构建起基于人民"公意"创立的主权，主权者就是主权之上至高无上、普遍、人格化的秩序和律令。卢梭认为，主权是不可分割、不可转让的，而它的本质就存在于共同体的全体成员之中。④ 总体而言，通过社会契约论建立的主权以人民同意作为最高权力的基础，"对个体的强调源自宗教改革，契约的形式则来自罗马法"，而"个人主义发展的结果是将绝对的、不可分割的、不可让渡的主权，通过虚构契约建立起来并且虚拟地赋予其人格的机关。"⑤ 尽管社会契约论存在巨大争议和不可回避的理论冲突，"主权在民"的观念经法国大革命、美国独立战争的推动而迅速传播，并成为后来大多数民族国家宪法肯认的基本原则。

在历史实践中，现代意义上的主权国家形成的标志是 1648 年《威斯特伐利亚和约》的签订。该条约通过承认各封建主及诸侯在其领域内最高统治权，确立荷兰和瑞士的独立国家的地位，确立了国家主权平等、国家

---

① 任晓. 论主权的起源 [J]. 欧洲研究，2004（5）：64-78，2.

② 萨拜因. 政治学说史 [M]. 北京：商务印书馆，1986：478.

③ 李猛. 自然世界：自然法与现代道德世界的形成 [M]. 北京：三联书店，2015：385-388.

④ 卢梭. 社会契约论 [M]. 何兆武，译. 北京：商务印书馆，2003：18-35.

⑤ 小查尔斯·爱德华·梅里亚姆. 卢梭以来的主权学说史 [M]. 毕洪海，译. 北京：法律出版社，2006：23-24.

领土主权的原则，进一步承认了国家主权的统一性、不可分割性和独立性，使世俗的主权国家统治体制得到加强。但也须意识到，《威斯特伐利亚和约》所确立的主权原则和实践并非是突然诞生的，而应当看作文艺复兴以来西欧一系列同主权有关的理念和实践演变的累积结果。作为最高权力的主权在博丹的理论中即得到申发，而实践中，早在1555年签订的《奥格斯堡和约》即确立以领土型单位为政治社会组织的基础原则。以国家主权理论构建为起点，到《威斯特伐利亚和约》确立近代以来有关国家的基本框架，西方封建时期基于权利与所属关系的领主型国家向着基于空间与主权的领土型国家转变。①

（三）现当代主权观

一个有趣的现象是，绝对、无限主权的观念从未成为国际法主流实践。国际法学者普遍意识到主权概念的可争论性，其含义在不同历史、政治背景下一直变换形态，主权在认识论和规范论上都具有显著的弹性。这一趋势在现当代国际交往、国际政治实践中表现得愈发明显。

表现一是作为国家构成要素的领土内涵和外延呈现持续扩张趋势。《威斯特伐利亚和约》时期所指涉的领土更多指向陆地领土，其领土划界同当时的地图绘制技术息息相关。16—17世纪相继出现的土地测量、划境勘界、地图绘制等技术发展，将领土、主权和国家具象化地联结在一起。线性、精确、闭合的边界，塑造了对内主权绝对垄断的空间想象；平面、分割、交接的边界，同时塑造了对外主权独立、平等的空间格局。②地理大发现、航海技术的发展让国家将领土的认知拓展到海洋，由此出现领海的概念认知和制度实践，领海成为国家的"第二领土"。随后航空器的诞生使天空也纳入国家争夺划界的范围，领空成为国家的"第三领土"。③领土内核

---

① 斯图尔特·埃尔登. 领土论 [M]. 冬初阳，译. 长春：时代文艺出版社，2017：328-329.

② 于京东. "边界"的诞生：制图技术如何塑造国家主权的领土化 [J]. 探索与争鸣，2022（2）：6-26，177.

③ 刘连泰. 信息技术与主权概念 [J]. 中外法学，2015，27（2）：505-522.

的扩充实际上延展了国家主权行使的范围，由此看，国家的属地性并非是静态的，而是一种在内容和规模上都在不断变化的动态关系。①

表现二是国家权力在横向或纵向上的转移或延伸。从横向上看，全球化深入发展使各国都被纳入共同的历史进程中，在这一过程中，主权国家已不是国际舞台的绝对主角。大型跨国公司，区域性、全球性国际组织的出现既丰富了国际交往的主体类别，实际上也限制了主权国家对外的经济、文化、政治、军事交往的可能向度，从而使国家间的交往是在某种由国际机构执行、监督的国际秩序下限制开展的。②此外，以美国为代表的某些主权国家能够依仗其强大的国家综合国力，通过设立海外军事基地、主导货币体系、推行文化产品等方式实质获得"治外法权"（extraterritoriality），③能够将其国内法的规范、管辖范围延伸至域外他国进行"长臂管辖"。④这表明尽管已在理论和规范上确立了主权平等的基本原则，但在实际的国际交往中各国能够发挥的辐射力、影响力并不均衡。从纵向上看，国家的最高权力形式出现向上、向下移动的趋势，以及国家主权"让渡"的现象，典型如美国联邦和各州的关系、作为"超主权国家"欧盟的诞生。这一现象直接动摇了绝对主权观下"主权不可让渡"的基本认识。⑤

---

① DUCANGE J N, KEUCHEYAN R. The End of the Democratic State. Nicos Poulantzas, a Marxism for the 21st Century［M］. Berlin：Springer，2018：142.

② 陈柳钦. 全球化视野下国家主权理论的演变与发展［C］// 浙江大学经济学院，山东大学经济研究院，《经济研究》编辑部. 2010 年度（第八届）中国法经济学论坛论文集：上册.［出版者不详］，2010：47-81.

③ VANDERGEEST P. A New Extraterritoriality［J］. Political Geography，2012，31（6）：358-367.

④ 美国依据其跨国科技公司的全球领先地位，也试图在数据领域建立"长臂管辖"规则。2018 年美国通过《澄清境外数据合法使用法》（*Clarifying Lawful Overseas Use of Data Act*，又称"CLOUD 法案"）。该法案明确美国执法机构获取境外数据的方式从属地管辖的"数据存储地"标准变更为"数据访问地／控制者"标准，通过遍布世界的高科技公司，将美国政府的管辖范围延伸到所有美国公司控制的数据，建立了数据跨境中的"长臂管辖"。

⑤ 陈柳钦. 全球化视野下国家主权理论的演变与发展［C］// 浙江大学经济学院，山东大学经济研究院，《经济研究》编辑部. 2010 年度（第八届）中国法经济学论坛论文集：上册.［出版者不详］，2010：47-81.

上述国家主权实践在现当代的种种演变形态表明，主权具有弹性、灵活、多变的特征。与其说"主权—国家"是一组绝对无限、不可侵犯、封闭自守的概念范畴，不如说"主权—国家"更是对具时、在地、动态的权力关系和权力实践的集中、抽象提取。因此，主权观念并非纯粹理论的当然演绎、推理，而是随着历史环境、时代条件不断谋求与人偕进、与时俱进的生存状况。通过本节的梳理我们看到，主权同领土之间的"天然联系"并非理所当然，而是通过理论、实践层累认识取得的，即使看似静态不变的领土内涵也随着国家间的技术竞争、资源争夺而不断扩展和外延，其本质是，国家通过主权的话语和实践对不断扩展生存空间、生存方式的人口及其活动的控制力覆盖。主权既是话语，也是实践，更是国家基本的生存之道。

二、传统主权的特征与构成

（一）传统主权的内涵、外延

主权是一国在领土内的最高权威，这一有关主权的界定基本已成为国际法的共识。国家主权具有两方面的特性，即对内最高，能够独立自主处理内部事务；对外独立，不受任何外来的势力干预而独立、平等地实现国际交往。这两个特性一体两面，相互关联、不可分割。国家主权包含领土、人民、政权三个基本要素，其中领土内涵随着时代不断扩展，远比威斯特伐利亚时期指盖的领陆宽广，而指向领海、领空及其自然资源的三维、立体的领土层次。领土是国家确定的物质基础，是国家存在必需的、人民聚居的物理活动空间。人民是主权的基本要素，世界上不存在无固定居民的国家，而政权是国家主权的具体行使者、治理者、维护者和代表者。[①]

（二）传统主权的特征

一般认为，以领土主权为内核的传统主权具有绝对性，主权最高和主

---

① 方滨兴. 论网络空间主权［M］. 北京：科学出版社，2017：64.

权独立决定主权的本质是绝对的，主权国家之上并不存在更高的权威。作为最高权威的主权内部不受任何其他条件的限制。① 但在对外国际交往中，各主权国家也必须受到国际法规的制约，表现出行使上的相对性。主权的绝对性是相对性的基础，源于国家主权的本质属性，侧重于国家的独立自治；而主权相对性源于国家选择主权行使方式的自主性，侧重于行使方式上的相对灵活多样，强调国家主权要受到国际强行法的制约，同时在自由选择、自愿限制的情况下国家治理可以受拘束，主权国家治理的权能可以不由主权国家亲自行使。

主权也具有整体性，其整体性表明主权是不可分割的，任何一个国家之上只存在一个主权。当然，主权在对外行使时可能具有多种表现形态，如时常使用的领土主权、政治主权、军事主权、经济主权、文化主权等，这些概念称呼实际指代在政治、经济、军事、文化等具体、个别、不同领域中主权的具体行使状态，而不可理解为主权本身是可分的。此外，主权也具有主权的永久性。国家主权一旦确立，不论在时间上、空间上都不受他国限制而永久享有。因此，主权并不归属某个或少数有限的人类个体，而具有抽象的特征。

（三）传统主权的构成

主权包括独立权、平等权、自卫权、管辖权。② 其中，独立权是主权对外特性的表现，是国家按照自己意志处理对内和对外事务，不受任何权力命令强制、不受外来干涉的权利，包括内部事务独立和外部事务独立两方面。主权平等原则是国际法的一项基本原则并为《联合国宪章》开篇第一条确认。作为国家的基本权利，平等权意味着国家在法律上的平等，包括国际会议、组织中平等的代表、投票权，国家尊严应受尊重权，国家行为和财产不受外国法院管辖等。自卫权是指国家为了保卫其生存和安全而采取紧急军事行动以抵抗外国武力攻击的权利。在国际关系中，国家应

---

① 刘青建. 国家主权理论探析［J］. 中国人民大学学报，2004（6）：101-105.

② 该部分内容综合参考：周鲠生. 国际法［M］. 北京：商务印书馆，2018：195-245.

以和平方法解决国际争端，不应诉诸武力或武力威胁，但也不容许国家的自卫权受到剥夺。按照国际法原则，自卫权的行使有一定的条件限制：①必须是正在遭受外来武力侵犯时才能行使；②自卫中不得首先使用核武器；③联合国会员国行使自卫权时应立即向安理会报告。管辖权是从国家主权原则引申而来的一项权利，是指国家对特定的人、物、事进行管理的权限。可分为立法管辖权、司法管辖权和执法管辖权。从国际通行管辖规则和实践看，包括属地管辖权、属人管辖权、保护性管辖权和普遍性管辖权。

第三节　数据主权的生成逻辑

一、数据主权的演进历程

（一）国家主权视角下的数据主权

传统国家主权的生存土壤是现实的物理空间，国家与国家间的政治、经济、军事、文化交往也仅发生在物理空间。信息通信技术的发展、互联网出现将主权国家交往拓展至网络运行、数据支撑、算法驱动、数字模拟的"虚拟空间"之中，国家形态、国家间交往走向有形与无形结合的双重结构，国际体系和国际格局在网络空间中出现全新博弈内容。[①] 这些博弈情势同新视角、新环境、新技术结合，更新了国家主权的认识观，并逐步演化出"数据主权"的概念。

首先，从概念诞生的历史脉络看，数据主权是一系列新生概念不断演进、更新的最新结果。从信息主权、网络主权、数字主权、技术主权再到数据主权，这一系列新生概念以"基础概念＋主权"的命名形式不断更迭。这一系列概念尽管在命名上与领土主权相同，但因缺乏深刻的理论构建和

---

① 胡键. 基于大数据的国家实力：内涵及其评估［J］. 中国社会科学，2018（6）：183-192.

有层次的概念诠释，再加上依附于同质的信息网络技术环境，而多存在概念内涵及外延的边界不清、概念混同的问题。不乏学者质疑上述概念能否在理论上证成，而仅仅为国家具有利益诉求的政治话语建构，使主权概念过度延展；数据主权概念边界难以厘定、权能内容薄弱，其构建缺乏可行性和实际意义。①② 尽管存在如是质疑，本书认为，主权本非一成不变的绝对、静止、纯粹的观念产物，而是具有建构力量的"观念—实践"的混合产物。正如主权实践中曾出现全球范围内"裂土分疆"，以对土地资源的核心诉求构建起的"领土主权"观念。本时代无论国族、个体的生存境况都已显见地向着数字化的生存进发，由此产生同数字化生存息息相关的信息资源、网络资源和数据资源的博弈与争夺，并集中表现为"网络主权""数据主权"等概念命题。从这一点看，该命名方式既反映了技术深化发展的主线脉络和最新态势，也反映了国家对技术革新可能带来社会变革与核心资源的深化认识和掌控诉求。

其次，数据主权是以领土管辖规则为基础的传统主权实践面临障碍、排异后的回制策略。有鉴于数据的非领土属性，威斯特伐利亚体系以来建立的"主权—疆域"为吻合的传统主权管辖力发生错位。③ 数据的可分性、可移动性带来"脱域管辖""多域管辖"的问题，基于地理疆域区分的管辖权规则出现规制错位，数据跨境流通模糊了主权行使的自然地理疆界，导致"数据所在地"的管辖判断提出挑战。④ 此外，在网络的技术架构中，国家行使政治、经济文化的权能也受到互联网平台、数据企业的侵蚀。⑤ 后

---

① 官云牧. 数字时代主权概念的回归与欧盟数字治理［J］. 欧洲研究，2022，40（3）：18-48，165-166.

② 陈曦笛. 法律视角下数据主权的理念解构与理性重构［J］. 中国流通经济，2022，36（7）：118-128.

③ 王玫黎，陈雨. 中国数据主权的法律意涵与体系构建［J］. 情报杂志，2022，41（6）：92-98.

④ 代表案例如美国政府诉戈尔什科夫案，United State of America v. Gorshkov，2001 WL 1024026，U.S. Dist. LEXIS 26306（W.D. Wash. 2001）.

⑤ 冉从敬，刘妍. 数据主权的理论谱系［J］. 武汉大学学报（哲学社会科学版），2022，75（6）：19-29.

者事实上基于技术控制实际掌握市场准入权、资源调配权和网络空间规制权，[①] 而网络空间的早期治理中存在的自由主义、乌托邦主义倾向限制了国家的先手布局，并影响了当前网络治理呈现出复杂的国家、平台、公众的多利益攸关方参与格局。

最后，基于此客观情势和博弈态势，国家在网络主权等概念基础上提出的"数据主权"概念，集中表达了国家对网络技术环境下可能影响国家安全、经济发展、个体权利的数据资源的主权管辖诉求，更直接地说，是对数据资源的独立、自主控制的主张。在此诉求下，各国围绕数据主权构建各有侧重但内核相同的数据主权战略。普遍强调对内的主权控制，表现为数据本地化趋势。有研究表明，尽管各国的数据本地化法律与政策在实施方式上呈现出多样化，但迄今为止全球已有近 60 个国家实施了数据本地化法律。[②] 对外则强调数据的跨境传输控制，表现为国际间围绕数据跨境传输的激烈竞争与审慎合作。最为典型的是美欧双方围绕数据传输、共享议题既合作又竞争的双重面向。一方面，美国同欧盟围绕人工智能、数据等治理议题持续深化双方跨大西洋领域的合作，并在近期签署了《人工智能促进公共利益行政协议》(*Artificial Intelligence Promotes Public Interest Administrative Agreement*)（以下简称《人工智能行政协议》）。但另一方面，大国对数据、软件和硬件等关键战略资源的控制促成"新重商主义"的治理方法，基于不同战略立场和根本利益冲突，双方在跨大西洋数据传输机制构建上仍分歧重重，2020 年 7 月欧盟法院即裁定《隐私盾协议》(*EU-US Privacy Shield*)协议无效；[③] 即使在以合作为基调的《人工智能行政协议》中，美欧间施行的

---

① 刘晗. 平台权力的发生学——网络社会的再中心化机制 [J]. 文化纵横, 2021 (1): 31-39, 158.

② 吴玄. 数据主权视野下个人信息跨境规则的建构 [J]. 清华法学, 2021, 15 (3): 74-91.

③ BENJAMIN CEDRIC LARSEN. The geopolitics of AI and the rise of digital sovereignty [R/OL]. (2022-12-08) [2023-06-30]. https://www.brookings.edu/research/the-geopolitics-of-ai-and-the-rise-of-digital-sovereignty/.

仍是不以共享数据为前提的联合建模模式。

综上所述，主权视角下数据主权概念的诞生并非完全出自政治话语建构，而有其应运而生的时代、社会背景。与其说主权在网络空间中面临衰落、消亡，不如说国家主权作为一个历史范畴，任何一个历史时期的定型化、绝对化的理解都不足以构成这一概念的全部内容，而须不停变换同各自时代相适应的实践形态以维序主权自身存在。数据主权正是这一"适应性"问题的尝试回答之一。

（二）网络空间视角下的数据主权

如果说在传统主权认知观下，对领土主权行使界限的认知是通过地图测绘、边界勘定来实现的，那么依凭信息通信技术而生的数据主权外延所及将由技术构造的层次和边界决定，亦即网络分层技术架构直接影响、决定了数据主权的行使对象、内容和限制。因此，拆解数据运行、活动背后的网络三级技术圈层，是获得直观探查数据主权具体行使方向的重要视角，在《塔林手册2.0》（*Tallinn Manual 2.0*）及美国国防部关于网络空间的行动分析文件中均将此作为基础视角加以分析。

具体而言，数据主权囊括的要素是多元的，包括网络物理层面、逻辑层和应用层的物、数据、人及数据活动的综合。网络基础设施如电缆、光纤、交换机、服务器等构成数据流动的最基础的硬件设施，在此基础上，各国普遍认可国家基于属地原则对网络基础设施行使主权，包括位于该国领海海床上铺设海底通信电缆的控制权。[①] 数据逻辑层涉及网络设备间的数据传输、交换关系，包括数据传输及最终用于接收数据并向最终用户提供数据的国际协议、技术标准等。逻辑层面是国际合作、协商的场域，在万维网、TCP/IP协议等建立的全球互联、端对端的基本格局下，国家必须依赖多方协同达成全球性的数据治理合作。数据应用层是最表端个体或团体在网络中的活动，涉及政治、法律、文化等多重因素，数据主权在此层面

---

① 迈克尔·施密特. 网络行动国际法：塔林手册2.0版［M］. 黄志雄，等，译. 北京：社会科学文献出版社，2017：59.

既可能表现为基于境内人员、活动的数据跨境限制，也可能表现为对外请求他国主管机构协助数据传输、审查的执法活动，还可能表现为文化、社会层面的信息交流，是国内法、国际法重叠、交叉的规制地带，呈现复杂的治理面貌。

从网络分层技术架构的清晰视角看，网络自由主义者所提倡的"网络空间独立论"与其上的信息、数据自由流动的论调不过是缺乏现实基础、乌托邦式的幻梦。事实上，从来不存在与物理真实空间相对应的网络虚拟空间。铜线、光纤、电缆、路由器、交换机、服务器、计算机终端、移动终端等物理空间中真实铺设、部署的设备，与生活着的人和人的社会交往活动，共同构成所谓的"网络空间"。这些庞大的信息媒介系统并未"魔法般地"铺设出无法确定宇宙坐标的异域空间，而是作为人的感知、意识的技术延伸将信息通过"解码—编码"的数据形式以极高的速率送达接收者的设备之上。由此看，网络空间（cyberspace）是极具误解的隐喻，在此简单、二元的叙事中，新技术帮助我们访问／进入（access）一个"新的电子空间"或"地点"，其在某种程度上同物质空间的领土概念相提并论。①但该隐喻实际上掩盖了通过信息和通信技术与社会之间制定和形成的通信模式和交流实践，也遮掩了所谓"线下"真实且不平衡的权力关系。在此空间隐喻的统治下，还出现许多类似"主权消亡论""网络飞地""平台作为数字封建领主"的认知，这些认知影响到主权国家部署战略、规则、行动的总体认知、目标导向和行动方案，并产生种种规制排异、规制错位的现象，使主权国家权力衰减的印象进一步加深。

---

① GRAHAM M. Geography/internet：ethereal alternate dimensions of cyberspace or grounded augmented realities? [J]. Social Science Electronic Publishing, 2013, 179（2）：177-182.

二、数据主权的内涵

（一）数据主权的定义

　　一种流行的观点认为数据主权是传统国家主权的自然延伸，是大数据时代背景下国家主权新的表现形式。[1][2] 基于此，学者对数据主权的界定比照传统主权界定开展，强调国家对本国数据的控制、管理、利用的权力。如认为数据主权是国家主权在信息化、数字化和全球化发展趋势下新的表现形式，是一国独立自主地对本国数据进行占有、管理、控制、利用和保护的权力，并体现为域内基于管辖地域的数据最高权力，域外国际数据活动参与权和免受他国侵害数据权。[3] 又如比照传统主权对内和对外表现特征，将数据主权界定为对内为国家对领土范围内的一切电子信息通信技术设备所承载的数据、一切电子信息通信技术活动所产生的数据，以及一切以国内主体为中心，反映国内主体活动内容的数据享有最高的排他性权力；对外为国家自行制定数据政策、完善数据立法、健全数据治理而不受任何外国干扰的权力，以及独立平等参与国际数据治理、开展国际数据合作的权力。[4]

　　与此同时，研究中也不乏否定的观点，认为数据主权未能体现国家主权的基本特征和根本价值，缺乏实际意义，会过度撕裂主权概念的固有意涵，给既已趋于稳固的国际法规则带来失范风险。另一种否定形式是切断主权同国家之间的联系，从对数据的实际占有和控制来界定数据主权，因

---

　　① 黄志雄. 网络主权论：法理，政策与实践 [M]. 北京：社会科学文献出版社，2017.

　　② 何波. 数据主权的发展、挑战与应对 [J]. 网络信息法学研究，2019（1）：201-216，338.

　　③ 齐爱民，盘佳. 数据权、数据主权的确立与大数据保护的基本原则 [J]. 苏州大学学报（哲学社会科学版），2015（1）：64-70，191.

　　④ 王玫黎；陈雨. 中国数据主权的法律意涵与体系构建 [J]. 情报杂志，2022，41（6）：92-98.

而出现个人数据主权和企业数据主权同国家数据主权并行的看法。[①②] 前者混淆了数据权利和数据权力的法律区分，而后者过度拔高了平台企业基于技术、经济优势取得的权力。本书认为，对弹性、动态主权概念的理解不得过度背离现有对主权的通行认知和概念使用。当前"主权"同"国家"在本质上是一种有意义的同义反复，[③] 切断这独一的联系既瓦解主权概念本身，也瓦解以主权国家为主要行动者的国际法秩序，并无益于解决当前面临的数据主权问题。因此，本书探讨的数据主权概念仅站在国家主权立场，并不涉及个体或平台企业，数据主权的主体是国家，其权能行使也归属国家。

基于前述讨论，本书将数据主权界定为一国基于国家主权对本国的数据基础设施、数据主体、数据行为和数据资源等所享有的最高权威。这一概念实质是国家依托主权观念对数据资源提出的控制主张。这一主张不仅是对数据资源有效利用的经济诉求，也是数据传输、流动秩序的安全诉求，最为根本的是对未来数字化的社会生存所需关键战略资源的生存性诉求。因此，国家数据主权并非拘泥于数据经济利益，更是国家安全诉求和人民利益的彰显。[④]

（二）数据主权的特征

数据主权的特殊性在于主权行使需结合网络技术架构与数据本身特性实现，具有极强的技术依赖性。依此架构及在其中的数据运行规律，数据主权具有如下 3 个显著特征。

一是数据主权具有自限性。数据主权的自限性当从两方面理解，其一，

---

① 翟志勇. 数据主权的兴起及其双重属性 [J]. 中国法律评论，2018（6）：196-202.

② 郑琳，李妍，王延飞. 新时代国家数据主权战略研究 [J]. 情报理论与实践，2022，45（6）：55-60.

③ WIERCZYŃSKA, KAROLINA. The Cambridge Companion to International Law [M]. Cambridge：Cambridge University Press，2012.

④ 冉从敬，刘妍. 数据主权的理论谱系 [J]. 武汉大学学报（哲学社会科学版），2022，75（6）：19-29.

同诸多学者讨论的数据主权具有"弹性""谦抑性"①-③特征的含义类似，是指主权国家为平衡数据流通与数据安全的矛盾冲突，兼顾数据治理领域各国互相依赖的客观现实在数据主权问题上所采取的自我权力克减、限制。这一自我限制在权力行使的向度上表现并不均衡，出现强制性与非强制性、命令性与协商性等互动协作，亦即学者总结的主权具有"弹性"特征。其二，数据主权行使存在边界，这一边界并非如领土主权指向相对静态、清晰、可标识的"边界线"，而是指向作为人造信息网络系统的技术边界。该技术边界既在基础能源供应、设备铺设、运行上同领土空间的地理坐标重叠，也穿透逻辑、应用层更难以把握的协议、标准、行动规范等。在此层面数据主权的自限性指向主权国家在信息与通信技术领域的技术能力。质言之，数据主权的权力内容、行使向度不仅是由客观实践情况决定的，更是由自身技术能力决定的，国家间信息通信技术能力的差别直接决定其数据主权实际可能的权力行使空间。

二是数据主权具有技术性。与传统主权相比，如数据主权、网络主权等新生概念更具有技术性，其指向不再是土地、海洋等自然资源，而是谋求对人为构筑的信息、通信技术系统与在此基础上的人、活动及其记录（数据）的控制。该控制不单纯是对数据赖以运行的设备（物）的管领，更鲜明地体现为对运行的信息通信系统操作最高权限的要求。虽然这一要求可以通过国内法宣告的法律方式发出，但必须以相应的技术措施保障实现，因而其可能的控制模式和手段将直接表现为一种技术控制。

三是数据主权具有层次性。数据主权的层次性体现在两方面，一是在网络分层技术架构中行使的数据主权要根据不同层级的技术、社会特征而

---

① 冉从敬，刘妍. 数据主权的理论谱系［J］. 武汉大学学报（哲学社会科学版），2022，75（6）：19-29.

② 卜学民；马其家. 论数据主权谦抑性：法理、现实与规则构造［J］. 情报杂志，2021，40（8）：62-70.

③ 唐云阳. 安全抑或自由：数据主权谦抑性的展开［J］. 图书与情报，2022（4）：87-95.

采取不同的控制方式和治理手段，如物理层的基本设施受到内容层明确国界限制而采取传统主权管辖规则即可，但逻辑层、应用层面是技术、权力、文化、法律等因素共同作用下的全球范围内数据流动，因而数据主权行使更具灵活性，也存在更多非强制性内容和主权让渡的可能。[①] 二是在规范意义上，数据主权比传统主权的行使手段、方式更多样，既包括基于主权最高权威的强制性规范、执法等，也包括多元主体国际共治、共商的非强制性协议、标准等，还包括技术性的治理手段，在治理上呈现多治理系统综合、协同的丰富层次。

（三）数据主权的构成要素

如果说传统主权由领土、人民、政权三要素构成，表现为独立权、平等权、管辖权、自卫权等权力内容，那么数据主权可以被拆解为物、数据、人及数据活动的四要素构成[②]。

数据主权的构成要素依然渗透着传统主权的观念，并可以看作对主权三要素的数据领域仿写。"物"指向数据运行、存储的基础物理层，有学者将其称为数据主权的"新边疆"，是数据赖以流通的最底层的基础硬件设备，对"物"的管辖仍遵循古老的所有规则，以设施的地理坐标确定可执行的属地管辖规则；"数据"则是因互联网诞生的特殊的"物"，具有无形性、非客体性等特征，难以通过"有体物"的占有、所有规则确定归属；[③]但数据的存储、流动都依赖于技术设备，其产生又同人的生产、生活活动直接关联。因此，对数据的主权诉求无法通过绝对的、排他占有的法律宣告实现，而是指向一种主权权威下的间接、有效控制，这一控制可以通过对基础层"物"之所有或管辖达成，也可通过主权命令下对人的行为活动

---

① 冉从敬，刘妍. 数据主权的理论谱系 [J]. 武汉大学学报（哲学社会科学版），2022，75（6）：19-29.

② 这一四要素拆解借鉴网络空间构成四要素的拆解，而在此要素视角下"网络空间是设施、数据、人和操作的完备集合"。详情参见：方滨兴. 论网络空间主权 [M]. 北京：科学出版社，2017：29-34.

③ 梅夏英. 数据的法律属性及其民法定位 [J]. 中国社会科学，2016（9）：164-183，209.

规范，限制达成。数据主权行使以领土所及或本国人的活动所及为限度，也以境内数据技术能力所及为限度，因此数据主权也表现为一定范围内自限性的局部数据资源控制。"人"之要素则仍以国籍区分行为主体与行为的管辖规则。公民身份便意味着自然人或组织对国家规制自身行为的授权。因而无论行为主体在境内还是境外，其利益、关系、资格和行为都将受所属国家的管辖。① "行为"要素是数据产生的直接动因，国家对数据行为的规范和控制既包括宏观层面对数据产业发展的战略、规划和政策，也指向中观层面制定数据行为技术标准、规范、指南，还包括微观层面对数据行为个体操作行为的法律规范、伦理指南等，是从宏观到微观层面的三维度控制体系，② 主要具有国内法面向，表现为数据立法权、技术标准制定权等。

在上述四要素运作下，数据主权的权力内容表现为一系列权力，包括数据控制权、数据利用权，以及数据发展权等多项权利内容。其中，数据控制权包括对数据资源的控制、管辖、支配等权力；数据利用权包括对数据资源的访问、使用及收益等权力；数据发展权不仅是一个国家能够自由和有意义地参与数字经济发展并公平享有发展所带来的利益的权利，也意味着这种发展必须是独立的，不受数据强国限制与主导的。

（四）数据主权的基本原则

一是坚持主权平等原则。《联合国宪章》确立的主权平等原则是当代国际关系的基本准则，覆盖国与国交往的各个领域，其原则和精神也应该适用于网络空间。坚持数据主权中的主权平等，即是要宣告国家之间互不隶属，任何一国都不能通过胁迫等手段使他国接受或服从条约和国际规则。③ 从

---

① SAMUEL F. MILLER. Prescriptive jurisdiction over internet activity: the need to define and establish the boundaries of cyberliberty [J]. Indiana Journal of Global Legal Studies, 2003（10）：227-254.

② 郑琳，李妍，王延飞. 新时代国家数据主权战略研究 [J]. 情报理论与实践，2022，45（6）：55-60.

③ 张新宝；许可. 网络空间主权的治理模式及其制度构建 [J]. 中国社会科学，2016（8）：139-158，207-208.

互联网根服务器的控制来看，美国在网络空间拥有其他任何国家没有的网络优势，不论在物理空间还是在网络空间都试图以霸主地位凌驾他之上。尽管在技术能力、网络数据资源的分配享有全球范围内存在事实上的强弱不平等，但这不代表各国不能自主制定数据主权战略规划，不能平等地参与到数据主权国际规则构建的合作中来。① 数据主权平等要求在数据领域的国际交往互动、共治共建必须互相认可彼此对接入互联网、参与互联网国际治理、分配互联网资源的平等权，不以国家大小或地位强弱为区分。②

二是坚持合作共治原则。从根本上讲，数据主权问题并非简单的国内法问题，而是全球性的治理问题。网络空间中数据的产生、存储、流动都是全球化的，特别是在数据跨境流动、数据安全维护等治理议题下，很难通过单一国家的排他管辖进行治理，往往需要国家间的共同参与、共同应对。更有学者指出，数据主权管辖高度依赖国家间合作、协商，导致管辖专属性反而成为一种例外规则。③ 在数据主权平等基础上，坚持各国平等参与、共同开发、善意合作，才能共同构建数据流通、数据安全、数据善用的良好数据秩序。

三是坚持维护安全秩序。伴随国际社会数据资源博弈日趋激烈，愈发严峻的数据安全环境下，数据主权安全风险更为多变与隐蔽，治理难度极大提升。2021 年，我国外交部部长王毅在全球数字论坛研讨会上发起《全球数据安全倡议》，提出尊重他国主权、司法管辖权和数据管理权的倡议。即使是在数据自由流动视角下，数据流动也至少是有秩序、低风险的流动，因此保障数据主权安全，是保证国家经济、社会正常运行的应有之义，是主权国家不可推卸的重要责任。④

---

① 张晓君. 数据主权规则建设的模式与借鉴——兼论中国数据主权的规则构建 [J]. 现代法学，2020，42（6）：136-149.

② 冉从敬，刘妍. 数据主权的理论谱系 [J]. 武汉大学学报（哲学社会科学版），2022，75（6）：19-29.

③ 陈曦笛. 法律视角下数据主权的理念解构与理性重构 [J]. 中国流通经济，2022，36（7）：118-128.

④ 黄海瑛，何梦婷，冉从敬. 数据主权安全风险的国际治理体系与我国路径研究 [J]. 图书与情报，2021（4）：15-28.

第四节　数据主权相关概念辨析

需要说明的是，数据主权并非孤立、悬空、纯粹理论的概念范畴，而是在数字时代应时而生，同一组邻近概念范畴共同限定国家主权当代演变形态的现实实践力量，因而具有建构性。本节将对同数据主权相关的关联概念进行比较、辨析，以进一步廓清数据主权概念的特征、内涵及外延。

一、网络主权与数据主权

对网络主权和数据主权的比较研究要从概念澄清开始。"网络"最狭义的理解仅为"互联网（Internet）"[①]，中间层级的理解为包含互联网的"互联网"概念，其中既包括国际性的互通互联，也包括一定范围的局域网络连接。最广义也是最外层的含义不限于计算机网络，是由节点和连接边构成，用来表示多个对象及其相互联系的互联系统，包括计算机系统、物联网、传感网、工控网、广电网等各类电磁系统构成的信息网络。[②] 在此意义前提下，网络主权指向的对象是构成信息网络的物理意义上的、有形的信息基础设施，以及使网络信息传输、交换成为可能的信息传输、交换协议、软件等通信网络系统。在数据网络生成、传输的技术背景下，构成数据主权四要素中"物"的要素对象很大程度同这一层面网络主权指向对象产生重叠、交叉，并均首先遵循对"物"的属地管辖规则。[③]

---

　　① 《辞海》对"互联网"的界定为"将分布于全球的计算机网络连接在一起，在逻辑和功能上组成一个大型通信网。网中的任一用户遵循共同的计算机通信协议，共享资源，彼此交织形成单一的虚拟网络"。

　　② 方滨兴，邹鹏，朱诗兵. 网络空间主权研究［J］. 中国工程科学，2016，18（6）：1-7.

　　③ 张新宝，许可. 网络空间主权的治理模式及其制度构建［J］. 中国社会科学，2016（8）：139-158，207-208.

但通常意义下，我们所讨论的网络主权是网络（空间）主权（Cyberspace Sovereignty）的简称，[①]这一概念由美国著名网络法学者吴修铭（Timothy S. Wu）在其文《网络空间主权？——互联网与国际体系》中率先使用，[②]并很快成为主权国家争夺网络空间主导权的有力概念工具，用以反制"网络空间无主权""全球公域"等网络自由主义思潮。[③] 从诞生时间上看，网络主权概念出现远早于数据主权；从网络和数据关系看，数据存在、流通也依附于网络环境。因此，有观点认为，网络空间主权与数据主权属于包含关系，数据主权是网络空间主权的一个子集。[④] 作为依附网络存在、生灭的数据主权亦是网络主权问题域项下的重要议题和讨论内容，如学者所言，信息、网络是网络空间的灵魂所在，离开了"信息主权"或"数据主权"的网络主权，只能是丧失灵魂、残缺不全的主权。[⑤]

但二者概念的区分亦有其意义和各自讨论的问题域。当前，有关数据主权的讨论集中在可分数据的跨区域存储、数据跨境流动等问题，讨论的是主权管辖的适用方式、规则，而且更多是法律规则构建层面的讨论。网络主权概念兴起既是对以巴洛为代表《网络空间独立宣言》（*A Declaration of the Independence of Cyberspace*）为代表的技术乌托邦主义的主权国家回应，也同以中国为代表的国家面对美国将信息与通信技术优势转化为政治霸权和经济掠夺的防御反击战略转变有关。其讨论涵盖数据安全等法律子议题，但更多同政治、国际关系、国家安全等抽象战略议题关联，涉及学科也更为广泛。从另外一个角度看，网络主权目前讨论的语境是同现实物理空间对比，核心的比较围绕网络空间（虚拟空间）和物理空间的不同特

---

① 本书界定的"网络主权"，实际是对网络空间主权的讨论。

② WU T S. Cyberspace Sovereignty：The Internet and the International System [J]. Harvard Journal of Law & Technology，1998（10）：647-666.

③ 代表性文献如 BARLOW J P. A Declaration of the Independence of Cyberspace [C]. Cambridge：MIT Press，1996.

④ 方滨兴. 论网络空间主权 [M]. 北京：科学出版社. 2017：322.

⑤ 黄志雄. 网络主权论：法理、政策与实践 [M]. 北京：社会科学文献出版社，2017：72.

征展开，其讨论涉及主权在网络空间的证立问题；而数据主权的讨论语境的对比参照平移到领土，类似于对资源控制问题的讨论。由此看，网络主权和数据主权在概念位阶上即存在区别，前者包含后者，而数据主权概念的诞生也极大地丰富、扩充着网络主权的讨论。

二、数字主权与数据主权

数字主权是一个缺乏明确定义且内容相对含糊的概念，概念提出者和主要使用者是欧盟。在欧盟官方的描述中，数字主权是指"欧盟在数字世界中保持独立行动的能力，并且应当从保护机制与促进数字创新的进攻性方法两方面来理解它。"[①] 从欧盟发布的数字领域政策文件及立法提案看，数字主权概念指向数字空间中的所有数字行为，包括数据流动、存储等数据行为，同时囊括网络社交、经济交易、数字企业竞争等其他数字化的行为；[②] 是对数字基础设施、标准、硬件、软件、程序、服务等网络与技术的管辖权和对数字技术社会影响的控制力。[③]

具体而言，欧盟的数字主权行动实践可以区分为建立单一数字市场、发展核心数字技术、加强数字立法规制和塑造欧洲数字价值观四大领域，其愿景对内可以表述为打造单一数字市场、发展自主独立核心数字技术；对外可以表述为摆脱对中美的技术依赖并争夺欧洲在数字空间的话语权。[④] 总的来说，"数字主权"是欧盟在数字技术竞争落后、数字基础设施受制于人、数

① European Parliament. Digital sovereignty for Europe［R/OL］.（2020-07）［2023-06-30］. https://www.europarl.europa.eu/RegData/etudes/BRIE/2020/651992/EPRS_BRI（2020）651992_EN.pdf.

② 漆晨航，陈刚. 基于文本分析的欧盟数据主权战略审视及其启示［J］. 情报杂志，2021，40（8）：95-103，80.

③ FLORIDI L. The Fight for Digital Sovereignty：What It Is，and Why It Matters，Especially for the EU［J］. Philosophy & Technology，2020，33（3）：369-378.

④ 郑春荣，金欣. 欧盟数字主权建设的背景、路径与挑战［J］. 当代世界与社会主义，2022（2）：151-159.

字安全屡遭冲击的情况下提出的"工具性"概念范畴，主要承载欧盟在数字时代参与大国竞争以及实现自身地缘政治诉求的政治愿景，因而更多地服务于数字领域的产业政策、监管立法以及技术标准的推行。其目的是以主权的"合法性""权威性"为欧盟在数字领域的相关政策背书，从而更好地推动议题进程、获得民众对政策的支持。① 从数字主权和数据主权的关系看，"数字主权"是"数据主权"的上位概念。作为下位概念的数据主权须依照数字主权设定的战略方向、政策方向和公共议程具体展开、落地实践。

尽管本章试图对"数字主权"概念进行拆解和定义，但"数字主权"的概念内核仍相当含混。有研究表明，基于政治话语建构的"数字主权"概念在欧盟内部引发"主权困惑"：这和作为区域性国际组织的欧盟与隶属国家范畴的主权概念错配有关，也和欧洲一体化愿景与成员国逆向主权诉求之间的实际冲突有关。② 由此看，"数字主权"作为政治话语并未完全被其"指射对象"接纳，作为安全化工具的"数字主权"引入数字治理的尝试并非成功。③ 此外，"数字主权"同下文将研讨的"技术主权"几乎并行的提出时间与诞生土壤使概念区分存在难度，其与"数据主权"概念的关系也需要和"技术主权"概念一并探讨，因而留待下文进一步阐明。

三、技术主权与数据主权

欧盟是"技术主权"（Technology Sovereignty）概念的主要倡导者。技术主权是科学技术，特别是关键、前沿技术，同国家主权结合的产物，集中表达了欧盟对如量子计算、人工智能、5G 通信、光子等先进技术的主权诉求，是试图通过主权的话语将急需转型、提振的产业借助主权概念而

---

① 宫云牧. 欧盟的数字主权建构：内涵、动因与前景［J］. 国际研究参考，2021（10）：8-16.

② WAEVER O. Identity, integration and security［J］. Journal of International Affairs, 1995（48）：389-431.

③ 宫云牧. 数字时代主权概念的回归与欧盟数字治理［J］. 欧洲研究，2022，40（3）：18-48，165-166.

使产业政策"制度化"，从而起到提高核心工业和数字产业竞争力，进而增强欧盟国际影响力、捍卫欧洲价值观的作用。① 如欧盟 2021 年颁布的《欧盟芯片法案》(*The EU Chips Act*)将欧洲的半导体芯片产业发展提振到"技术主权"高度。②

从该概念诞生的源流和使用频次看，技术主权概念的使用更聚焦于数字领域，是"数字主权"在技术领域的具体实现。③2020 年，欧盟密集发布《塑造欧洲的数字未来》(*Shaping Europe's Digital Future*)、《人工智能白皮书：欧洲追求卓越和信任的路径》(*White Paper: On Artificial Intelligence-a European Approach to Excellence and Trust*)和《欧洲数据战略》(*A European Strategy for Data*)三份重量级的数字政策文件，"技术主权"概念贯穿其中并提挈三大纲领。其内核正如欧盟委员会主席冯德莱恩强调的，技术主权描述欧洲在数字领域必须具备的能力，"即根据自己的价值观并遵守自己的规则来做出自己的选择"。④ 因此，技术主权应当看作主权国家对数字行为基于自我价值进行自主掌控的技术能力。从整体关系上看，"数字主权""技术主权""数据主权"构成一定的位阶关系。其中，"数字主权"是最为统合、概括，具有全局性的概念范畴，范围涵盖所有数字领域和数字行为；⑤ "技术主权"指向区域内的技术产业发展，是"数字主权"在前沿技术领域的具体表达；而数据主权则指向主权者对更具化数据行为的控制能力。在欧洲语境下，

---

① ECIPE. Europe's Quest for Technology Sovereignty：Opportunities and Pitfalls [R/OL]. (2020-05-25) [2023-06-30]. https://ecipe.org/publications/europes-technology-sovereignty/.

② 许钊颖. 欧盟公布《芯片法案》，增强半导体领域技术主权 [J]. 国际人才交流，2022（12）：58-60.

③ 钱忆亲. 2020 年下半年网络空间"主权问题"争议、演变与未来 [J]. 中国信息安全，2020（12）：85-89.

④ Irish Examiner. Ursula von der Leyen：tech sovereignty key for EU's future goals [R/OL]. (2020-02-18) [2023-06-30]. https://www.irishexaminer.com/business/arid-30982505.html.

⑤ 蔡翠红，张若扬. "技术主权"和"数字主权"话语下的欧盟数字化转型战略 [J]. 国际政治研究，2022，43（1）：9-36，5.

数据主权可以看作"数字主权""技术主权"概念的下位概念或构成要素。[①]

技术主权在实践中主要从三方面展开，一是技术层面，强调主权国家在数字领域关键技术和基础设施上的技术自主性，以减少对外技术依赖。[②] 为此需在宏观层面统筹工业发展、制定产业政策，集中人才储备、资金力量和政策导向推动数字技术产业发展，提升数字技术能力。二是规则层面，强调通过完善数字法规、技术标准和扩大国际数字领域治理影响力，在自身技术条件相对落后的情况下改善、提升在数字规则制定上的话语权。欧盟通过数字立法先行潜移默化地影响乃至塑造全球数字领域的技术标准、规制方案和治理模式，如《通用数据保护条例》作为个人数据保护立法的模板为中国、日本、澳大利亚在内多国借鉴、参考，充分彰显欧盟在规则制定上的"布鲁塞尔效应"。三是价值层面，强调要在技术进程、标准制定和社会治理中注入欧洲平等、民主、人权、隐私保护的核心价值观。正如欧盟在《人工智能白皮书：欧洲追求卓越和信任的路径》（*WHITE PAPER On Artificial Intelligence-A European approach to excellence and trust*）中强调欧盟的人工智能要基于欧盟的价值观和基本权利。价值话语的植入对内有利于凝聚价值共识，铸造一体化的主权空间；对外为价值观念的全球推广和普及提供支撑。作为数据主权的上位概念，技术主权的实践层次也从以上三方面引领、拓展数据主权概念：价值话语塑造、引领数据主权的规则制定和国际合作面向，战略层面的规则设计指导、限定数据立法的具体内容，而技术能力建设增强了主权者对数据基础设施和数据行为的控制能力。[③]

---

① 漆晨航，陈刚. 基于文本分析的欧盟数据主权战略审视及其启示 [J]. 情报杂志，2021，40（8）：95-103，80.

② 在《塑造欧洲的数字未来》中欧盟强调，"欧洲的技术主权出发点，是确保我们的数据基础设施、网络和通信的完整性和恢复力。这就需要创造正确的条件，让欧洲去发展部署自己的关键能力，从而减少欧洲对全球其他地区关键技术的依赖"。详情参见：European Commission. Shaping Europe's Digital Future [R/OL]. （2020-02-19）[2023-06-30]. https://futurium.ec.europa.eu/sites/default/files/2020-08/Shaping_Europe_s_digital_future__Commission_presents_strategies_for_data_and_Artificial_Intelligence.pdf.

③ 魏求月，洪延青. 数据跨境流动之国家安全例外条款：制衡、边界与建构 [J]. 国家安全研究，2022（4）：101-120，178.

四、信息主权与数据主权

除了上述邻近概念，另一个与数据主权关系密切、涉及领域互有交叉的概念是信息主权（Information Sovereignty），更因信息与数据之间难以分割的现状而时常出现概念混用的情况，也更有加以澄清、厘定各自范畴的必要。

从缘起和诞生时间来看，信息主权和数据主权各有其诞生的时代背景和社会环境。信息主权概念诞生伴随信息革命的时代浪潮，信息自由流动的本质与基于疆界的主权秩序天然存在冲突。早在 1996 年我国国际政治学者关世杰就提出各国根据《国际法原则宣言》在传播和信息领域享有全部的主权和领土完整的权利。[①] 此后我国学者陆续围绕信息主权的正当性、具体内容等对信息主权的概念、内涵、特征等进行研究，并形成有关"信息主权"的共识性观点。[②—⑩] 而数据主权概念的凝练、提出则晚于信息主权，其诞生同海量数据存储、利用和流通的"大数据时代"息息相关，也同大

①② 关世杰. 国际传播中的国际法原则问题 [J]. 新闻与传播研究，1996，3（2）：30-35.

③ 龚文庠. 信息时代的国际传播：国际关系面临的新问题 [J]. 国际政治研究，1998（2）：41-46.

④ 孔笑微. 全球化进程中的信息主权 [J]. 国际论坛，2000（5）：13-17.

⑤ 刘晓茜，常福扬. 信息时代的国家主权 [J]. 江南社会学院学报，2005（3）：15-19.

⑥ 任明艳. 互联网背景下国家信息主权问题研究 [J]. 河北法学，2007（6）：71-74，94.

⑦ 刘连泰. 信息技术与主权概念 [J]. 中外法学，2015，27（2）：505-522.

⑧ 高德胜，王瑶，金玉. 信息主权视域下的信息犯罪问题规制 [J]. 行政与法，2016（12）：122-128.

⑨ 牛博文. 信息主权的法律界定探析 [J]. 北京邮电大学学报（社会科学版），2014，16（4）：25-33.

⑩ 牛博文. 自由与秩序：信息主权法律规制的价值博弈 [J]. 学术交流，2016（2）：77-85.

数据的政治、经济及战略价值日益涌现有关，大数据逐渐成为反映、衡量不同国家国家实力的关键要素而被主权国家重视、争夺，由此诞生"数据主权"概念。[①]

从概念对象及内涵外延来看，二者也存在差异。信息主权以信息基础设施及信息流动秩序的管理、控制为研究对象，是主权国家在本国管辖范围内对信息的管理、控制和共享的权力，[②-④]而数据主权以本国数据的利用、管理和控制为研究对象，是主权国家在本国有权管辖范围内对数据利用、管理和控制的权力。上文已分析了数据和信息紧密纠缠但有所差异的语义内核，这一差别同主权理论结合便形成各自差异化的内容主张和讨论语境：信息主权须统合协调信息自由同信息秩序之间的内在张力，[⑤-⑧]在法律上表现为个人权利同信息传播秩序控制之间的冲突，对内则演化出"信息时代言论自由的诠释与限度"[⑨]和"个人信息权"等命题，对外则表现为"如何消除不同国家间信息垄断、信息霸权，实现全球层面信息资源

① 胡键. 基于大数据的国家实力：内涵及其评估［J］. 中国社会科学，2018（6）：183-192.

② 杨泽伟. 国际法析论［M］. 北京：中国人民大学出版社，2012：247.

③ 刘连泰. 信息技术与主权概念［J］. 中外法学，2015，27（2）：505-522.

④ 牛博文. 信息主权的法律界定探析［J］. 北京邮电大学学报（社会科学版），2014，16（4）：25-33.

⑤ 牛博文. 自由与秩序：信息主权法律规制的价值博弈［J］. 学术交流，2016（2）：77-85.

⑥ BALKIN, JACK, M. Digital Speech and Democratic Culture：A Theory of Freedom of Expression for the Information Society.［J］. New York University Law Review, 2004, 79（1）：1-58.

⑦ BALKIN J M. The Future of Free Expression in a Digital Age［J］. Pepperdin Law Review, 2008（36）：102-112.

⑧ BALKIN J M. Free Speech in the Algorithmic Society：Big Data, Private Governance, and New School Speech Regulation［J］. U. C. Davis Law Review, 2018（3）：1149-1210.

⑨ 左亦鲁. 超越"街角发言者"——表达权的边缘与中心［M］. 北京：社会科学文献出版社，2020.

共建共享"的命题。①－⑤ 数据主权则是国家对具有战略价值的数据资源谋求争夺的抽象概念表达，对内主要表现为国家对数据基础设施的管控和对数据本地化存储的要求，对外则要求在数据分级分类管理基础上的数据跨境流动限制，其上的法律主张可提取为主权国家要求对数据资源进行有效控制。

　　总的来说，信息主权和数据主权均在国家主权概念基础上衍化而来，是主权理论在新技术、社会环境下，特别是数字环境下的延伸，是主权国家遭遇领土管辖有效性挑战的自然回应，其核心诉求是一致的，都谋求建立主权国家之上的资源控制和秩序统治。在使用语境上，信息主权与数据主权概念存在明显的时间上继起和逻辑上承续的关系。当数字技术成为当代信息媒介的主要技术形式时，数据也成为信息传播的主要承载方式，信息和数据因此具有高度共生性和共通性，而在概念使用中多加以混同。⑥ 除上述比较的特定法律主张内容，当前国家对信息主权的主张主要以数据方式表现，这一信息数据化的趋势会随着数字社会的铺展而愈发普遍。鉴于此，近年来理论界多有关于"数据主权"的探讨，而对"信息主权"议题的关注逐渐下降。⑦ 更有学者认为，相较于"信息主权"，"数据主权"的概念是更为贴合大数据时代的社会背景的概念。⑧

①　吴志忠. 信息霸权：国家主权的新挑战［J］. 国际展望，1998（6）：13-14.

②　甘满堂. 网络时代的信息霸权与文化殖民主义［J］. 开放导报，2002（9）：29-30.

③　胡键. 信息霸权与国际安全［J］. 华东师范大学学报（哲学社会科学版），2003（4）：34-39，122-123.

④　许志华. 网络空间的全球治理：信息主权的模式建构［J］. 学术交流，2017（12）：81-86.

⑤　周群. 基于信息主权的网络空间治理模式研究［J］. 图书馆，2018（9）：71-76.

⑥　梅夏英. 信息和数据概念区分的法律意义［J］. 比较法研究，2020（6）：151-162.

⑦　李金锋，许开轶. 网络主权概念研究述评——基于 CNKI 的量化分析［J］. 社会科学动态，2018（7）：60-66.

⑧　杜雁芸. 大数据时代国家数据主权问题研究［J］. 国际观察，2016（3）：1-14.

第二章

多重视角下的数据主权治理

第一节　数据主权治理概述

一、网络空间治理和数据主权治理

（一）网络空间治理理论

数据是网络空间的重要组成部分，是信息在网络空间的载体。对网络空间治理的一个共识是，全球网络空间处于一种无政府状态，至少形式上不存在单一的对网络能实施管理的主体。[①] 虚拟的网络空间和现实世界对应，[②] 数据嵌入日常生活甚至推动社会变革。人类社会发展的历史进程呈现的普遍规律就是从无序走向秩序，因此，有必要构建网络空间治理新秩序。数据作为网络空间的重要支柱，其治理自然是网络空间治理的应有之义。

在大数据时代背景下，数据跨境流动频繁，促进贸易迅速发展与社会变革，产生一系列文明成果；但与此同时，网络空间的无边界性，导致数

---

① 沈逸. 后斯诺登时代的全球网络空间治理 [J]. 世界经济与政治，2014（5）：144-155，160.

② 李传军，李怀阳. 网络空间全球治理问题刍议 [J]. 电子政务，2017（8）：24-31.

据所有者、使用者、存储者在地理位置上的分离，以及数据资源与技术能力在现实社会中的不对称分配，不仅削弱数据主体对自身数据的控制权，而且国家关键数据资源的流失还会危及一国数据主权，导致许多主权国家不能有效、独立地管制本国数据，从而致使本国的数据安全处于威胁之中，潜藏巨大的经贸发展、国家安全、个人信息保护等方面的风险隐患。因而催生数据主权诉求。①

（二）网络空间治理新秩序与数据主权治理

数据主权治理是对数据主权的伸张，即在数据主权原则的基础上，立足国际政治局势，构建起的维护数据主权的治理体系。后续引用文献中所述的数据治理实际上指的是数据主权治理，而不是广义上的其他主体，比如政务、企业或是个人数据的数据治理。

在既有的数据治理实践中，治理主体的治理方式取决于其治理需求；不同的治理需求相冲突时，治理需求间亦有优先级。依治理需求的不同，数据治理主要有 3 种模式。第一种模式是以商业利益导向，这种治理模式的核心是数据跨境自由流动的规则体系，采取区域合作输出立场，执法采用长臂管辖，美国是主要的代表国家。第二种模式以网络主权和国家安全利益为核心，我国主要采取这一治理模式。第三种模式是建立在个人数据权基础上的数据治理，欧盟是主要代表。有必要强调的是，不同模式形成的原因在于，不同国家、主体的数据获取能力和数字安全技术、数字贸易利益的占有、国家和公民对不同价值观的选择存在差异。②

二、数据跨境流动与数据主权博弈

从治理内容上看，数据治理围绕数据的存储和跨境两方面展开。各国基于各自立场分别形成了数据治理全球主义和数据治理本地主义。

---

① 冉从敬. 数据主权治理的全球态势与中国应对［J］. 人民论坛，2022（4）：24-27.

② 王燕. 跨境数据流动治理的国别模式及其反思［J］. 国际经贸探索，2022，38（1）：99-112.

（一）数据治理全球主义与数据主权治理

数据治理全球主义基于全球化中数据流动的商业价值，倡导数据自由流动，强调数据的跨境自由流动是现代商业的常态，应当在限制滥用的情况下鼓励跨境流动，以创造更大的商业价值。正是基于这一价值考量，作为数据治理全球主义首倡者的美国，一方面通过宪法和单行法不断限制行政权对数据规制的干预，为数据的全球流动消除公权障碍；另一方面，也通过倡导私法自治理念，推动各方基于自身利益诉求制定合理的数据流动规则，赋予私主体在保护个人权利和创造商业价值之间更大的选择权。[①]

（二）数据治理本地主义与数据主权治理

数据治理本地主义以本地化存储、数据跨境审查为特征，所依凭的理论基础，一方面是国际法所倡导的人权保护理念，对数据存储与传输安全的保障，带有保障公民政治权利、健康权利、隐私权等基本人权的色彩，这种理论基础主要由欧洲国家倡导；另一方面，相较于美欧的技术优势与规则主导权，中国、印度与俄罗斯为代表的新兴国家作为"后入场者"更需借助国际法的力量维护自身利益，"主权"为它们维护自身利益提供了有力的理论支持。[②]

三、数字基础设施与数据主权治理

从治理基础上看，数据资源归根结底要使用相关技术存储在核心设备上，但数据资源与能力在现实社会呈不对称分配，即发达国家与发展中国家掌握的数据资源和能力存在巨大差别。在基础设施建设方面，全球互联网体系由美国在冷战时期建立，主根服务器多由发达国家控制，其中 1 个主根服务器放置在美国，其余 12 个辅根服务器，9 个放置在美国，2 个在欧洲（英国和瑞典），1 个在亚洲（日本）。基础设施的多寡奠定了秩序建

---

①② 沈伟，冯硕. 全球主义抑或本地主义：全球数据治理规则的分歧、博弈与协调 [J]. 苏州大学学报（法学版），2022，9（3）：34-47.

构的话语权重。各国在一定程度上都依赖美国提供的，如海底电缆、基站、卫星等关键信息基础设施服务。美国对信息基础设施的垄断形成了不公平的信息分配和技术分野，不仅能够维护自身的数据安全，在关键基础设施遭到攻击时有能力使用精确制导武器在内的一切手段进行反击，同时还能利用在关键信息基础设施上的优势钳制他国，加拿大和欧盟亦对美国企业独霸其国内数据处理市场的状况表示担忧，弱小国家更是因数据依赖陷入经济劣势不断深化的陷阱中。①

因此，现实世界中的发展中国家并没有因为网络技术的发展实现自身在国际体系中的位置或者实际发展水平的跨越式流动，反而在网络空间中被进一步边缘化；虚拟的网络空间和现实世界对应，因而这种边缘化进一步固化其在现实世界中的位置。②

不同的治理基础呈现不同的治理诉求、体现不同的治理重点。在此基础上，发达国家和发展中国家存在着不同的关注点。美国和欧盟成员在数据资源和治理能力方面占据优势地位，是发达国家的代表；但二者的治理诉求与重点稍有不同，甚至在推行自己标准成为世界标准的过程中发生冲突。美国依仗着自身强大的信息技术能力、科研水平、数字产业市场规模和大数据核心设备占有量等优势，目标明确地推动捍卫美国的全球贸易主导地位，实现其数据跨境管理势力的全球扩张。但其数据跨境管理战略思维中有着明显的数据主权进攻意识，如单边立法的 CLOUD 法案对长臂管辖权的解读事实上延伸了管辖范围。③ 欧盟同样采用单边立法，如以《通用数据保护条例》赋权的方式，扩张其长臂管辖权。该条例实际上把"欧盟标准"打造成"全球标准"，强化数据主体的权利和数据控制者、数据处理者对数据的保护义务，增强数据主体在数据处理活动中的参与度与主观能动性，强化一定范围内的大数据资源同行闭环和贸易保护。这不仅让欧盟有能力保障个人信息和隐私

---

①② 　沈逸. 后斯诺登时代的全球网络空间治理 ［J］. 世界经济与政治，2014（5）：144-155，160.

③ 　邓崧，黄岚，马步涛. 基于数据主权的数据跨境管理比较研究 ［J］. 情报杂志，2021，40（6）：119-126.

安全，也拥有了一套对抗美国全球数据霸权的话语体系。[①]

与美国、欧盟相比，以中国为代表的发展中国家在数据治理中表现为防守态势，主要从着眼维护自身数据主权安全出发，强化数据掌控利用能力，坚持发展大数据核心基础设施建设，创新、升级、跃迁互联网技术和大数据核心设备，并以强大的数据产业作支撑，鼓励技术创新型互联网企业发展，减少对他国关键技术的依赖，加强定义规则的能力，不断推进国家大数据产业和技术的跃迁升级。[②]

总体而言，数据主权的伸张（数据治理）主要围绕数据的存储和跨境两方面展开，主要表现为平衡数据跨国流动和安全管制之间的矛盾，这种矛盾又源于各国在治理需求、治理理念、治理基础、治理诉求的差异。本章围绕数据存储和跨境治理，从经济贸易发展、国家安全、个人隐私 3 个维度讨论数据主权的伸张（数据治理）。

第二节　经济贸易视角下的数据主权治理

一、全球数字经济战略实施机制与数据主权治理

数据治理首先与经济贸易发展相关。跨境数据流动的治理，在 20 世纪 70 年代已经引起重视，原因主要是当时关于全世界针对跨国公司的活动及其可能具有超出国家权力的影响力的讨论达到了高潮。1980 年，经济合作与发展组织（Organization for Economic Co-operation and Development, OECD）发布了《隐私保护与个人数据跨境流动指南》（*Guidelines on Privacy Protection and Cross-border Movement of Personal Data*）。[③]1985 年 4 月，

---

①② 邓崧，黄岚，马步涛. 基于数据主权的数据跨境管理比较研究 [J]. 情报杂志，2021，40（6）：119-126.

③ 王中美. 跨境数据流动的全球治理框架：分歧与妥协 [J]. 国际经贸探索，2021，37（4）：98-112.

OECD针对跨境数据流动的治理问题公布《跨境数据流动宣言》(*Declaration on Transborder Data Flows*)，在注意到各国数据和信息政策背后有许多社会和经济考量的情况下，呼吁各国对跨境数据流动采取更开放和便利的态度，提高对数据、信息以及相关设施的接入，避免造成没有正当理由的阻碍，在相关法规和政策上确保透明度，形成处理与数据跨境流动相关问题的共同方法或形成统一的解决方案等。① 《全面与进步跨太平洋伙伴关系协定 》(*Comprehensive and Progressive Agreement for TransPacific Partnership*，*CPTPP*)中规定，各成员应当允许为了商业行为的目的，以电子形式跨境传输信息，包括个人信息；各成员不得要求企业必须在本地使用或设置其电子计算设施，并将之作为允许其能在本地营业的条件。这一协定率先在两项长期有争议的跨境传输条款上获得突破：各成员应一般性地允许数据跨境传输，包括个人数据；禁止各成员加诸本地存储要求。这两项条款实际上涉及自由化义务，与《跨境数据流动宣言》相比有实质性突破，实质性消除数据流动阻碍。② 2020 年 7 月 1 日正式生效的《美国—墨西哥—加拿大协定》(*United States–Mexico–Canada Agreement*，*USMCA*)则强力推动数据流动自由化，充分反映了美国在跨境数据流动上的九点核心主张：①免征关税；②非歧视；③隐私保护方面参照 APEC 的《隐私保护框架》和 OECD 的《理事会关于隐私保护和跨境数据流动指南建议（2013 年）》[*Council Recommendation for Guidance on privacy protection and cross-border data flows (2013)*]；④除非为了公共政策目标，不得禁止和限制以电子手段进行的跨境信息传输；⑤不得要求计算设施设置在本地；⑥在数字安全方面尽力采取基于风险的方式，而不是一概性的规定；⑦不得对另一国的个体以允许在本地经营为条件强制要求提供、转让或接入其持有的软件的源代码；⑧不应在判定损害责任时将交互计算机服务视同信息内容提供者；⑨尽力促进政府持有数据的公开。这是目前为止自由贸易协定中关于跨境数据流动最为详尽的

---

①② 王中美. 跨境数据流动的全球治理框架：分歧与妥协 [J]. 国际经贸探索，2021，37（4）：98-112.

规定。不仅包括了电子签名、电子合同等传统电子商务内容，而且将重点放在以数据为内容的新型跨境交易上，虽然并未有许多强制性条款，但是涉及消费者保护、隐私保护、源代码、安全风险评估、基础设施服务提供者责任、知识产权保护、政府数据公开等新的相关问题。这种美式架构可能是未来其他区域与多边谈判的重要参考坐标。[①] 在世贸组织框架下，可以适用在跨境流动上的协定主要是《服务贸易总协定》（GATS）。相对于货物贸易，服务贸易是无形的，其可能通过商业存在、跨境提供、跨境消费和自然人流动的方式提供。但跨境数据流动无法清晰地归类于"服务部门分类清单（Service Sectoral Classification List）"中的任何一类，这关系到世贸组织成员在 GATS 下就各服务部门所做的开放承诺，是否可以适用于跨境数据流动。因此，关于数据流动自由化的谈判，似乎也很难放在 GATS 框架下。但在一般情况下，各国对数据本地存储的要求都适用于内外资企业，所以 GATS 的非歧视原则无法直接规范数据本地存储要求。[②]

二、数据殖民主义与数字鸿沟

上述协议的出台，美国的国家意志与主权利益得到了充分体现。作为数字技术大国，美国的价值取向是基于全球市场贸易战略的需要，体现出经济和商业利益优先的"效率"价值取向，鼓励跨境数据流动，提倡"数据自由"、宽松立法，强调行业自律，同时通信基础设备与技术优势、国际地位、经济实力极大支撑了其数据跨境管理。[③] 具体来说，除了掌握全球网络空间关键性的信息基础设施资源，在数据技术方面，美国具有全球最强大的数据监听与反监听技术，具有强大的数据获取能力，不具备防范美国数据监听技术或与美国处于竞争关系的国家，只能通过数据藩篱来维护

①② 王中美. 跨境数据流动的全球治理框架：分歧与妥协 [J]. 国际经贸探索，2021，37（4）：98–112.

③ 邓崧，黄岚，马步涛. 基于数据主权的数据跨境管理比较研究 [J]. 情报杂志，2021，40（6）：119–126.

本国网络技术的独立性，避免过度依赖美国的数据供应。[①]

在规制力量方面，根据 2011 年颁布的《网络空间国际战略》，在美国的数据主权遭遇威胁时，比如当关键基础设施遭到网络攻击时，美国的构想是可以使用包括精确制导武器在内的一切手段进行反击。同时，美国看好"多边利益相关方"这个概念，而且认定在此概念下，即使美国政府放弃了对互联网域名与数字地址分配机构的监管，仍然有可以弥补的方式。例如，美国公司可以凭借自己的优势确保自己在任何新组建的多边利益相关方机构中占据压倒性优势，而美国公司总是要遵守美国法律管辖的。这是一种更加间接和隐蔽的方式，能以更低的成本有效地实现美国国家网络安全战略。[②]

除以上优势地位，在规则制定方面美国也有绝对的优势。美国通过参与及主导多个数字贸易规则制定，达到其增强全球数据安全治理话语权、实施"数据霸权"的目的。在数字贸易的跨境数据流动上，美国的核心主张主要包括免征关税，在公共政策目标之外不得禁止和限制以电子手段进行的跨境信息传输、不得要求计算设施设置在本地等。[③] 前述关于其经济贸易方面的举措，免征关税对于发展中国家无意义，引发发展中国家质疑受益不均。[④] 不得限制跨境信息传输违反跨境数据流动应强调的首要原则——数据安全，正如我国在《全球数据安全倡议》所指出的，数据安全是各国都重视的前提条件，在少数国家具有技术优势和垄断能力的情况下，数据安全尤其需要强调；在安全的前提下，才有发挥数据对经济增长的正向作用，促进数据的共享和利用。[⑤] 即便如此，以美国为代表的数字技术大国在国内立法及贸易协定谈判中主张数据的自由流通之所以还能够在一定程

[①] 王燕. 跨境数据流动治理的国别模式及其反思 [J]. 国际经贸探索，2022，38（1）：99-112.

[②] 沈逸. 后斯诺登时代的全球网络空间治理 [J]. 世界经济与政治，2014（5）：144-155，160.

[③]—[⑤] 王中美. 跨境数据流动的全球治理框架：分歧与妥协 [J]. 国际经贸探索，2021，37（4）：98-112.

度上推行，究其原因，作为数字技术大国，美国可以通过区域合作及贸易谈判向贸易伙伴输出本国的数据流通立场，同时还可以在执法领域通过数据治理的"长臂管辖"，要求在境外开展业务的美资企业向其提供数据，从而抵消他国数据限制流通措施的不利影响。

在这种情况下，对于美国之外的其他国家来说，在数字贸易方面，可选择的战略较为有限：第一种是无条件的追随。也就是选择无条件地认可美国的霸权战略，认可美国对自身技术优势的滥用并对美国政府的意图保持无条件的信任，也就是坚信美国政府会如其所宣称的那样仅仅从国家安全、反恐的角度来使用自己的技术能力，而不会将其用于商业领域展开不对称的竞争。这种战略选择或许是美国的决策者们所喜闻乐见的，但欧盟议会组建的调查小组就指出，美国早就有滥用这种能力的先例，其可信度相当成问题。①

第二种是强硬的对抗。为自身的安全设定一个绝对标准，为此不惜支付巨大的代价，在网络空间重现冷战那种阵营对抗，在必要时架设一整套与现有全球网络空间平行的网络。在斯诺登以任何人都无法否认和主观阐释的方式披露"棱镜"项目存在之后，这种设想已有浮出水面的态势。不过，考虑到其巨大的经济代价，以及与当今世界整体经济、社会活动方式截然相反的内在思维逻辑，就足以将这种设想排除出其他国家可供选择的菜单之外了。②

第三种是从"治理谋求安全"的思路出发，依托"人类共同遗产"原则，通过新兴大国之间的战略协调凝聚和团结具有相同处境的国家（比如技术能力相对弱小，对网络空间存在高度依赖，但又担忧来自美国滥用自身霸权优势的发展中国家），在此过程中找到强化合作的战略契机。③

在经济全球化浪潮下，这种战略选择避无可避，必须要做。部分国家选择的战略可从提交给世贸组织电子商务谈判的议案中窥得一二。2019年

---

①—③　沈逸. 后斯诺登时代的全球网络空间治理［J］. 世界经济与政治，2014（5）：144-155，160.

4 月，美国提交的《数字贸易协定》建议以"数字贸易"概念取代"电子商务"，大部分内容都已超出现有世贸组织协定范围，希望将美式协定的内容移植到多边层面。截至 2019 年 12 月，中国有 3 份提案，基本观点是将世贸组织电子商务谈判限制在与实体贸易相关的常规电子商务议题范围内，改善电子商务环境和提高便利度，但目前文本仍多为原则性声明，尚无具体建议条文。欧盟的建议介于二者之间，一方面希望将世贸组织项下扩大电信服务市场准入的谈判继续推进；另一方面，欧盟同意推动电子商务便利化，同时表示应在提高隐私保护和安全框架前提下可以推进美国提出的跨境数据流动自由化。在所有提案中，对跨境数据流动，仍然是三级分层立场：美国在最高层，要求禁止数据本地存储要求和允许跨境数据流动（金融数据等极少数例外）；欧盟是中间层，赞同有条件地允许跨境数据流动，同意禁止数据本地存储要求；中国、俄罗斯、印度、印尼等发展中国家居于第三层，普遍存在数据本地存储要求，没有一概性地放开跨境数据流动的意愿，其基本观点认为：当前对跨境数据流动的认知和技术能力都还不充分，需要更长时间展开探索性讨论，暂缓将此复杂议题纳入世贸组织项下的电子商务谈判。[①]

三、全球数字贸易规则构建的困境及其成因

综上可见，全球网络空间治理视角下的数据主权伸张（数据治理）主要有以下 3 个特征。

（一）跨境数据流动规制与相关贸易协定呈"碎片化"态势

贸易领域各国相互竞合，所秉持的数据跨境流动规制理念与主张不同，导致全球范围内的数据跨境流动受限，数字经济活力难以充分发挥。美国所构建的数据出口限制规制特别针对俄罗斯、中国等"战略对手"，并且对

---

① 王中美. 跨境数据流动的全球治理框架：分歧与妥协 [J]. 国际经贸探索，2021，37（4）：98-112.

所"特别关注的科技企业"也有强硬苛刻的数据跨境限制条件。从表面上看，美国主张民主、开放的社会价值体系，但究其本质则是巩固并发展其全球贸易主导地位。

（二）跨境数据流动保护与监管体系呈"分散化"态势

各国对数字贸易的监管可能是多角度的，如海关监管、征税、金融监管、国家安全、消费者保护、反垄断等，各国都意识到传统的监管与法律框架无法准确和适当地处理数字贸易相关问题。另外，法律体系之间的协调也是个问题监管系统，有不同的模式。有些模式下，原则上允许监管方有权禁止或限制；另一些模式下，非获明确许可不得跨境流动。美国推崇的是对监管方的干预权也要加以约束，以减轻企业在跨境数据流动上的合规成本。而相对于烦琐的个案审批，欧盟则允许一揽子渠道的建立，如对所认可的国家的传输和所认可的企业集团内部的传输等。

（三）跨境数据自由流动与数据主权博弈呈现"加剧化"态势

跨境数据流动趋于频繁，原来个人跨境数据流动是点对点的传输，现在越来越多公司直接掌握个人数据，风险进一步增大。[①] 数据科技公司可以并且事实上已经成为与传统主权国家相互竞争的新的主权者。主权既是一个规范性概念，也是一个现实性概念，所以应当看到，不仅要问谁应该成为数据主权者，还应该问谁事实上掌控着数据并行使着管辖权，那么谁就是事实上的数据主权者。当然，认为数据科技公司在某种意义上是数据主权者，并不是因此要赋予其权利或免除其义务，而是要提出对数据公司更严格的公法规制和义务要求。比如对人的尊严和人权的尊重、可问责性、透明度等。质言之，数据科技公司不但在私法上要承担对用户的私法义务，还要在公法上承担更多的公法责任，新的主权者也必须是法治之下的主权者。非欧盟科技公司，其利益与欧盟不一致，与其所在国的利益可能亦不一致。对每一个个体而言，多元主权并不一定是坏事，多元主权之间的相

---

① 王中美. 跨境数据流动的全球治理框架：分歧与妥协［J］. 国际经贸探索，2021，37（4）：98-112.

互对抗和竞争，很可能会给个体更多的保护。不同主权者之间的相互竞争，使任何一个主权者都不享有绝对的权力，并且为了获得更多人民／用户的支持，要提供更好的社会公共产品。但不可否认的是，利益主体多元会加剧跨境数据自由流动与数据主权博弈。①

四、全球数字贸易规则构建与数据主权治理

数字贸易的快速发展给全球贸易模式及规则带来新挑战，涉及的双边及多边贸易主体也越来越多。而在世贸组织的现行规则体系下，并没有专门的数字贸易规则，而是多零散分布在其框架下的相关协定文本及附件中，其中主要包括《服务贸易总协定》（GATS）、《与贸易有关的知识产权协议》（TRIPS）、《信息技术协定》（ITA）等。在全球数字贸易规则的发展趋势中，从各国与地区数字贸易规则的内容范围来看，"美式模板"的大致演进是从《跨太平洋伙伴关系协定》（TPP）中的相关条款开始，并发展至《美墨加协定》以及《美日数字贸易协定》，二者均以《泛太平洋战略经济伙伴关系协定》（TPP）中各主要条款为基础。而欧洲则通过制定《通用数据保护条例》（GDPR）、《欧盟非个人数据自由流动框架条例》《欧洲数字化单一市场战略》等主要条例与战略促进数字贸易发展。与"美式模板"以及"欧式模板"相比，中国在数字贸易规则方面的探索尚处于初级阶段，目前已经涉及数字贸易规则的法例条文主要有《中华人民共和国个人信息保护法》《中华人民共和国网络安全法》《中华人民共和国电子商务法》等。

全球数字贸易规则中的"美式模板"主要包括永久免关税规则、数据存储非本地化规则、无差别待遇规则、数据跨境自由流动规则；全球数字贸易规则中的"欧式模板"包括知识产权保护规则、文化例外（视听例外）规则、跨境数据自由流动规则；我国则主要强调在世贸组织框架下的电子商务议题等其他规则。

---

① 翟志勇. 数据主权时代的治理新秩序 [J]. 读书，2021（6）：95-102.

　　总体而言，在数据存储本地化规则上，美国对数据存储采取宽松态度，坚持遵守非本地化规则。在相关的很多协定的谈判和签订中，美国都是持强烈反对数据存储本地化的立场，多次表明数据存储本地化带来的经济负收益会远远超过人们的预计。美国推动数据自由开放，一是因为美国一向倡导自由发展的风格，文化多元化。二是基于美国在信息技术产业的垄断地位。信息技术产业是美国的支柱产业之一，对信息技术的掌握往往标志着一个国家真正的实力。美国不仅能够从数据的全面开放中获得丰富的经济收益，而且能获取更深层次的情报资源。欧盟国家与美国则恰恰相反，对数据存储的限制性条件较多，是数据存储本地化的忠实拥护者和推动者。欧盟法律中明确限制数据存储，所有数据一律存储在本国境内的服务器和浏览器中，若有产生数据存储于境外的情况必须按照欧盟法律进行严格处理。中国暂时未推出涉及数据存储、传输等全流程的完整规则，但是也同样规定企业必须把服务器和数据中心设在中国境内，如《网络安全法》中就规定："关键信息基础设施的运营者在中华人民共和国境内运营中收集和产生的个人信息和重要数据应当在境内存储。"

　　在数据隐私保护方面，美国更多采取相对开放的态度，数据隐私保护的相关条例都较宽松，主要倡导市场自由发展，号召行业自律及数据自由开放。而欧盟对数据隐私保护规则持有十分坚决的态度，非常重视隐私保护。《欧盟数据保护通用条例》于2018年5月生效，这部被誉为最严格的个人数据保护方案取代了《数据保护指令》，坚决要求对数据隐私施行全面严格保护。中国虽然强调数据隐私安全，但是对数据分类分级保护缺乏相关经验，行业重视不足，尤其是缺乏健全的行业自律机制，数据隐私保护面临相对较大压力。从数字贸易发展的趋势来看，数据的过度保护会产生额外的支付成本、信息成本和运输成本，导致贸易成本增加，从而形成贸易壁垒；反之，数据开放会减少贸易成本，从而减少贸易壁垒。因此，在平衡数据隐私保护以及促进数字贸易发展上，不同国家及地区目前还存在较大分歧。

　　在数据跨境流动规则方面，美国是数据跨境自由流动的主要倡导者和推动者，其在包括世贸组织在内的多个场合都数次强调成员国应当推动数据跨境自由流动。同时，在其主导和参与的国际协定中都积极加入了跨境数据自由流动条款。而欧盟是数据保护最为严格的地区之一，对数据的跨境流动设置了一定的条件和标准，只有在满足相应的条件和标准基础上才允许数据跨境流动。我国的数据跨境流动，包括《中华人民共和国网络安全法》与《征信业管理条例》等在内的法律法规明确了具体规则：本国的数据如果需要跨境流动的，必须严格采取安全性鉴定，具体流程一律参照国家网信部门以及国务院提出的相关规定。另外，对一些特殊行业中的数据或国家机密数据的跨境流动有严格规定，如在《中华人民共和国保守国家秘密法》中明确规定：涉及国家机密的数据一律不允许流出国内。从商业角度来看，数据只有被流通、被有效处理才能发挥其价值。数据跨境自由流动可减少数据的运输成本和信息成本，同时更有利于降低贸易成本与贸易壁垒。

在数字产品的关税政策方面，在向世贸组织提出电子商务方案的成员中，美国最早提议对数字产品免征关税，且是永久免征关税。美国这一提议，在于通过免关税政策减少贸易壁垒，能够显著减小贸易成本，从而可以促使其凭借自身数字技术领域的优势在国外数字产品市场中形成垄断优势。而欧盟总体上对数字产品关税保持中立的原则，仅限于在有条件的情况下对数字产品免除关税，但也并不是永久性免除关税。中国在数字产品的关税政策制定方面仍相对滞后，很多规定还不够齐全和完备。

第三节　国家安全视角下的数据主权治理

跨境数据流动频繁，数据来源地与存储地的割裂、数据控制者与所有者的分离，以及数据管辖权与治理权的模糊，引发各国在数据管辖权以及确认目标数据所在地方面的矛盾，引起数据跨国流动和安全有效管治之间的矛盾，催生数据主权诉求。

关于数据主权与国家主权的关系，理论观点并不统一。一种观点认为，数据主权论依托现代国际公法秩序，坚持数据治理依然从属于传统主权。[①]即数据主权是网络主权延伸到数据层面的必然结果，其背后折射的是国家主权利益，数据主权是国家主权的重要组成部分。[②]另一种观点认为数据主权不同于传统主权，传统主权具有的排他性、至高性特征在大数据背景下均不再适用。[③]不管对数据主权与国家主权的关系持何种观点，对数据主权的伸张（数据治理）均有必要。

一、数据安全风险对于国家安全的挑战

数据安全是数据治理的重要内容，关涉数据主权。全球经贸交易、技术交流、资源分享等跨国合作日益频繁，数据跨境流动无法避免。美国等西方发达国家系防止数据流动、滥用等国际规则的主导者，数据获取能力和数字安全技术、数字贸易利益的占有都具有显著优势，处于数据垄断者的位置，且可以凭借其天然的信息技术优势及垄断地位使用包括精准制导武器在内的一切手段发起攻击，以及在遇到攻击时进行反击，跨境数据流动自由亦是其进行数据监听及非法获取数据的主要手段。[④]强国通过对于技术、规则制定等的垄断，利用对于信息弱国的权力不平等获益，威胁弱国的国家安全、国家主权和政权，主导数据跨境流动等活动。在这种情况下，弱国更倾向于提出数据主权的问题，强国较少提出数据主权。[⑤]与在数字贸

① 刘天骄. 数据主权与长臂管辖的理论分野与实践冲突 [J]. 环球法律评论，2020，42（2）：180-192.

② 何傲翾. 数据全球化与数据主权的对抗态势和中国应对——基于数据安全视角的分析 [J]. 北京航空航天大学学报（社会科学版），2021，34（3）：18-26.

③ 翟志勇. 数据主权时代的治理新秩序 [J]. 读书，2021（6）：95-102.

④ 赵海乐. 数据主权视角下的个人信息保护国际法治冲突与对策 [J]. 当代法学，2022，36（4）：82-91.

⑤ 沈国麟. 大数据时代的数据主权和国家数据战略 [J]. 南京社会科学，2014（6）：113-119，127.

易方面的进攻态势相反，美国不主张数据主权，①或者说有意地淡化数字主权这一概念，但这仅是表面情况。2013 年，美国国家安全局前工作人员爱德华·斯诺登披露，美国借助"棱镜"项目对超过 35 个国家的领导人进行了电话监听。2018 年，一家名为"剑桥分析"的公司利用从脸书上获取的数据操纵多国总统选举。数据监听和操纵已成为一种新型情报获取及内政干预的手段。各国纷纷立法禁止或限制涉及国防与安全的数据出境，防范关键信息为外国政府获取。例如，韩国禁止数据控制者将地图和用于测量的照片，以及空间信息运出境外；中国亦禁止关键基础设施产生的重要数据未经安全评估便出境；欧盟更是在"棱镜门"事件后制定严格的跨境数据流动措施防范美国情报机关的数据监听；金砖国家也提出了建立一套无美国监听之虞的国际电缆体系的构想。②

二、各国数据治理措施

为应对数据安全风险对国家安全的挑战，保障国家信息主权、网络安全，各国制定了不同的跨境数据治理措施，主要包括以下三方面。

（一）数据本地化存储

数据本地化存储，能够有效地保护数据安全。但与此同时，数据本地化措施也会使跨境数据传输变得更加昂贵和耗时，大量数据存储在境内服务器也会增加网络攻击风险，造成适得其反的效果。各个国家对本地存储有不同规定。我国规定，关键信息基础设施的运营者在中华人民共和国境内运营中收集和产生的个人信息和重要数据应当在境内存储；因业务需要，确需向境外提供的，应当按照国家网信部门会同国务院有关部门制定的办法进行安全评估。而美国近年谈判签署的 FTA 中则强调：各国不得要求数

---

① 赵海乐. 数据主权视角下的个人信息保护国际法治冲突与对策［J］. 当代法学，2022，36（4）：82-91.

② 王燕. 跨境数据流动治理的国别模式及其反思［J］. 国际经贸探索，2022，38（1）：99-112.

据本地存储；各国应当允许跨境数据流动。结合美国的《云法案》(*CLOUD Act*)，在美国数据霸权下，这两点要求意味着，美国的互联网公司可以在全球提供服务和收集数据，但无论数据存储在美国境内还是境外，美国政府都有可能调取这些数据。对其他国家来说，数据主权关系国家安全问题，中俄这样的超级大国对美国以推动自由化为名实际进行长臂霸权的做法十分警惕，分歧很难弥合。相对来说，欧盟持中间立场。欧盟认为，目前国际贸易协定谈判中涉及的两方面内容——电子商务和跨境数据流动，根本的问题是关于这两方面的国内规定或国际安排（无论是便利化措施还是限制措施）都不应构成对贸易的扭曲。欧盟认为数据本地存储要求可能对跨境服务提供者造成歧视，所以应当禁止将之作为在本地开展业务的前提条件，但也应尊重各国对跨境传输的安全要求。

（二）跨境数据流动限制

跨境数据流动限制措施旨在保障国家主权、网络安全、个人隐私等价值。[①] 由于数字安全技术及数字贸易利益全球分布不均、国际法及国际规则对网络和数据霸权主义规制的不足等，各国制定了不同的跨境数据流动制度，分类分级管理数据，建立数据安全风险评估、安全审查等机制，能在一定程度上解决数据本土化存储主动性不足的问题。

（三）加快数字基础设施建设、发展技术

数据主权治理要有强大的数据产业作支撑，数据资源归根结底要存储在核心设备上，核心技术的发展会减少对他国关键技术的依赖。因此，坚持发展大数据核心基础设施建设，鼓励技术创新型互联网企业发展，吸引国际数据专业从业者，是各国选择的数据主权治理措施之一。[②]

---

① 王燕. 跨境数据流动治理的国别模式及其反思 [J]. 国际经贸探索，2022，38（1）：99-112.

② 邓崧，黄岚，马步涛. 基于数据主权的数据跨境管理比较研究 [J]. 情报杂志，2021，40（6）：119-126.

三、我国进行数据治理的举措

我国的数据治理以维护国家安全为重。[①] 十三届全国人大常委会第二十九次会议表决通过《数据安全法》，将数据安全提升到了国家安全的层面，同时对重要数据出境安全管理也提出了相应要求。

（一）总体国家安全观的内涵与构成

2014 年 4 月 15 日，习近平总书记在主持召开中央国家安全委员会第一次会议时首次提出总体国家安全观，阐述了总体国家安全观的基本内涵、指导思想和原则，为开创国家安全工作新局面指明了方向。习近平总书记指出，必须坚持总体国家安全观，以人民安全为宗旨，以政治安全为根本，以经济安全为基础，以军事、文化、社会安全为保障，以促进国际安全为依托，走出一条中国特色国家安全道路。贯彻落实总体国家安全观，既重视发展问题，又重视安全问题；既重视外部安全，又重视内部安全；既重视国土安全，又重视国民安全；既重视传统安全，又重视非传统安全；既重视自身安全，又重视共同安全。综上，总体国家安全观的核心要义可概括为"五·五"逻辑，即五大要素和五对关系。

（二）《数据安全法》的主要内容

数据安全是国家安全的重要方面。我国的数据安全领域的立法主要是《数据安全法》。《数据安全法》以贯彻总体国家安全观要求为出发点，关注数据安全领域的突出问题，明确数据安全保护域外法律效力，实行统筹协调下的行业监管机制，促进以数据为关键要素的数字经济发展，确立了数据分类分级管理，建立了数据安全风险评估、监测预警、应急处置和数据安全审查等基本制度，并明确了相关主体的数据安全保护义务。[②]

---

① 王燕. 跨境数据流动治理的国别模式及其反思［J］. 国际经贸探索，2022，38（1）：99-112.

② 王春晖.《数据安全法》：坚持总体国家安全观［N］. 人民邮电报，2021-09-10(3).

第四节　个人数据保护视角下的数据主权治理

隐私保护或个人数据保护，是跨境数据流动中最重要的一个问题。对个人信息的保护是建立在个人数据权利之上；个人数据权理论自隐私权发展而来，数据隐私又是人格权的一部分。因此，对个人信息的保护是与人权相关联的，很多国家将之设为允许个人跨境数据流动的先决条件之一。早在 1980 年，经合组织（OECD）就发布了《隐私保护与个人数据跨境流动指南》。但限于当时的技术发展水平，跨境数据流动主要是指点对点的传输，如公司内部行政信息、客户名单、客户服务记录等信息的交换，问题相对要简单得多。[①] 近 40 年，随着云计算技术的发展，数据流动规模剧增，特别是海量个人数据的收集、处理、存储和再利用都能瞬间完成，越来越多的公司直接掌握个人数据，也使风险激增，对隐私保护提出了前所未有的挑战。

一、个人信息保护法治冲突的情形

（一）个人信息保护的举措

国际组织对个人数据跨境流动过程中的个人信息保护主要表现为：《隐私保护和跨境个人数据流动指南》中提出，成员国应避免以保护个人隐私和自由的名义，限制跨境数据自由流动。1985 年 4 月，由经合组织发布的《跨境数据流动宣言》暗含隐私保护水平是解决数据跨境流动的前提条件。APEC 通过 2005 年发布、2015 年修订的《APEC 隐私框架》指导亚太地区跨境数据自由流动。《APEC 隐私框架》并不是一项强制法令，其建

---

① 王中美. 跨境数据流动的全球治理框架：分歧与妥协［J］. 国际经贸探索，2021，37（4）：98-112.

议 APEC 成员自行实施。框架建立了个人数据跨境流动的"负责制"原则，即要求个人数据的最初收集者应当对数据保护继续负责，其须遵守数据最初收集当时当地的隐私政策，而无须考虑之后数据传输或流转过程中可能涉及的其他组织或国家的相关政策。与欧盟 GDPR 相比较，这种负责制显然降低了数据最初收集者的责任，使跨国公司的数据收集、处理和再利用等活动都更容易展开。但《隐私框架》代表了美国的主张，因此在之后的美国对外 FTA 中经常被援引和采纳，也为加拿大和澳大利亚在国内立法中参照。① 欧盟 2018 年的《通用数据保护条例》（GDPR）被认为是目前世界上对个人数据保护力度最大的立法，其建立了三项原则：①所有涉及个人信息收取、处理和利用的活动都必须事先取得当事个人的明确同意。②数据持有企业分为"数据控制者"和"数据处理者"，二者都负有数据保护的直接责任。③在确立安全和充分保护的前提下，鼓励数据，特别是非个人数据，在欧盟内部的自由流动；在严格的条件下，可以允许个人数据转移到欧盟以外。②

各主权国家监管跨境个人数据流动的举措，目前主要有两种基本模式：一种是原则上允许个人数据跨境流动，但监管机关有权加以禁止或限制；一种是除非获得明确许可，个人数据不得跨境流动。即一概许可式和单独许可式。③ 美国推崇的是第一种模式，而且希望对监管机关的干预权也要加以约束，以减轻企业在跨境数据流动上的合规成本。这种监管模式与美国在个人隐私保护方面的国际规则制定权等一致。

在第二种模式下，关于在什么条件下允许个人数据跨境流动，又存在不同的处理方法。

第一，对于个人数据出境的范围进行一定程度的限制，同时强调数据本地存储；个人数据跨境流动除非个人同意，否则要经第三方安全评估，即采取个案审批方式。也就是说，对跨境数据流动有两项基本立场：个人

---

①—③　王中美. 跨境数据流动的全球治理框架：分歧与妥协［J］. 国际经贸探索，2021，37（4）：98-112.

信息和重要数据本地存储；跨境流动须进行安全评估。我国是主要的代表国家。我国《网络安全法》第 37 条规定："关键信息基础设施的运营者在中华人民共和国境内运营中收集和产生的个人信息与重要数据应当在境内存储。因业务需要，确需向境外提供的，应当按照国家网信部门会同国务院有关部门制定的办法进行安全评估；法律、行政法规另有规定的，依照其规定。"2019 年发布的《个人信息出境安全评估办法（征求意见稿）》第 2 条规定："网络运营者向境外提供在中华人民共和国境内运营中收集的个人信息（以下称个人信息出境），应当按照本办法进行安全评估。经安全评估认定个人信息出境可能影响国家安全、损害公共利益，或者难以有效保障个人信息安全的，不得出境。国家关于个人信息出境另有规定的，从其规定。"相对来说，我国的规定较为笼统，未能对个人信息与重要数据的概念做出明确的定义，要求本地存储仍然是出于技术安全考虑，因此信息的分类分级十分重要，有必要对必须本地存储的重要信息种类做出进一步界定，以负面清单的方式逐步放开。对跨境数据流动问题也是如此，我国并未完全否定跨境流动的可能，但安全评估中是否可能增加企业的自主性和有关国家或地域的互认便利，对我国来说，仍有弹性空间可调整。①

第二，相对于烦琐的个案审批，欧盟等允许更多一揽子渠道的建立，如对认可的国家的传输和认可的企业集团内部的传输等，一方面，除了限制个人数据出境的范围，还对个人数据出口国进行审查；另一方面，采取一揽子许可方式，即以地域为基础，该区域的法律法规框架建立的隐私保护足够了，那么就允许在该区域内的数据流动。欧盟出台的《关于个人数据自动化处理的个人保护公约》《个人数据保护指令》《通用数据保护条例》等，提出"充分保护原则"，即欧盟地域内的个人数据向外传输时，传输地必须达到欧盟认可的数据保护水平时，数据才可跨境。

这些不同的举措，立足于不同的个人数据保护需要及理论基础。欧盟

---

① 王中美. 跨境数据流动的全球治理框架：分歧与妥协 [J]. 国际经贸探索，2021，37（4）：98-112.

国家将个人数据视为公民的基本权利，具有宪法意义，因此在立法上确立了较为严格的个人信息保护模式，并在一体化进程中不断推进个人数据保护立法。而美国等其他国家则倾向于将个人数据信息纳入隐私权保护框架内，试图通过隐私权的宽松解释解决个人数据保护问题，并在司法实践中逐步确立相应规则。在中国，个人信息权早期被纳入一般人格权保护，并获司法实践支持。随后个人信息权又被界定为一种具体人格权，意图通过构建人格权属保护体系以增强个人数据保护。随着《中华人民共和国民法典》的颁布，人格权编独立成编，个人信息保护正式被立法纳入人格权保护的范畴，标志着中国对个人数据的保护仍主要采取人格权保护路径。

在主权国家以外，数据科技公司可以并且事实上已经成为掌控着数据并行使着管辖权的新的主权者，即这些公司可能有其自身的利益，如非欧盟科技公司，其利益与欧盟不一致，与其所在国的利益可能亦不一致。在此情况下，对数据公司应有更严格的公法规制和义务要求，比如对人的尊严和人权的尊重、可问责性、透明度等。也就是说，数据科技公司不但在私法上要承担对用户的私法义务，还要在公法上承担更多的公法责任，新的主权者也必须是法治之下的主权者。

（二）个人信息保护总体价值取向冲突

个人数据的保护有不同的价值取向。美国与欧盟的保护对象均为个人数据及其权益，美国个人数据保护法以数字经济市场贸易利益优先为价值导向，欧盟强调个人数据的人格属性，以平等、隐私、安全等人权保障为价值导向。但是，从数据本身来看，个人数据的边界在互联网及数据流通中愈加模糊，一方面个人数据主体不具备对数据的支配性权利；另一方面当上升到数据主权高度，公民个人数据权利虽是个体私益，但数据的汇集却关乎国家数据公益。在数据跨境治理领域，在对个人数据进行充分保护之外，中国延续保卫社会共同利益的传统，不仅体现公民共同权益，还有区域性的、全球性的共同权益，应在利益导向和人权导向之外走一条公共权益导向的数据跨境的中国模式：一是公共数据权益是数据财产权、隐私权、人格权等的综合权益，单独考虑某一项权利都有失偏颇；二是在立法中体现"权益赋权"思想，明确执法及司法权能的来源。

限制数据跨越边境流动固然具有保护个人数据隐私和自治性的积极意义。当个人数据在跨境移动时，数据泄露及滥用的概率增加，个人不仅需承受数据隐私权受损的风险，还需承受垃圾商业信息泛滥对其安宁权[①]的侵害。此外，跨境数据流动会对人类自治性和个性产生影响。为优化客户体验并发展数据衍生业务，越来越多的信息技术企业根据委托人的指示，对用户行为进行分析形成数据，进而通过数据工具实现对个人行为的调整，最明显的例子是谷歌公司提供的精准广告服务。该服务通过数据分析预测人们的偏好，进而根据客户指示进行广告投放从而达到促进消费的目的。这种数据操纵或能促进经济增长，但以人性的弱化为代价。因此，不少国家通过制定个人信息保护法规限制对个人数据的不当收集、流动和利用。例如，2011 年，印度修订了《信息技术法》，规定个人敏感信息须经过数据主体同意后方能向境外转移。2012 年，澳大利亚的《个人电子健康记录控制法》禁止数据控制者将个人健康信息传输至澳大利亚的国境外，除非符合法定例外情形。2014 年，巴西的《互联网民法》制定了个人数据存储在巴西境内的本地化措施，要求网络服务提供者、互联网应用服务提供者应当在国内设立或使用存储、操作、传播数据的机制。2014 年，俄罗斯修订了《信息、信息技术和信息保护法》，规定信息拥有者、信息系统运营方均有义务将对俄罗斯公民个人信息进行收集、记录、整理、保存、核对、提取的数据库存放在俄罗斯境内。[②]

---

① 所谓个人生活安宁权，是指自然人享有的维持安稳宁静的私生活状态，并排除他人对其不法侵扰的权利。自美国学者沃伦等提出私生活安宁权以来，对该项权利的性质和内容，一直存在争议，迄今尚无统一的结论。然而，在现代社会，生活安宁已经成为人们幸福生活的重要组成部分，也是保障社会安定有序、个人和睦相处的重要前提。详情参见：王利明. 生活安宁权：一种特殊的隐私权 [J]. 中州学刊，2019（7）：46-55.

② 王燕. 跨境数据流动治理的国别模式及其反思 [J]. 国际经贸探索，2022，38（1）：99-112.

二、个人信息保护主权国家的冲突动因

国家间个人信息保护主权冲突的核心，并不在于个人信息应当如何保护，不在于国家间的法律冲突，不在于一国是否有权在其国内实施某种法律标准，而在于一国对个人信息的规制，能否有效实现该国所期待的政策目标。举例来讲，欧盟注重个人信息保护，这不仅仅是由于个人信息保护属于欧盟法项下的基本权利，不仅仅因为对于个人信息的保护与人权相连，[①] 更是由于欧盟对数据主权的理解同时包括了其保护个人信息的能力，以及借助数据实现经济发展和创新的能力；此种能力将最终转化为欧盟的国际领导力。鉴于欧盟具有广阔的市场但本土并不具有谷歌、亚马逊那样强大的数字企业，因此，对个人信息加强保护、对竞争的严格规制无疑对欧盟有利无害。这因而也能够解释，欧盟为何加强本区域个人信息保护法律的域外效力、强化竞争法对数字平台的规制，但同时不愿在 FTA 当中纳入实质性的数据跨境流动条款。与欧盟相比，美国拥有强大的数字企业、同时需要广阔的全球市场。因此，其首要利益在于为企业创立市场导向的政策环境。美国官方虽然未必公开使用"数据主权"一词，但在学者的著述当中，同样会将美国针对抖音（TikTok）与华为的限制措施视为美国争夺数据主权的重要举措。美国向来坚持个人信息保护的行业自律与数据自由理念，且不遗余力地在 FTA 缔约当中推行这一理念，但美国同样将他国对美国领导地位的挑战视为对美国国家安全最大的威胁。当此种领导地位体现在信息与通信技术（ICT）产业，个人信息保护将同样被冠以国家安全之名。综上，个人信息保护之所以引发国际法治冲突，根源在于其承载的利益分配问题。一国完全可能拥有对内立法与对外缔约的完整权力，但未必能够确保本国能够获得个人信息所承载的全部利益。[②]

---

① 王燕. 跨境数据流动治理的国别模式及其反思 [J]. 国际经贸探索，2022，38（1）：99-112.

② 赵海乐. 数据主权视角下的个人信息保护国际法治冲突与对策 [J]. 当代法学，2022，36（4）：82-91.

三、个人信息保护视角下数据主权治理机制的有效应对

个人信息保护相关的国际法治冲突，本质上并非民法上的个人信息保护水准之争，而是以国内管辖权与国际缔约为代表的国家间利益之争；或者，更确切地讲，是个人信息作为生产要素承载的经济利益，以及个人信息作为情报承载的安全利益之争。因此，在这一进程当中，与我国国家利益切身相关的，未必是个人信息保护的法律标准问题，反而是我国需要借助数据主权实现何种国家利益；以及如何通过法律手段实现这一目标。①

（一）积极参与个人信息保护国际标准的制定

《中华人民共和国个人信息法》第十二条规定："国家积极参与个人信息保护国际规则的制定，促进个人信息保护方面的国际交流与合作，推动与其他国家、地区、国际组织之间的个人信息保护规则、标准等互认。"个人信息保护关涉数字经济国际合作中的信任问题、规则问题，积极参与个人信息保护国际标准的制定，有利于我国在国际交往中占据相对主动的地位，有利于我国数据治理。

（二）推进跨境数据流动的国内治理和国际治理

数据治理涉及数据的存储和跨境两方面内容，数据的存储与数字基础设施的完善、数字技术的提高相关，跨境数据流动关涉各国价值、利益的博弈，数据治理需要国内治理和国际治理齐发力。一方面，任何国际法治举措的根基必然是国内法治体系的完善，因此，我国个人信息保护法治的完善，将是我国实现国家利益的基础。目前，随着我国《民法典》《个人信息保护法》《数据安全法》等一系列法律的通过，我国已经拥有了个人信息保护的法律基础。上述法律毋庸置疑地将有助于从人权层面保护个人信息。不过，考虑到个人信息保护同时具有经济、社会、国家安全层面的价值，

---

① 赵海乐. 数据主权视角下的个人信息保护国际法治冲突与对策［J］. 当代法学，2022，36（4）：82-91.

我国个人信息保护的国内、国际法治路径选择，在支持数字经济自由化的同时，还需加大国际层面的治理力度，防范外国互联网企业对我国经济、文化乃至于国家安全的冲击。[①]

（三）重视硬法与软法在全球数据治理规则中的协同优势

哈耶克认为，秩序的形成是进化而非设计的产物，这一进化过程是竞争与试错的过程。[②] 网络空间以其崭新的特性改变着世界，同时也对我们的治理理念和治理模式带来了新的挑战，提出了新的要求。互联网思维强调"民主、开放、参与、共享"，数字时代的数据治理规则建设，不再是简单的单一政府管制，而是国家与国家、政府与社会、市场沟通互动、协作共建的秩序，实现国际、政府、市场、社会的建设性协作。实践也充分证明，网络空间的数据治理模式在竞争与试错中渐进演变，走向现代"治理"。秩序化机制正在以一种新的方式重建，一场从压制型法向回应型法的变革正在发生。这一新背景呼吁新的治理方式，要求现代治理体系要走出"国家—控制"法范式的困境，转向统筹兼顾的"软硬协同"的全球数据治理机制。

硬法确立数据治理的规则底线。传统上，国家管理以国家强制力为后盾，以硬法为主要手段，在行为模式上采用"命令—服从"和"违法—制裁"模式。面对网络空间的广泛参与、多元共治等特性，这种模式在管理上面临一些矛盾，如传统立法的相对滞后与互联网飞速发展的现实之间的矛盾，如传统层级式管理与当下扁平化现实之间的矛盾等。由此带来一些不利后果，如管理滞后，在很多领域出现法律空白和监管真空；如规制不适，硬法相对固化的管理方式难以适应互联网的变动性、开放性、包容性，从而导致规制效果不佳等后果。同时，数据治理问题具有全球性，这意味着很难依靠单一的国家行为来予以解决，它需要世界各国的通力合作加以

---

① 赵海乐. 数据主权视角下的个人信息保护国际法治冲突与对策［J］. 当代法学，2022，36（4）：82-91.

② GRAY J. Hayek on Liberty［M］. Oxford：Oxford University Press，1984：134-135.

应对。然而，当前的全球数据治理模式还缺乏国际共识。不仅如此，不同国家与地区数据鸿沟在不断拉大，现有的治理规则并不能够反映大多数国家的意愿和实际利益，所以收效甚微。因此，在实体上，各国应在尊重其他国家数据主权的基础上，加强国际合作，建立以公共理性为内核的公平正义的数据治理规范，摒除单一僵化、霸权不公的封闭体系，为参与主体提供一般性的指引规范，建立原则性的底线。在程序上，现代治理中的硬法要具备认知能力、开放性结构，以及能动主义等要素，为数字社会的发展留下适当空间，在"稳定"中实现"能动"治理①。

软法在创制、形成、实施上都能够为数据治理带来一系列新的变化，提高治理"上限"。"它迫使我们超越传统法律的范围，他需要更广泛的规制——即多元共治"。②相较于硬法，软法由多元主体共同制定，内容广泛，形式多样，制定程序灵活，能迅速出台并弥补硬法空白。更重要的是软法不是简单依靠国家强制力，而是主要借助道德、舆论、媒体与社会影响力，以及自律、互律机制的运用来实现其效果，试错成本更小，适用性更强、执行效率更高，更能适应互联网时代数据治理的秩序诉求。从实践效果来看，软法有着广泛的调整能力与良好的实践张力，有着明确针对性，因此取得了不错的治理效果。可以说，软法为互联网时代的数据治理提供了绝佳的秩序工具，而互联网时代为软法的充分发展提供了广阔空间。

---

① 罗豪才，宋功德. 软法亦法 [M]. 北京：法律出版社，2009：46.
② 劳伦斯·莱斯格. 代码：塑造网络空间的法律 [M]. 北京：中信出版社，2004：70.

第三章

欧盟的数据主权治理

第一节　发展历程

随着新产业革命的快速推进，数字技术及其应用越来越成为世界主要经济体竞相发展的关键领域。在线服务、电子商务、云计算、物联网等新兴领域具有巨大的增长潜力和创新动力，也为欧洲公民和企业带来了便利和福祉。2000年，欧盟开始关注数字化，制定了《里斯本战略》（*The Lisbon Strategy*），将数字化作为欧洲经济增长和竞争力的关键因素，并提出了一系列政策和战略。

在高速发展的数字时代，欧盟面临着来自美国、中国等大国的竞争压力，以及数据资源、数字基础设施和数字技术方面的非对称性。为了应对这些挑战，欧盟提出了"数字主权"的概念，以获取欧盟在数字世界的自治权，也借此希望形成战略自主与推广欧盟领导力的工具。长期以来，欧盟都致力于建设一个统一、开放、竞争的内部市场，消除数字领域的壁垒和障碍，促进数据和服务的自由流动，提高数字经济的效率和竞争力。从2000年开始，欧盟就提出建设知识经济的构想，于2005年提出数字化单一市场的政策战略，到2015年正式启动单一数字市场战略，再到2020年发布《欧洲数据战略》等文件，都是为了实现这一目标。欧盟认为，单一数字市场可以为经济增长贡献数千亿欧元，并创造数百万个新工作岗位。此外，欧盟还推出了《2030数字罗盘：欧洲数字十年之路》(*2030 Digital Compass: the European way for the Digital Decade*)等战略规划，旨在加强数字基础设施建设，推动数据共享和治理，实现数字转型和包容性。

然而，欧盟在数字领域存在的最大问题是缺乏全球领先的数字企业和平台。欧盟的数字产业规模相对较小，市场集中度低，创新能力相对较弱，难以与美国和中国等竞争对手抗衡，在人工智能、云计算、物联网、区块链等关键技术上的投入和产出都不足，也没有形成有效的数字生态系统和供应链。因此，欧盟需要采取措施提升其数字竞争力和创新能力，培育更多的数字领军企业和平台。为解决这一问题，欧盟首先通过提出《欧洲数据战略》(*A European Strategy for Data*)以促进数据共享空间的建设，打造一个真正的单一数据市场，并建立9个涵盖多个领域的共享数据空间。其次是大力推动云计算和边缘计算的发展，欧盟目前主要依赖于美国和中国等非欧盟国家提供的云服务，在云计算市场上处于劣势，为了提升自身在云计算领域的竞争力和主权，欧盟推出了"GAIA-X"项目，旨在建立一个由欧洲企业运营的安全、可信赖、互操作性强的云联盟。与此同时，欧盟也积极支持边缘计算的发展，以实现更快速、更灵活、更节能的数据处理。最后，欧盟还着力加大对数字技术研发和创新的投资和支持，计划在2021—2027年通过"欧洲地平线"等项目，为数字技术研发和创新提供约200亿欧元的资金支持；此外还将通过"数字欧洲"计划，专门用于支持高性能计算、人工智能、网络安全、高级数字技能等领域的发展。

第二节　立法实践

一、《通用数据保护条例》

(一)《通用数据保护条例》出台的背景回溯

《通用数据保护条例》(*General Data Protection Regulation*，GDPR)在

2016 年通过，并于 2018 年生效。该条例是一项旨在保护欧盟和欧洲经济区个人数据和隐私的法规，同样也适用于在欧盟地区和欧洲经济区以外的个人数据转移。

在《通用数据保护条例》生效前，欧盟个人数据流动一直遵从《数据保护指令》（*Data Protection Directive*）的规定。该指令于 1995 年通过，作为最低保护标准，旨在协调保护自然人在处理活动方面的基本权利和自由，并确保个人数据在成员国之间自由流动。[①] 时至今日，该指令的目标和原则仍然合理，但是却由于技术和全球化的快速发展面临着许多问题。首先，该指令的存在未能应对欧盟数据保护法律的碎片化问题，以及存在的法律不确定性问题；其次，欧盟公众普遍认为该指令未能解决在自然人保护中存在的重大风险，特别是在在线活动方面；最后，欧盟各个成员国在个人数据处理方面对自然人权利和自由保护水平存在差异，特别是对个人数据保护的权利，这将阻碍个人数据在整个欧盟的自由流动。[②] 这种保护水平的差异是由于该指令的实施和应用存在差异。上述分歧可能成为欧盟进行经济活动的障碍，扭曲竞争。[③] 因此，建立公众信任以允许数字经济在欧盟内部市场顺利发展至关重要。为此，欧盟需要建立一个强大且更一致的数据保护框架，在这个框架下，自然人应对自己的个人数据拥有控制权，应加强自然人、经济经营者和公共当局的法律和实践确定性，并有强有力的执法权。[④]

《通用数据保护条例》在上述背景下出台，目的在于协调欧盟和欧洲经济区的数据保护法，消除欧盟内部个人数据流动障碍，加强个体对个人数据的权利和控制，确保高水平的数据保护和安全，增强公众对数字经济的信任和信心，并提升欧盟和全球的创新和竞争力。

---

①—④　详情参见《通用数据保护条例》序言第 3 段、序言第 9 段、序言第 7 段：European Union. General Data Protection Regulation［EB/OL］.（2016-04-27）［2024-08-12］. https://eur-lex.europa.eu/legal-content/EN/TXT/PDF/?uri=CELEX:32016R0679&from=en.

（二）《通用数据保护条例》的主要特点

第一，适用范围扩大。《通用数据保护条例》的实施代替了 1995 年的《数据保护指令》，对管辖权的规范进一步扩大。《数据保护指令》适用范围采用属地管辖，仅对机构设立在欧盟或是在进行数据处理的设备在欧盟内部的情况进行管辖。① 相比之下，《通用数据保护条例》通过规定 3 种适用情况实现扩展全球离岸长臂管辖权：处理个人数据的控制者或机构设立在欧盟；非欧盟设立的控制者或处理者对欧盟内数据主体的个人数据的处理；由不在欧盟境内的控制者或处理者对欧盟境内的数据主体的个人数据的处理，当涉及对这些数据主体的行为的监控时，只要他们的行为发生在欧盟境内，也应受本条例的约束。② 这一规定对巨型互联网企业来说，只要其与欧盟进行贸易就要强行适用 GDPR。该规定不仅对数据跨境流动造成影响，还将使 GDPR 可能成为全球标准。

第二，加强数据主体权利保护。《通用数据保护条例》在《数据保护指令》的基础上对数据主体的权利做进一步细化和明确，旨在强化个人数据保护的同时使数据在欧盟内部流动更顺畅。首先，数据处理在收集和处理个人数据时需要明确告知数据主体收集和处理的目的、方式和期限并获得数据主体的同意，③ 有效的同意应当是明确、清晰的表示，④ 并且数据主体被赋予随时撤回其同意的权利。⑤ 另外，还赋予了数据主体修正其个人数据的权利，也就是"被遗忘权"又称"删除权"，⑥ 即数据主体有权要求数据控制者立即删除有关的个人数据。⑦ 为了加强在线环境中被遗忘的权利，公开个人数据的数据控制者有义务通知正在处理此类个人数据的控制者删除任何相关个人数据的链接、副本或复制品。⑧ 该条款的规定以个人信息

①—⑦　详情参见《通用数据保护条例》第 4 条、第 3 条、第 6 条、序言第 32 段、第 7 条、序言第 65 段、第 17 条第 1 款：European Union. General Data Protection Regulation ［EB/OL］.（2016-04-27）［2024-08-12］. https://eur-lex.europa.eu/legal-content/EN/TXT/PDF/?uri=CELEX：32016R0679&from=en.

⑧　详情参见《通用数据保护条例》第 7 条第 2 款：European Union. General Data Protection Regulation ［EB/OL］.（2016-04-27）［2024-08-12］. https://eur-lex.europa.eu/legal-content/EN/TXT/PDF/?uri=CELEX：32016R0679&from=en.

自治为基础，① 较好地保护个人数据权利免受互联网的侵害。

第三，赋予数据控制者和处理者更多义务。对比《数据保护指令》，《通用数据保护条例》增设了数据控制者和处理者责任的规定，要求他们遵循合法性、正当性、透明性、目的限制性、最小化、准确性、存储限制性、完整性和机密性等原则。并且，数据控制者必须选择能够提供充分保证以实施适当的技术和组织措施的数据处理者，并签订具有约束力的书面合同，明确规定双方的责任和义务。② 另外，建立了数据保护影响评估和数据保护官的制度。数据控制者必须与监管机构合作，并向其提供执行其任务所需的任何信息，③ 数据控制者必须保持其处理活动的记录，并应监管机构的要求提供该记录。④ 数据控制者必须在 72 小时内向监管机构报告任何可能对数据主体的隐私构成风险的个人数据泄露，并在泄露可能导致高风险的情况下通知受影响的数据主体。⑤

第四，建立违规处罚机制。为了在整个欧盟范围内有效保护个人数据，《通用数据保护条例》需要建立起数据侵权行为的等效制裁机制。⑥ 根据所违反的具体条款的不同，将罚款分为两个梯度：轻者，处罚上限是 1000 万欧元或全球营收的 2% 之中的高者；重则是 2000 万欧元或全球营收的 4% 之中的高者。⑦ 除了罚款，监管机构还可以采取其他措施，如发出警告或禁令，要求停止或限制数据处理活动等。

（三）《通用数据保护条例》的实施效果

《通用数据保护条例》的实施得到了欧盟官方和公众的高度认同，该条例是一部成功的且能够增强公民权利和实现数字化转型的基础法律。2022年，欧盟数据保护部门依据《通用数据保护条例》做出的罚款总额高至 29

---

① 张晓君. 数据主权规则建设的模式与借鉴——兼论中国数据主权的规则构建 [J]. 现代法学，2020，42（6）：136-149.

②—⑦　详情参见《通用数据保护条例》第 28 条、第 31 条、第 30 条、第 33 条、序言 第 11 段、 第 83 条：European Union. General Data Protection Regulation [EB/OL]. （2016-04-27）[2024-08-12]. https://eur-lex.europa.eu/legal-content/EN/TXT/PDF/?uri=CELEX：32016R0679&from=en.

亿欧元。截至 2022 年年底，欧洲数据保护委员会通过了 28 份文件，包括
14 项新准则，对 GDPR 和其他相关法律进行了具体的指导和解释。这些
文件涉及了数据保护的各方面，如人工智能、面部识别、计算机安全事件、
数据传输、数据主体权利、合法性依据等。[①]

　　具体而言，《通用数据保护条例》的实施具有 4 点优势。①对公众来说
GDPR 的实施赋予其更多的权利，例如访问权、删除权、数据可移植权，
同时也提高了公众对自身数据权利保护的意识。GDPR 能够使个人在数字
化转型中发挥更积极的作用，并有助于促进创新。[②] ②对中小企业来说，
GDPR 的实施为其提供了统一的法律标准，还为未在欧盟成立但在欧盟运营
的公司创造了一个公平的竞争环境。GDPR 通过建立起统一的个人数据的
协调框架，确保欧盟内部市场中的所有企业都受相同规则的约束并从相同
的机会中受益，无论它们是否成立，以及处理发生在何处。③ GDPR 的颁
布实施成为各国进行数据立法的参考，是各国考虑如何使其隐私规则现代
化的催化剂，例如日本发起的可信赖的数据自由流动倡议便是基于 GDPR
中的共享原则。④ GDPR 提供了一个现代化的工具箱，以促进个人数据从
欧盟转移到第三国或国际组织，同时确保数据继续受到高水平的保护。

　　然而，《通用数据保护条例》也引发了一些争议，尤其是对依赖数据生
产要素的数字经济发展，GDPR 的强监管态势和严格的惩罚性举措可能造
成阻碍和负面影响。首先，GDPR 给在欧盟运营的企业带来了较高的数据
合规负担、增加成本和风险，尤其是对跨境经营或涉及敏感数据的企业。
卢森堡数据保护委员会曾对亚马逊做出的 7.46 亿欧元的罚款，打破了谷歌
之前因违反 GDPR 被罚的 5000 万欧元的纪录。具体处罚原因是亚马逊在

---

① 详情参见：European Data Protection Board.Guidelines, Recommendations, Best
Practices［EB/OL］.［2023-03-21］. https://edpb.europa.eu/our-work-tools/general-
guidance/guidelines-recommendations-best-practices_en.

② 详情参见：European Parliament. The impact of the General Data Protection
Regulation（GDPR）on Artificial Intelligence［R/OL］.［2023-06］. https://www.europarl.
europa.eu/RegData/etudes/STUD/2020/641530/EPRS_STU（2020）641530_EN.pdf.

处理个人数据时违反了 GDPR 的规定，特别是在获取用户同意、提供用户信息和保护用户权利方面存在缺陷。除此之外，欧洲数据保护委员会还对脸书（Facebook）、瓦次艾普（WhatsApp）、照片墙（Instagram）等其他科技公司进行了调查和处罚。一些科技企业因为无法满足 GDPR 的要求而退出欧洲市场。再者，GDPR 的执法状况仍然面临一些挑战和问题，如执法工作质量参差不齐、行政处罚案件与投诉的跟进不力、采取措施的反应时限与执法周期过长，以及执法机构的能力建设相较落后等。欧盟在对GDPR 进行内部评估的过程中，充分关注了这些问题，并寻求改进和解决方案。

二、《数字服务法》与《数字市场法》

（一）《数字服务法》出台背景及主要内容

1. 出台背景

首先，欧盟于2000年出台的《电子商务指令》（*E-Commerce Directive*）构成了欧盟平台监管的主要法律依据，《数字服务法》（*Digital Services Act*）是在该指令的法律框架基础上起草的。《电子商务指令》实施时，大型科技公司正处于初步发展阶段，网络平台的类型以及网络平台提供服务的方式较为单一化。而颁布指令的首要意图是促进欧盟电商的发展，激发电商的潜力从而创造更多的就业机会。相比之下，由于互联网和信息技术的极速发展，欧盟现阶段开始重视互联网中介服务提供商的作用和责任。这些服务提供商通过技术突破地域限制，促进了欧盟内外的跨境贸易，加速全球化进展。伴随出现的是非法商品或服务、非法内容或虚假信息的泛滥，这不仅损害了用户的基本权利也阻碍了信息流通。该指令未能预先就用户权利的保护以及打击线上违法行为做出规定。

其次，该指令第14、15条分别规定了临时存储信息的服务提供者责任和不承担一般性监控义务，也就是意味着网络平台被免除监控用户生成内容的义务，只要当平台知悉非法行为立即采取行动即可获得责任豁免。这种避风港制度使平台长期忽视对其平台内容的监管，致使类似 Facebook 通过传播加广告操纵选民事件多发。因此，欧盟需要在保障公众基本权利的同时，推动欧盟数字化转型和数字经济发展。为此，欧盟立法者呼吁需要一套更全面的数字服务规则取代《电子商务指令》。

此外，数字市场形势与《电子商务指令》刚出台时的形势大相径庭，自由竞争和充分竞争的市场转变为被大型科技公司占据了市场支配地位。因此，世界主要国家在国内纷纷针对垄断数字市场的行为进行立法和规制。然而，美国科技巨头利用欧盟海量的用户数据占据了欧盟数字经济的大部分市场份额，欧盟本土公司市场份额被严重挤压甚至面临垄断问题。不仅如此，美国掌握海量数据的行为还使欧盟面临国家安全威胁，以及数字主权的挑战。为打破美国互联网经济巨头垄断，欧盟制定了数字发展战略，起草了《数字服务法》(*The Digital Services Act package*)，旨在规范数字经济市场秩序，建立公平竞争环境，夺回对数字主权的控制，捍卫公民的基本权利。

2. 主要内容

《数字服务法》致力于创造一个安全的数字空间，保护所有数字服务用户的基本权利。数字服务包括在线服务，从简单的网站到互联网基础设施和网络平台。《数字服务法》中的规则主要涉及网络中介和平台，例如网络市场、社交网络、内容共享平台和应用程序商店等。

《数字服务法》主要包含七大方面内容：第一，制定了打击网上非法商品、服务或内容的措施，例如通过让用户标记网上非法内容，[①]使平台与"可信标记者"合作。第二，创设了关于在线市场商业用户可追溯性的新义务，以帮助识别销售非法商品的卖家。[②]第三，为用户提供有效的保障，赋予用户对平台内容的审核决策提出质疑的可能性。[③]第四，该法意识到大型在线平台对国家经济和社会具有特殊影响，因此为其设置了更高的透

---

①—③ 详情参见《数字服务法》第 9 条、第 30 条、第 21 条；European Union. Digital Services Act [EB/OL].（2022-10-19）[2024-08-12]. https://eur-lex.europa. eu/legal-content/EN/TXT/PDF/?uri=CELEX:32022R2065.

明度要求。要求在线平台采取广泛的透明度措施，包括广告来源、数据访问以及推荐算法的透明度，提高了平台如何收集、使用和保护消费者数据，以及将竞争对手的业务信息与自身业务利用隔离开来的透明度。① 第五，超大型在线平台有义务采取风险管理措施，包括对风险管理措施进行独立审计，来防止系统滥用于非法内容和虚假宣传活动，例如竞选操纵、犯罪活动、恐怖主义和虚假新闻。② 第六，研究人员可以获得最大平台和搜索引擎的关键数据，以便仔细研究平台如何工作以及在线风险如何演变。③ 第七，建设应对网络空间复杂性的监管结构：依托于新设立的欧洲数字服务委员会，欧盟成员国在监管中扮演主要角色，同时欧盟委员会在加强对大型在线平台的执法和监督方面发挥作用。④

　　总的来说，《数字服务法》格外重视对超大型在线平台（VLOP）和超大型在线搜索引擎（VLOSE）的规制。如果该平台或搜索引擎拥有超过4500万个用户（占欧洲人口数的10%），欧盟委员将会认定该服务为超大型在线平台或超大型在线搜索引擎。⑤ 由于超大型平台在欧盟数字经济中发挥重要连接作用，其带来的经济影响力不容忽视，因此欧盟立法者对其附加更多的责任和义务。一旦这些企业出现违规情况，将会面临高达全球营业额 6% 的罚款，严重情况下将会禁止其在欧盟市场的运营。⑥ 满足上述相关要求的大多是谷歌（Google）、脸书等美国企业，这也彰显了欧盟要夺回数字主权的决心。

---

①—④　详情参见《数字服务法》第 24 条、第 37 条、第 40 条、第 61 条：European Union. Digital Services Act［EB/OL］.（2022-10-19）［2024-08-12］. https://eur-lex. europa.eu/legal-content/EN/TXT/PDF/?uri=CELEX：32022R2065.

⑤　European Commission. The Digital Services Act：Ensuring a Safe and Accountable Online Environment［EB/OL］.［2023-03-23］. https://ec.europa.eu/info/ strategy/priorities-2019-2024/europe-fit-digital-age/digital-services-act-ensuring- safe-and-accountable-online-environment_en.

⑥　详情参见《数字服务法》第 74 条：European Union. Digital Services Act［EB/OL］.（2022-10-19）［2024-08-12］. https://eur-lex.europa.eu/legal-content/EN/TXT/ PDF/?uri=CELEX：32022R2065.

《数字服务法》是建立欧洲互联网服务治理体系的基础性法律。该法的实施将可能会改变科技巨头的运营方式，有助于打破目前科技巨头在欧盟数字经济市场的垄断地位，改善欧盟数字空间环境，加强欧盟对数字市场的主导权。

（二）《数字市场法》出台背景及主要内容

1. 出台背景

数字服务为用户带来了便捷、高效的消费体验，同时还促进了企业跨境贸易和进入新市场，提升了行业间的竞争力。欧洲在线平台已经超过10000家，但其中多数是中小型企业，少数大型在线平台占据了最大价值。一些大型平台为终端用户和企业用户之间的交易提供中介服务，这些大型平台逐渐充当起数字市场的"守门人"，控制着数字经济中的重要生态系统，拥有充当私人规则制定者的权力。如此一来，大型企业对数字市场的准入进行实质性控制行为不仅会对企业造成不公平待遇，还会降低核心平台服务的良性竞争。[①] 不公平的行为和缺乏竞争将会造成数字行业效率低下，创新性不足从而损害消费者利益，甚至导致欧盟内部市场的分裂。[②]

另外，欧盟竞争法体系来源于《欧盟运作条约》（*Treaty on the Functioning of the European Union*），其中第 101 条和第 102 条规定了"守门人"规则，但该条款仅限于特定情形，企业必须是在相关市场中处于支配地位的市场主导者。[③] 然而，"守门人"并非一定是市场主导者，并且如果其行为在相关市场中对竞争没有影响，那么《欧盟运作条约》也无法对其进行规制。因此，现有的欧盟法律并未有效地解决在竞争法上不一定具有支配地位的"守门人"的行为对内部市场的有效运作所带来的挑战。

为此，欧盟需要通过制定规则使"守门人"提供的核心平台服务的商业用户和最终用户在整个联盟内获得适当的监管保障，防止"守门人"的不公平做法，从而保证内部市场的正常运作，促进联盟内的跨境业务以确

---

①—③　详情参见《数字市场法》序言第 4 段、序言第 6 段、序言第 5 段：European Union. Digital Markets Act［EB/OL］.（2022-09-14）［2024-08-12］. https://eur-lex.europa.eu/legal-content/EN/TXT/PDF/?uri=CELEX：32022R1925.

保整个数字领域市场的可竞争性和公平性，并最终造福于联盟的消费者。①《数字市场法》（*Digital Markets Act*）在此背景下出台，是欧盟建立统一数字规则的重要举措之一，将和《数字服务法》一同致力于在欧洲单一市场和全球建立起公平的竞争环境，促进创新和竞争。

2.主要内容

《数字市场法》主要涉及以下3项内容。

第一，该法规通过设定一系列客观标准来识别"守门人"企业。首先，属于下列情况的企业被指定为"守门人"：具有强大的经济地位，对欧盟内部市场有重大影响的；具有强大的中介地位，提供核心平台服务，作为企业用户和终端用户之间的重要媒介；当下或未来在业务中具有稳固和持久市场地位的。②其次，被认定为"守门人"企业还需要满足营业额、用户量以及持久度的要求。"守门人"营业额需满足在过去3个财政年度中，每年的欧盟营业额等于或超过75亿欧元，或其平均市值或等效公平市值在上一个财政年度至少达到750亿欧元，并且在至少3个成员国提供相同的核心平台服务。关于用户量，在其提供的核心平台服务，欧盟境内至少有4500万个月度活跃终端用户，在欧盟境内至少有1万个年度活跃业务用户，并且需要连续3年均达到用户量的要求。③《数字市场法》将通过以上标准识别"守门人"企业，将不会对中小型企业造成法律上的不确定性。

第二，《数字市场法》第五条、第六条为"守门人"企业制定了一系列"应做"和"不应做"的义务，以防止它们对用户和企业施加不公平的条件，损害市场竞争和创新。首先，针对用户的数据使用问题。"守门人"不得未经许可地交叉或合并使用个人数据，不得在与业务用户竞争时使用其核心平台服务后得出的数据，应允许业务用户和终端用户访问和使用他们在使用核心平台服务时产生的数据，应向第三方搜索引擎提供排名、查询、点击量和浏览量数据，应向广告商和发布者提供广告的价格、报酬和绩效

①—③　详情参见《数字市场法》序言第7—9段、第3条第1款、第3条第2款：European Union. Digital Markets Act ［EB/OL］.（2022-09-14）［2024-08-12］. https://eur-lex.europa.eu/legal-content/EN/TXT/PDF/?uri=CELEX：32022R1925.

测量工具。① 其次，针对"守门人"的自我偏好问题。"守门人"不得在搜索结果中对自己的产品和服务进行更有利的排名，不得阻止业务用户通过其他渠道以不同条件向终端用户提供同种产品或服务，不得要求终端用户或业务用户使用特定的操作系统或识别服务。② 再次，为保证消费者权利，"守门人"不得实施限制行为。"守门人"不得限制用户在不同应用程序和服务之间切换，不得使用户难以离开其平台或服务经营业务，不得阻止用户向监管部门举报其违规行为。③ 最后，针对平台的互操作性问题。"守门人"应提供必要的技术接口，使其核心平台服务可与第三方服务互操作，应允许终端用户轻松卸载预装的应用程序并更改默认设置，应允许安装和使用与"守门人"系统互操作的第三方应用程序或应用程序商店，并允许将它们设置为默认值。④

第三，数字市场法也为"守门人"企业的违法行为设定了明确的惩罚措施。如果"守门人"违反规则，委员会可以对其处以最高为该公司全球年度总营业额 20% 的罚款，并定期支付最高为该公司全球日总营业额 5% 的罚款。如果"守门人"的违法行为造成了不利影响，委员会可以要求其采取必要的措施，恢复市场的公平竞争环境，消除对其他经营者和消费者的损害。如果"守门人"系统性违反上述义务，在市场调查后，委员会可能会对"守门人"施加额外惩罚措施，包括行为和结构性惩罚措施，例如剥离其部门、知识产权等。⑤

《数字市场法》的出台限制了"守门人"对依赖他们的企业用户采取不公平的做法从而获得不正当优势。为创新者和技术初创企业提供良好的在线平台竞争和创新环境，不必面临限制其发展的不公平条款。对消费者来说，将获得提供更丰富优质的服务可供选择，价格也更加公平。总体上，《数字市场法》的规定能够有效地保障市场的公平性和可竞争性，确保数字经济的不断发展。

---

①—⑤　详情参见《数字市场法》第 5 条、第 5 条、第 6 条、第 6 条、第 30 条：European Union. Digital Markets Act［EB/OL］.（2022-09-14）［2024-08-12］. https://eur-lex.europa.eu/legal-content/EN/TXT/PDF/?uri=CELEX: 32022R1925.

三、《数据治理法》与《数据法案》

（一）《数字治理法》出台背景及主要内容

1. 出台背景

2020 年 2 月，欧盟委员会推出的《欧洲数据战略》指出数据是经济社会发生转变的核心，是经济增长和社会进步的重要资源。该战略规划了未来 5 年实现数据经济的政策和措施，建立起强大的法律框架，旨在创建欧洲共同数据空间，强化欧洲在全球的竞争力和数据主权。虽然数据的经济和社会价值潜力巨大，但是却因为数据主体对数据共享的信任度不高、公共部门数据的难以再利用以及技术障碍的问题，难以充分发挥其应有的价值。[①] 为了解决上述问题并推进《欧洲数据战略》的实施，欧盟采取的第一项立法措施即为出台了《数字治理法》（*Data Governance Act*）。作为《欧洲数据战略》的重要支柱，该法旨在为欧盟内部数据共享建立一个框架，通过增强数据主体对数据共享的信任程度，拓宽数据来源，克服数据再利用技术障碍，从而进一步发展构建无国界数字内部市场和安全的数据社会和经济。[②]

2. 主要内容

为促进数据在欧盟内的共享与利用，《数字治理法》主要就以下四方面进行规定。

第一，构建公共部门数据再利用制度。《数字治理法》第二章针对公共部门数据的再利用进行规定。公共部门数据的再利用是指自然人或法人基

---

① European Commission. Data Governance Act explained [EB/OL]. [2023-03-27]. https://digital-strategy.ec.europa.eu/en/policies/data-governance-act-explained#ecl-inpage-l4ihlqt9.

② 详情参见《数字治理法》序言第 3 段：European Union. Data Governance Act [EB/OL]. （2022-05-30）[2024-08-13]. https://eur-lex.europa.eu/legal-content/EN/TXT/HTML/?uri=CELEX:32022R0868.

于商业或非商业目的，利用公共部门持有的数据的行为，而不是基于产生数据的公共任务的初始目的。[①] 该法对公共部分数据再利用的规定弥补了《数据开放指令》(*Data Open Instruction*)中的缺陷。《数据开放指令》中规定公共部门持有的公开或可用信息的再利用，然而公共部门也可能持有类似个人数据或商业机密数据等受保护的数据，不能作为开放数据进行再利用。[②] 但《数字治理法》中的规范既可以从此类受保护的数据中提取有用资源，也能保障此类数据不受损害。

具体而言，《数字治理法》第二章共 7 个条款覆盖了公共数据再利用的实体规范和程序规范，涉及再利用条件、费用、主管机构，以及再利用的请求程序等问题。该法通过列举的方式分别列出可以适用和不适用的数据类型。其中包含商业机密、涉及第三方知识产权保护、含个人数据且不受《数据开放指令》保护的数据均属于可以适用本法的数据类型，涉及公共企业持有、文化教育机构持有、国家安全等类型的数据不适用本法，[③] 这扩大了公共部门数据再利用的范围。公共部门数据具有一定公共属性，开放更多公共部门数据，为公共部门制定更优政策提供助力，从而使公共服务透明度和效率大幅提高。此外，公共部门数据再利用的条件应当是非歧视性的、透明的、相称的、合理的且不能用于限制竞争，应当注重商业机密、知识产权，以及个人数据的保护；[④] 成员国应保证有关公共部门数据再利用的条件和费用可以通过单一信息点获取；[⑤] 禁止公共部门机构缔结排他性协议。[⑥]

欧盟《数字治理法案》中的公共部门数据再利用制度拓宽数据再利用的范围，有助于提高公共服务的效率和透明度，保护数据的合法性和安全

---

①③—⑥　详情参见《数字治理法》第 2 条第 2 款、第 3 条第 1 款、第 5 条、第 8 条、第 4 条：European Union. Data Governance Act [EB/OL]. (2022-05-30) [2024-08-13]. https://eur-lex.europa.eu/legal-content/EN/TXT/HTML/?uri=CELEX:32022R0868.

②　European Commission. Data Governance Act explained [EB/OL]. [2023-03-27]. https://digital-strategy.ec.europa.eu/en/policies/data-governance-act-explained#ecl-inpage-l4ihlqt9.

性，从而鼓励将公共部门数据用于欧盟的研究和创新，是促进数字经济的发展和数字治理的现代化的重要措施。

第二，建立数据中介服务，促进数据共享。数据中介服务是指通过技术、法律或其他手段，在数量不详的数据主体和数据持有人与数据用户之间建立商业关系以提供共享数据的服务。① 数据共享则是数据主体根据自愿协议或欧盟或国家法律直接或通过中介向数据用户提供数据，以便共同或单独使用此类数据。②

在实践中，大多数公司表达了对数据共享后将失去原有的竞争优势的担忧，以及存在数据被滥用的风险，《数据治理法》为数据中介服务的提供者制定一套规则，确保数据中介的中立性以及透明度，使其在欧洲共同数据空间内充当可信赖的数据共享组织者，从而提高数据共享的信任程度。

《数字治理法》第三章主要规定了数据中介服务的相关内容。首先，数据中介服务提供商应当履行通知义务向数据中介服务主管机关申报，包括其名称、地址、联系方式，以及所提供的数据中介服务的类型和范围等。此外，为确保数据中介服务提供商的中立性，需要遵守一系列条件，包括数据中介服务提供商仅能作为中间者，不得将交换的数据用于任何其他目的；为避免利益冲突，数据中介服务应与其他服务进行结构分离，由单独的法人提供；为促进数据交换的特定目的，数据中介服务可以向数据主体提供额外的特定工具和服务，例如临时存储、转换、匿名化等；数据中介服务提供商应确保访问其服务的程序是公平、透明和非歧视的；数据中介服务提供商应确保具有竞争敏感信息的存储和传输具有最高级别的安全措施。③

数据中介服务不仅可以促进数据共享，而且还可以确保数据共享的可信度、可靠性和安全性。欧盟《数据治理法案》通过构建数据中介服务机制，为数据共享提供了更好的保障和支持。该措施将进一步鼓励企业和组

---

①—③　详情参见《数字治理法》第 2 条第 11 款、第 2 条第 10 款、第 12 条：European Union. Data Governance Act ［EB/OL］.（2022-05-30）［2024-08-13］. https://eur-lex.europa.eu/legal-content/EN/TXT/HTML/?uri=CELEX:32022R0868.

织之间的数据共享，促进数据驱动的创新和发展，为欧盟数字经济的发展注入新的活力。

第三，在数据利他主义基础上实现数据共享。《欧洲数据战略》中对数据利他主义的解释为，让个人更容易允许他们产生的数据用于公共利益，前提是符合《通用数据保护条例》。《数字治理法》则是进一步细化了数据利他主义的规定，数据主体同意处理与其相关的个人数据的基础上自愿共享数据，或者数据持有者允许无报酬地使用其非个人数据，用于公共利益或科学研究。[①]《数字治理法》致力于构建值得信任且易于使用的工具，使数据能够以简单的方式进行共享，从而获取更大的数据池以实现数据分析、机器学习，以及跨境传输。

为了帮助数据主体和数据持有者增加对公认的数据利他主义组织的信任，《数字治理法》在第四章规定了注册、透明度义务，以及维护权益的具体要求等。首先，数据利他主义组织应当是非营利性的并且遵守透明度要求的。[②] 其次，数据利他主义组织的经注册可获得"联盟认可的数据利他主义组织"的标签，以及通用标识。与数据中介服务提供商的强制注册义务的区别是，此处注册为公认的数据利他主义组织不是开展数据利他主义活动的先决条件。[③] 最后，制定欧洲数据利他主义同意书。欧洲通用的数据利他主义同意书将允许以统一的格式在成员国之间收集数据，确保共享数据的主体可以轻松地表示和撤回同意。[④]

数据利他主义有助于促进跨境的数据交换和合作，确保了共享数据的一致性，对促使数据流动和使用更加便利。《数字治理法》细化了相关规定，为数据自愿共享提供工具，提高数据分析和跨境传输的效率，这将有望促进联盟内的跨境数据使用和覆盖多个成员国数据池的出现。在欧盟的推动下，数据利他主义将继续发挥促进数据共享和促进可持续发展的重要作用。

最后，设立欧洲数据创新委员会。为了促进数据共享性和互操作性政策

---

① —④　详情参见《数字治理法》第 2 条第 16 款、第 18 条与第 20 条、第 17 条、第 15 条：European Union. Data Governance Act ［EB/OL］.（2022-05-30）［2024-08-13］. https://eur-lex.europa.eu/legal-content/EN/TXT/HTML/?uri=CELEX:32022R0868.

的实施,《数字治理法》规定以专家组的形式建立欧洲数据创新委员会。首先,欧洲数据创新委员会可以就在欧盟内部发展统一的数据利他主义实践提供咨询和协助。其次,欧洲数据创新委员会支持跨部门数据共享并提供法律标准,通过加强数据的跨境、跨部门的互操性,以及不同部门和领域之间的数据共享服务,解决内部市场数据经济分裂问题,鼓励创建共同的欧洲数据空间。最后,欧洲数据创新委员会为欧洲共同数据空间提出指导方针,促进欧盟内数据共享并挖掘数据空间潜力,以便欧洲数据经济的有效发展。①

（二）《数据法案》制定背景及主要内容

1.制定背景

近年来,数据呈指数增长,但大部分数据未被使用或大多数数据掌握在较少数大公司手中,不能发挥其应有效用。数据的集中将会引起的市场失衡,限制了竞争,增加了市场进入壁垒,减少了更广泛的数据访问和使用。此外,碍于经济激励措施间的相互冲突、信任度低和技术障碍,数据驱动创新潜力不能得到充分发挥。随着工业数据的新浪潮以及物联网衍生品的激增,规范数据访问和使用、确保数据价值分配更加平衡,消除数字鸿沟释放数据价值潜力,是推动欧洲数据经济可持续发展、抓住数字时代机遇的先决条件。②

2020年,欧盟委员会在其工作计划中设定了几个战略目标,其中包括《欧盟数据战略》(*A European Strategy for Data*)。该战略的发布旨在建立一个真正的单一数据市场,并使欧洲成为"数据敏捷型经济体"。欧洲议会在关于欧洲数据战略的决议中敦促欧盟委员会提出一项数据法案,以鼓励和

---

① 详情参见《数字治理法》第30条;European Union. Data Governance Act［EB/OL］.（2022-05-30）［2024-08-13］. https://eur-lex.europa.eu/legal-content/EN/TXT/HTML/?uri=CELEX:32022R0868.

② 详情参见《数据法案》解释性备忘录;European Commission. Data Act［EB/OL］.（2022-02-23）［2024-08-13］. https://eur-lex.europa.eu/legal-content/EN/TXT/HTML/?uri=CELEX:52022PC0068.

实现从企业向企业、企业向公共部门、公共部门向企业和公共部门向公共部门间规模更大、更公平的数据流动。① 在此背景下，2022 年 2 月 23 日，欧盟委员会制定了《数据法案》（ *Data Act* ），该法案成为落实《欧盟数据战略》的第二项立法行动，旨在确保数字经济参与者间公平分配数据价值，并促进对数据的访问和使用。

2. 主要内容

《数据法案》旨在根据欧盟的规则和价值观提供更多可用的数据，主要包括以下三方面内容。

第一，赋予用户访问、使用和分享数据的权利。该法案规定用户有权访问、使用，以及与第三方共享因使用产品或相关服务所产生的数据。如果用户无法直接访问数据，数据持有者应向用户免费提供其使用产品或相关服务所产生的数据，在用户请求下，数据持有者有义务将数据提供给第三方。② 制造商和设计者在设计产品时，必须使数据在默认情况下容易被获取，并保持可获取信息的范围、获取方式等信息的公开透明。③ 微型和小型企业将被免除上述义务。④ 此外，在用户行使该权利的同时，不得损害数据持有者的传统权益，例如该规定不适用于商业秘密，以及将获取的数据用于产品竞争。⑤ 本项权利确保了用户对其自身使用产品而产生的数据的权益，同时能够减少大型产品提供方对数据的垄断行为，为中、小、微型企业开发相关产品提供机会，促进市场公平竞争。

第二，限制企业间数据共享合同中的不公平合同条款。所谓不公平合同条款是指合同条款是由合同一方单方面施加给中、小、微企业的情况。⑥ 当签订合同的双方处于不平等的条件下，该规定能够保护在合同中处于弱

---

① European Parliament.European Parliament resolution of 25 March 2021 on a European strategy for data［EB/OL］.［2023-04-01］. https://www.europarl.europa. eu/doceo/document/TA-9-2021-0098_EN.html.

②—⑥ 详情参见《数据法案》第 4 条与第 5 条、第 3 条、第 7 条、第 4 条、第 13 条: European Commission. Data Act［EB/OL］.（2022-02-23）［2024-08-13］. https:// eur-lex.europa.eu/legal-content/EN/TXT/HTML/?uri=CELEX:52022PC0068.

势的一方，以避免不公平合同的出现。这种不公平合同条款将会阻碍合同双方对数据的使用，损害中、小、微型企业权益。该规定有助于欧盟内部不同规模公司利用其他企业所产生的数据进行创新，防止巨头企业独占数据利益，确保数据经济中的价值分配更加公平。未来，欧盟委员会还将制定示范性合同条款，以帮助此类市场参与者签订更公平的数据共享合同。[①]

第三，公共部门在特殊情况下可以使用企业所持有的数据。《数据法案》第五章为公共部门在特殊情况下使用企业持有的数据建立了一个统一的框架。强制使用企业所持有的数据具体分为两种情况，第一种情况是在公共部门有特殊需要时使用数据，其中包括无法及时获得此类数据，以及按规定程序获取数据将极大减轻企业的行政负担等情况。[②]另一种则是在紧急情况下使用数据，在应对公共卫生突发事件、重大自然或人为灾害等公共紧急情况的特殊需要时，数据将被免费提供。[③]为了确保请求使用数据的权利不被滥用，并确保公共部门对数据的使用负责，对数据的请求必须遵守相称性原则且遵守公开透明原则，明确其使用目的，并尊重提供数据企业的利益。[④]该规定为欧盟的公共部门在政策制定等非紧急情况下使用企业持有数据提供了法律基础，同时也提升了欧盟在应对紧急情况下使用企业持有数据的能力。

此外，《数据法案》第七章还增加了对非个人数据的保护。此条款针对第三方通过欧盟市场上提供的数据处理服务非法获取欧盟内的非个人数据。[⑤]在本章中提出了具体的保障措施，该提案不会影响对欧盟公民或企业持有的数据提出访问请求的法律依据，也不会损害欧盟的数据保护和隐私框架。本章特别说明敏感商业数据、国家安全和国防利益数据是需要特殊对待的数据类别，[⑥]显示出欧盟维护自身数据主权的决心。

---

①—⑥　详情参见《数据法案》解释性备忘录第 5 段、第 15 条、第 15 条与第 20 条、第 17 条、第 27 条、第 27 条第 3 款：European Commission. Data Act［EB/OL］.（2022-02-23）［2024-08-13］. https://eur-lex.europa.eu/legal-content/EN/TXT/HTML/?uri=CELEX:52022PC0068.

第三节　治理趋势

一、《通用数据保护条例》的"布鲁塞尔效应"

"布鲁塞尔效应"这一概念是哥伦比亚大学法学院教授阿努·布拉德福德（Anu Bradford）提出的，以此来描述欧盟通过自身的标准和规则影响和塑造全球市场与法规的能力。在20世纪末21世纪初，欧盟面对美国和中国等国家的科技竞争和全球化挑战，为了保护自己的内部市场和消费者权益，制定了一系列严格的法规和标准，涵盖了数据隐私、环境保护等多个领域。而《通用数据保护条例》的"布鲁塞尔效应"是指欧盟通过制定严格的数据保护标准和规则，影响了全球其他国家和地区的数据政策与实践，使欧盟成了数据治理的议程制定者和领导者，将"欧盟标准"变成"世界标准"的现象。[①]

不同国家或地区对"布鲁塞尔效应"的态度是复杂多样的，有些国家或地区认同并遵循欧盟的法规和标准，例如日本、加拿大等；有些国家部分认同并部分遵循欧盟的法规和标准，例如印度、巴西等；有些国家不认同并反对欧盟的法规和标准，例如美国等。不同的态度反映了不同的利益诉求、价值观念和发展水平。

《通用数据保护条例》的"布鲁塞尔效应"的产生有三方面原因。第一，欧盟具有庞大的市场规模和吸引力。欧盟拥有约4.5亿消费者，是全球最大的单一市场。这使欧盟有足够的影响力和议价能力，使跨国公司为了避免失去欧盟市场，被迫选择遵守欧盟标准。同时，许多国际企业和组织

---

① ANNEGRET BENDIEK, ISABELLA STUERZER. The Brussels Effect，European Regulatory Power and Political Capital：Evidence for Mutually Reinforcing Internal and External Dimensions of the Brussels Effect from the European Digital Policy Debate［J］. Digital Society，2023（2）：2-5.

为了适应 GDPR 而调整自己的数据政策，甚至在全球范围内采用 GDPR 作为最低标准，从而实现了欧盟标准的全球化。其他国家为了与欧盟保持贸易关系或提高本地企业的竞争力，也会参考或借鉴欧盟的规则，从而形成一种"自愿"或"被动"的法律趋同。第二，欧盟法规具有严格性和可执行性的特点。欧盟对违反《通用数据保护条例》的行为可以处以高达年度全球营业额的 4% 或 2000 万欧元的罚款。① 如此严格的规定在给跨国公司带来了巨大的合规压力的同时也提高了跨国公司的产品质量和竞争力。第三，欧盟法规具有先进性。欧盟在许多领域已经成为全球的规则制定者和监管者，并且还在不断推出新的法规和标准，以应对新兴的科技和社会问题，例如人工智能、数字税收、碳中和等。欧盟的法规和标准往往具有高度的创新性和前瞻性，为全球提供了一个参考模式。《通用数据保护条例》涵盖了个人数据的收集、处理、存储、删除等环节，设定了明确的权利和义务，提出了隐私设计、假名化、最小化等原则和技术，为个人数据保护提供了一个全面而灵活的框架，适应了数字化时代的发展需求。

　　《通用数据保护条例》的"布鲁塞尔效应"的影响有四方面。首先，GDPR 推动了全球范围内的数据保护法规的发展和协调。很多国家和地区受到欧盟标准的启发或压力，纷纷出台或修改了自己的数据保护法规，如日本、澳大利亚、印度等。其次，促进了欧盟与其他国家和地区之间的数据流动合作。欧盟通过与其他国家或地区签订互惠承认协议或采纳适当性决定，为跨境数据流动提供了便利和安全。再次，对跨国公司的业务模式和合规成本产生了重大影响。很多跨国公司为了适应欧盟标准，不得不调整自己的数据收集、处理、存储、转移等流程和技术，增加了合规投入和风险管理，也有一些跨国公司选择退出欧盟市场或停止向欧盟居民提供服务。最后，引发了一些法律争议和挑战。GDPR 的实施特点之一是扩大了适用范围，不仅有利于欧盟内部对数据主体权利的保护，也有利于数据的

---

　　①　详情参见:《通用数据保护条例》第83条: European Union. General Data Protection Regulation［EB/OL］.（2016-04-27）［2024-08-12］. https://eur-lex.europa.eu/legal-content/EN/TXT/PDF/?uri=CELEX:32016R0679 &from=en.

无国界流动。但过于宽泛的适用范围必将引起国家间的主权矛盾，一国主张的域外适用越加广泛，就会增高侵犯他国主权的风险，以致引起国际摩擦。① 例如，美国与欧盟之间关于《安全港协议》和《隐私盾协议》的纠纷。《安全港协议》和《隐私盾协议》的达成原本是为弥合美欧在数据保护方面的差异，为数据跨境传输提供合法且便利的机制。然而，由于欧盟对数据保护的要求高于美国，而美国又存在大规模监控欧洲公民数据的行为，欧洲法院先后宣布这两个协议无效，认为它们不能保障欧洲公民的数据隐私权利，也不能提供有效的救济途径。如此，美国企业就必须遵守欧盟更严格的数据保护规则才能继续在欧洲开展业务，否则将面临高额罚款或禁止数据传输的风险。这无疑削弱了美国在数据领域的主权和竞争力。此外，有学者认为"布鲁塞尔效应"是一种单边主义和霸权主义的表现，干涉了其他国家或地区的主权和自主权，妨碍了数据流动和创新。

未来，欧盟将继续发挥自己的市场力量和价值观影响力，制定更多的法规和标准，以保护自己的利益和主张自己的立场。欧盟也将面临更多的挑战和竞争，例如美国等国家的反制措施、其他国家或地区的不同法规或标准，以及跨国公司的适应或抵制策略。欧盟需要尽快在坚持自身的原则和进行国际间合作之间寻找到一个平衡点。

二、《通用数据保护条例》框架下的欧美冲突与合流

2022 年 3 月，欧盟委员会主席冯德莱恩和美国总统拜登宣布原则上就新的《跨大西洋数据隐私框架》(*Trans-Atlantic Data Privacy Framework*)达成协议。2022 年 10 月，美国总统拜登签署《关于加强美国信号情报活动保障措施的行政命令》(*Executive Order on Enhancing Safeguards for United States Signals Intelligence Activities*)，以采取步骤履行《跨大西洋数据隐私

---

① CHRISTOPHER K, CATE F H, CHRISTOPHER M, et al.The extraterritoriality of data privacy laws—an explosive issue yet to detonate [J]. International Data Privacy Law, 2013 (3)：147-148.

框架》下的承诺，为恢复欧美数据流动提供了法律基础。此前，欧美曾经两度签订跨大西洋数据流动的相关文件，分别是 2000 年和 2016 年欧盟与美国先后签订《安全港协议》（*U.S.-EU Safe Harbor Framework*）和《隐私盾协议》（*EU-U.S. Privacy Shield Framework*）。这两部协议的核心目的均是确认美国可以给欧盟用户提供同欧盟法律相适应的个人信息保护水平，从而有利于个人信息在大西洋两岸自由流动。欧盟和美国之间的数据跨境流动对双方的经济和社会关系至关重要，但由于两者在数据保护方面的法律差异和美国情报机构的大规模监控行为，导致欧盟法院先后宣布了《安全港协议》和《隐私盾协议》的无效，给跨大西洋数据传输带来了不确定性和风险。

（一）《安全港协议》的签订与失效

1995 年，欧盟通过了《数据保护指令》，要求所有成员国保护个人数据的隐私和安全，禁止将个人数据转移到没有同等保护水平的国家或地区的行为。美国企业处理大量的欧洲公民的个人数据时，由于数据保护法律与欧洲存在差异，欧洲认为美国法律欠缺对数据的保护[①]。为了维护欧美双边贸易和合作，美国商业部和欧洲委员会就如何在不违犯欧洲法律的前提下达成了《安全港协议》。美国企业只要自愿加入并遵守这些原则和规则，就可以被认为提供了足够的数据保护水平，从而可以从欧洲接收个人数据。[②]

《安全港协议》中规定了 7 项主要原则，被称为"国际安全港隐私原则"[③]，分别是：第一，告知原则。当个人的资料被收集与使用时，公司有义务向当事人告知。第二，选择原则。公司在试图将信息向第三方披露，或者用于与其最初收集目的不同的其他用途时，客户有权选择或拒绝。第三，传输原则。公司只能向符合安全港原则的第三方转送资料。第四，安全原则。要求保管个人信息的组织必须采用合理的预防措施，以防止信息被丢

① STEVEN C. BENNETT. EU Privacy Shield：Practical Implications for U.S. Litigation [J]. Practical Law，2016（62）：60-62.

② ANUPAM CHANDER，UYEN P. LE. Data Nationalism [J]. Emory Law Journal，2015（62）：688-689.

③ 张继红. 个人数据跨境传输限制及其解决方案 [J]. 东方法学，2018（6）：37-48.

失、滥用和未经授权的获取。第五，数据完整性原则。要求公司所收集的信息必须准确并与预期用途相关。第六，可接触原则。公司应容许信息主体取得其信息，并更正其中的错误。第七，执行原则。必须有机制确保公司遵守这些原则、保障个人追索的权利及对侵权行为的依法惩处。

然而，《安全港协议》的执行和问责机制低效且不完善，导致一些加入安全港的美国企业并没有真正遵守协议中的原则和规则，欧洲公民的隐私权也没有得到有效的保护和救济。加之，2013 年爱德华·斯诺登事件曝光了美国政府大规模监控欧洲公民的个人数据，违反了安全港协议中的数据转移、安全和执行原则。这导致欧洲公众对数据安全的保护存疑，而欧盟和美国之间的合作因此产生信任危机，存在不确定性。由于《安全港协议》立法存在滞后性，无法规制新技术所带来的挑战，而其对个人数据安全的保护也不够完善。奥地利公民施雷姆斯（Schrems）投诉认为脸书收集数据的行为不满足《安全港协议》中的充分保护要求。综上，2015 年欧盟法院在施雷姆斯诉脸书案中宣布《安全港协议》无效，认为它不能保证欧洲公民的个人数据在美国享有与欧盟相当的保护水平。《安全港协议》的失效可以被视为"布鲁塞尔效应"的一次间接例证。①

（二）《隐私盾协议》的签订和失效

继欧盟宣布《安全港协议》无效后，欧盟和美国就新的数据传输协议开始谈判。2016 年双方签署了《隐私盾协议》。作为《安全港协议》的替代方案，《隐私盾协议》旨在保障欧盟公民的个人数据在跨境传输时不受侵犯，同时促进欧美之间的贸易和创新。《隐私盾协议》要求美国企业遵守一系列的隐私保护原则，并承诺限制对欧盟数据的监控和干预，提供更多的救济渠道。

《隐私盾协议》和《安全港协议》在内容上具有相似性，都是基于自愿参与、自我认证和自我执行的机制，并且要求美国企业遵守与《安全港协议》相同的七大数据保护原则，以确保从欧盟转移到美国的个人数据得

---

① KUNER C. Reality and Illusion in EU Data Transfer Regulation Post Schrems [J]. German Law Journal, 2017（18）：881-918.

到充分的保护。《隐私盾协议》的签署弥补了《安全港协议》中的缺陷和不足，强调个人数据主权的捍卫，增加商业活动透明度。首先，《隐私盾协议》健全了监管机制，由美国商务部负责审核和认证美国企业是否符合《隐私盾协议》的要求并履行《隐私盾协议》的义务，并对违反者进行处罚。其次，《隐私盾协议》增加了对美国政府国家安全活动的限制和监督，要求美国政府不得进行大规模、无差别的个人数据收集和使用，而只能在必要和比例原则下进行有针对性的数据获取，并接受独立监督机构的审查。这是美国政府首次承诺对其情报活动进行实质性的约束。[1] 再次，《隐私盾协议》增加了年度联合审查机制，由欧盟委员会和美国商务部组成的联合小组定期评估《隐私盾协议》的有效性和实施情况，并向公众发布报告。最后，《隐私盾协议》增设了多种救济途径，包括向隐私盾小组提起仲裁或向美国法院提起诉讼等方式。

　　然而，《隐私盾协议》仍然无法从根本上解决美国政府对欧盟个人数据进行大规模、无差别的监控和获取的问题。根据美国国内法，如《外国情报监视法》第 702 条、《第 12333 号行政命令》以及《第 28 号总统行政指令》，当美国国家安全机构获取欧盟个人数据时，美国情报部门不受欧盟约束，这就意味着美国无法充分保障欧盟数据主体的权利。[2]《隐私盾协议》没有对美国情报机构大规模收集数据进行排除和限制，也未能为欧盟数据主体提供有效的司法救济手段，使他们无法对美国政府的监控行为进行申诉和维权。而《隐私盾协议》同样遭受到诉讼，他认为脸书将个人数据从欧盟转移到美国时未受到充分保护，违犯了欧盟法律和基本权利。欧盟法院在经过调查后，于 2020 年 7 月判定《隐私盾协议》无效，认为美国的数据保护未能达到欧盟标准，尤其是美国政府的监控和干预可能侵犯欧盟个人数据的隐私权。

　　《隐私盾协议》的无效反映了欧盟对美国政府的监控和干预的不信任和

---

① 张继红. 个人数据跨境传输限制及其解决方案［J］. 东方法学，2018（6）：37-48.
② 张倩雯，张文艺. 欧美跨境数据流动合作的演进历程、分歧溯源与未来展望［J］. 情报杂志，2023，42（1）：88-94.

不满，也体现了欧盟对个人数据保护的高标准和严要求，以及欧盟对数据主权追求的加强。这可能导致欧美之间在数据保护和数字主权等方面的分歧和摩擦，对美欧跨境数据流动规则博弈造成了许多不确定性。《隐私盾协议》的无效也将促使美国和欧盟重新谈判达成新的数据转移协议，以恢复双方的数据流动和合作。

未来，欧盟可能会推动更多的数据保护立法和监管措施，以维护其在数字领域的主导地位和竞争力。

（三）欧美数据流动合作冲突产生原因

首先，欧美间存在技术能力差异。美国拥有全球最强大的数字技术和数据基础设施，其互联网巨头在全球范围内收集、处理和利用大量数据，从而获得巨大的经济利益和竞争优势。欧盟则相对落后于美国的数字技术和数据基础设施，其数字市场也受到美国企业的强势竞争。因此，欧盟有动力通过加强数据保护法律和政策，来提升自身的数字主权和创新能力，同时限制美国企业的数据获取和使用。其次，欧盟和美国在个人数据和隐私保护的理念上存在根本性的差别。欧盟将个人数据和隐私视为基本人权，制定了严格的法律规范来保障其公民的数据自主权和知情权。美国则看重对"自由"的追求，[①] 将个人数据和隐私作为一种商品，可以通过市场机制来调节其使用和交换。欧盟法院认为，这种价值主张分歧导致了欧盟公民的数据利益无法得到充分尊重和保护。最后，美国将国家安全放在首位进行优先考虑，这也使欧盟公民在美国无法享有与欧盟相同或等效的司法救济。

（四）欧美数据流动合作展望

欧美跨境数据流动合作意愿是比较强烈的，双方都认识到跨境数据流动对促进数字经济发展、创新和竞争力的重要性，并且均致力于保护个人数据隐私和网络安全。欧美双方在 2022 年 3 月达成了《跨大西洋数据隐私框架

---

① WHITMAN J Q. The two Western cultures of privacy: Dignity versus liberty [J]. The Yale Law Journal, 2004, 113（6）: 1151-1221.

联合声明》，表明了双方重建跨大西洋数据流动的法律确定性和连续性的共同意愿。然而，欧美双方在数据跨境流动的政策理念和实践上也存在一些差异和冲突。美国倾向于推行反数据本地化的政策，主张数据全球自由流动，同时通过《云法案》等措施扩大自身对数据的访问权力，为美国互联网企业营造有利的市场环境。欧盟则更加重视个人数据隐私保护，通过《通用数据保护条例》等规范对数据跨境流动进行严格的条件限制，要求第三国提供与欧盟相当的数据保护水平，否则不能自由传输个人数据。

欧美双方未来在数据领域如何协调发展将取决于欧盟双方在数据跨境流动原则问题上具有多大妥协空间，以及美国能否充分尊重欧盟利益。① 因此，欧美双方需要继续加强沟通和协调，以期尽快实现新框架的正式落地。

2022 年 12 月，欧盟委员会和美国政府进一步推进了一项新的跨大西洋数据隐私框架，即《欧盟—美国数据隐私框架充分性决定草案》（*EU-U.S. Data Privacy Framework*）。这表明了欧盟和美国在尊重彼此法律差异和价值观的基础上，寻求平衡和妥协取得了重要进展。该草案已于 2023 年 7 月经欧盟委员会通过。《欧盟—美国数据隐私框架充分性决定草案》旨在确认美国对从欧盟转移到美国的个人数据提供了充分保护，使个人数据可以自由安全地从欧盟流向美国，而不受任何附加条件或授权的约束。该草案规定了美国相关企业必须遵守的详细的隐私保护义务，以及美国当局出于执法和国家安全目的访问数据的限制和保障措施。此外，还为欧盟公民提供了有效的救济途径，以维护其数据隐私权利。该草案是美欧之间就数据跨境流通第三次尝试。该草案促进跨大西洋数据流动的安全性并推动解决欧盟法院在施雷姆斯系列诉讼裁决中提出的对欧美间数据传输机制的担忧，譬如美国情报机构对欧盟公民个人数据的大规模、无差别、无限制的监控行为违犯了欧盟法律规定的数据保护原则，以及美国法律框架没有为欧盟

---

① 马国春. 欧盟构建数字主权的新动向及其影响 [J]. 现代国际关系, 2022 (6)：51-60, 62.

公民提供有效的救济途径，以维护其数据隐私权利等。① 该草案为欧美之间的数字贸易和创新合作提供法律确定性和连续性，恢复跨大西洋数据流动的信任和稳定。这将有利于欧美之间在数字经济领域的合作与竞争，促进双方在应对网络安全等共同挑战中发挥作用。

第四节　总结与启示

一、建立泛欧数据框架，确保数据资源的安全可控

数据是数字经济时代的核心资源，也是国家主权和安全的重要组成部分。在当前由美国科技巨头主导的互联网环境中，欧盟面临着数据主权的严峻挑战，不仅在数据产业的竞争力上处于劣势，而且在公民隐私、税收、版权等方面的利益也受到威胁。为了捍卫欧盟在数据领域的战略自主权，提升其在数字世界中的影响力，欧盟建立起一个安全且可信赖的泛欧数据框架，促进数据的收集、处理和共享，同时保障数据的安全可控。

欧盟制定和完善多项法律法规从而搭建起泛欧数据框架。例如前文提到的《通用数据保护条例》《数字服务法》和《数字治理法》等，以保护个人和非个人数据的隐私、安全和所有权，防止数据滥用和垄断，促进公平竞争和市场准入。欧盟在《欧盟数据战略》中明确提出构建欧洲共同数据空间，旨在实现数据自由流动的泛欧数据市场，激发数据创新和价值的潜力。除此之外，欧盟还建立建立了"欧洲联邦云"（European Federation of Data Spaces），以协调和监督各个领域和部门的数据空间，确保数据遵循公共利益、社会价值和伦理原则进行管理和使用。

---

① Court of Justice of the European Union. The Court of Justice invalidates Decision 2016/1250 on the adequacy of the protection provided by the EU-US Data Protection Shield [EB/OL]. [2023-04-07]. https://curia.europa.eu/jcms/upload/docs/application/pdf/2020-07/cp200091en.pdf.

综上所述，欧盟通过制定严格而灵活的法律框架，建设高效而安全的数据空间，实现了在保护数据主权的同时促进数据流通和创新的平衡。

二、构建可信治理生态，打造欧盟数据主权治理优势

欧洲议会发布《欧洲数字主权》报告强调要建立起可信的数据治理环境，打造欧盟数据主权治理优势从而促进欧洲数字化转型。

欧盟通过《通用数据保护条例》《数字治理法》等法律有层次、较为全面地以点带面推进数据可信的治理。首先，GDPR 的规定加强保护个人隐私和自主决定数据使用方式的权利，提高个人对自己数据的信任度，并为其他非个人数据的保护提供了参考模式。其次，通过《数字服务法》和《数字市场法》的制定确保了数字环境的公平性、透明性和责任性，提高用户对数字平台和网络中介服务者提供的数据的信任度，并防止科技巨头滥用市场支配地位或对用户和消费者施加不公平条件。再次，通过《数字治理法》为非个人数据的利用提供公平访问和共享框架，提高用户、中小企业和公共部门等对非个人数据的信任度，并促进数据充分流动和释放价值。最后，《数据法案》为非个人数据跨境流动设立严格规则，提高欧盟对跨境传输安全和维护欧洲数字主权的信任度，并与第三国建立有效的国际协议或满足其他具体条件来保障合法合规的数据交换。

以上这几方面共同建立起欧盟数据可信治理生态，它们相互补充、协调一致地共同作用于保护欧洲公民和企业的数据权利与利益，突出欧盟数据治理的可信优势，从而维护欧洲的数字主权和数据安全，以及增强欧洲在全球数字治理规则中的话语权。

三、借助数据治理规则先发优势为本土企业营造有利环境

欧盟作为全球数据治理的领导者，近年来不断完善其数据法律框架，在数据保护和数据流动方面所制定的一系列严格而完善的法律框架成为其

在数据治理领域的先发优势，为本土企业营造了有利的竞争环境，也为其他国家和地区提供了有益的借鉴。

以下几方面的立法均能体现出欧盟在数据治理方面的强势和优势。《通用数据保护条例》为个人数据设立了高标准的保护要求，赋予了公民对自己的个人数据的控制权，提高了公众对数字环境的信任。GDPR 也成了全球个人数据保护的参考模范，影响了其他国家和地区的相关立法。《数字服务法》和《数字市场法》对互联网平台进行了更严格的监管，限制了平台对海量数据的垄断和滥用，保障了用户、消费者和中小企业的权益。欧盟还通过反垄断法等手段打击了平台对竞争对手和供应商的不公平行为。《数据治理法》和《数据法案》则为非个人数据提供了公平访问和共享的框架，明确了企业与企业间、企业与公共部门间的数据流通措施，同时确定了数据处理服务提供商的相关义务，推动了数据市场的开放和竞争。欧盟还鼓励公共部门、私营部门和社会组织之间的数据共享，以促进公共利益和社会创新。

总之，欧盟数据治理规则的先发优势是建立在其价值观、立法思路、实施手段和国际影响力等方面的综合考量上，既强化了数据保护，又推动了数据流通释放价值，为其他国家或地区提供了一种可借鉴或可对话的模式。

欧盟数据主权治理实践还带来下列 4 点启示。

1. 建立统一的数据资源流通应用标准

为了促进数据的自由流动和高效利用，我国需要建立统一的数据资源流通应用标准，消除法律和行政管理的碎片化风险，减少不同地区、部门和行业各自为政的现象。目前，我国数据共享的国家层面立法过于简单，相关规范散见于《数据安全法》《个人信息保护法》《民法典》，以及与知识产权相关的法律法规和地方数据立法之中。这导致了数据共享的标准、格式、市场准入、授权条件不一，数据孤岛现象严重，极大地阻碍了全国数字资源的统一高效配置。此外，我国政务数据开放利用也缺乏顶层规划和统一标准，数据开放利用面临集中和加工的障碍。政府部门之间的数据、技术缺乏统一规划和标准，政府数据的大规模集中、加工和利用困难重重，系统孤岛、低质数据、一数多源、数据冲突等现象严重，很难形成真正有助于应用创新的高质量数据集合和数据模型。

欧盟作为具有众多成员国的地域性政治聚合体，在推进数据治理方面具有较强的先行优势。《数据治理法案》具体措施包括在保障个人权利的前提下使公共部门数据可重复利用，推动企业间有偿共享数据，允许个人在数据中介帮助下使用数据，促进以公共利益为目的的数据使用。该法案还要求成员国公共部门建设"单一信息点"，提供统一高效的信息汇集、获取和咨询功能。

我国可以借鉴欧盟《数据治理法案》的做法，加快推进数据共享的统一标准和认证机制，推动全国范围数据共享的标准化。考虑到各地实际情况，我国在制定全国性数据共享和利用的通用法规和总体标准的同时，可以效仿《数据治理法案》的灵活设计，给地方预留调整空间，授权各省根据自身情况制定地方性法规和规范，促进地区间数据资源的均衡利用和发展。

2. 探索数据控制权与隐私权间的平衡

数据控制权是指数据所有者或管理者对数据的获取、使用、共享、传输、存储等活动的主导权和决策权。数据隐私权是指个人或组织对自己或自身相关的数据的保护权和选择权。数据控制权与隐私权是数据安全治理的两个重要方面，它们既相互依存又相互制约。一方面，数据控制权可以保障数据隐私权，通过合理规范和管理数据流动，防止数据泄露、滥用、侵犯等风险。另一方面，数据隐私权也可以制约数据控制权，通过赋予数据主体更多的知情权、同意权、访问权、更正权、删除权等，限制数据管理者对数据的过度干预和利用。

中国是一个数字经济大国，拥有海量的数据资源和活跃的数据市场。但同时，也存在着诸多问题和风险，如政府部门之间的信息孤岛、企业之间的数据垄断、个人信息泄露和滥用等。这些问题不仅损害了公民的隐私权益，也影响了政府的公信力和效能，以及市场的公平竞争和创新活力。

要解决这些问题，需要在法律、技术、管理等层面进行协调和创新。

欧盟通过制定不同类型的数据治理法律，实现了在保护个人隐私权和促进非个人数据流通利用之间的平衡。对个人数据，欧盟制定了《通用数据保护条例》，为个人数据保护设立了严格的标准，强调个人对自己的数据的控制权和自主权，保障个人的隐私权和其他基本权利。对非个人数据，欧盟制定了《数据法案》，为非个人数据的利用提供了公平的访问和共享框架，强调非个人数据的流通性和可用性。其中，《数据法案》也允许公共部门在特殊情况下访问和使用私营部门持有的非个人数据。

我国可以参考欧盟经验，明确数据的分类和定义，区分不同类型和来源的数据，以及它们对个人、社会和国家的影响与价值。例如，可以根据数据是否涉及个人信息、是否具有商业敏感性、是否关乎国家安全等因素，将数据分为个人数据、非个人数据、敏感数据、重要数据等类别，并为每一类数据制定相应的保护和利用规则。此外，制定符合国情和发展阶段的数据保护与利用的法律法规，既要保障个人的隐私权和自主权，又要促进数据的流通和创新。例如，可以借鉴欧盟的 GDPR 和《数据法案》，为个人数据设立严格的保护标准和监管机制，为非个人数据设立公平的访问和共享的框架与激励机制。

3. 积极应对国际数字主权竞争的影响

数字经济已成为全球经济社会发展的重要引擎和新的竞争高地，各国纷纷提出了数字主权的概念，以保护自身的数字利益和安全，同时寻求在数字领域的主导地位。欧盟、美国等发达国家在数字基础设施、数字技术、数字规则等方面都推出了一系列的政策和措施，以增强自身的数字竞争力和影响力。

我国作为世界上最大的数字市场和最活跃的数字创新者，拥有庞大的数据资源、算法能力和应用场景，但也面临着外部环境的不确定性和复杂性。一些国家出于政治或经济目的，采取了技术封锁、数据限制、市场排斥等手段，对中国的数字企业进行打压和遏制，威胁中国的数字安全和利益。因此，我国要加强自身的数字能力建设，提升数字基础设施、数字技术、数据资源等方面的自主可控性，构筑可信可控的数字安全屏障。同时，我国要完善自身的数字治理规则和体系，与国际标准接轨，为国内外企业提供公平、透明、开放的市场环境。我国也要积极参与全球数字治理与合作，倡导构建开放共赢的数字领域国际合作格局，推动数据跨境流动、网络空间安全、人工智能伦理等重要议题的多边协商与规则制定。欧盟在数据开放政策与技术方面具有先进性和领导性，在构建"技术主权"的过程中也面临着美国的干扰和压力。中国与欧盟等重要伙伴在数字领域有着广泛的共同利益和合作空间，可以在尊重彼此"数字主权"的基础上进行合作，提升在数字领域的话语权和影响力。

4.构建完善的数据市场化配置体制机制

数据是数字经济的核心要素，数据市场化配置是推动数字经济发展的重要途径。我国在数据市场化配置方面已经取得了一定的进展，但仍然存在一些制度机制不健全、数据开放共享不充分、数据安全保护不到位等问题，亟须构建完善的数据市场化配置体制机制，以提高数据资源的利用效率和价值。

我国应当首先建立健全数据要素市场规则，统筹数据开发利用、隐私保护和公共安全，加快建立数据资源产权、交易流通、跨境传输和安全保护等基础制度与标准规范。这是构建数据市场化配置体制的法律保障和制度基础，也是保护数据安全和个人隐私的重要手段。只有明确数据的归属、权利、责任和义务，才能有效规范数据的收集、存储、处理、使用和传输等行为，防止数据泄露、滥用和侵权等风险，维护国家利益和社会公共利益。其次，要构建多层次多样化的数据市场体系，丰富数据交易内容和模式，促进数据资源、数据要素、数据产品的流通配置。这是构建数据市场化配置体制的核心内容和关键环节，也是发挥数据价值和潜力的重要途径。只有打通数据产业链各个环节，形成多级多元的交易市场，才能满足不同类型、不同层次、不同领域的数据需求，促进数据供需对接和匹配，激发数据创新活力和动力。再次，要加强技术创新和政策支持，推动数据平台等新交易模式的发展，实现数据要素、数据产品互联互通，从而在保障数据安全的基础上促进数据价值的流通。最后，要加快进行多层次、多样化的数据市场体系的试点，总结各种数据交易模式的优缺点，进一步完善交易模式，因地制宜地制定数据市场交易范式，最后形成完善的多层次、多样化数据市场体系。

第四章

美国的数据主权治理

第一节　发展历程

　　作为计算机技术的诞生地，美国一直借助技术上的优势强化自身在数据领域的话语权。在计算机技术和网络诞生之初，由于设备质量和数量的限制，数据传输还并未引发美国社会的关注。在20世纪60年代，美国"阿帕网"（ARPANet，Advanced Research Projects Agency Network）诞生，它是当今互联网的雏形，意图在美苏冷战背景下保持美国军事系统的通信渠道畅通。此后，在20世纪90年代，美国"国家自然科学基金网"（NSFNet，National Science Foundation Network）的出现，将互联网技术从冷战时期的军事领域应用拓展至民用范围，由此开启了美国数据主权发展的道路。

一、昙花一现：数据无主权思潮

　　美国的数据主权发展之路具有自由主义的特征，在互联网诞生之初一度盛行过"数据无主权"说。[①]"数据无主权"说的核心思想是将网络空间作为国家主权以外的空间。这样的思想根基，一方面因为政府在互联网技术诞生之初，并未意识到该领域需要法律特殊介入；另一方面是因为政府在网络技术面前无法介入。在苏东剧变时期，自由主义催生的反政府情绪一度成为一种强烈思潮，进而推动了苏联解体。但在冷战结束后，自由主义并未迅速带来市场的繁荣与生活水平的提高。此时，互联网技术的勃兴让西方社会将自由寄托于网络空间。自由主义思想从物理空间进入网络空间，成为"技术自由主义"（Technolibertarianism）思潮。[②]

1996年，"电子前线基金会"（Electronic Frontier Foundation）创始人约翰·佩里·巴洛（John Perry Barlow）在网络上发表了《网络空间独立宣言》（*A Declaration of the Independence of Cyberspace*），对网络自由主义提出了呼吁。在该宣言中，约翰明确反对政府介入网络空间，也拒绝在网络中适用现实生活中的法律。约翰认为，互联网世界是自由的，不能将现实生活中的主权概念强加于此，理由有3个：①互联网世界不适用现实生活中的道德秩序；②政府传统的执法手段难以在互联网上实施；③全世界的互联网已经跨越国界交流，各国政府无法组织这一趋势。[③] 这一观点也得到很多学者的拥护和支持。有学者从网络空间与现实生活的区别角度出发，认为网络空间确实需要设置和现实生活不同的秩序，这些秩序也即网络空间的法律。[④] 也有学者从国家治理的层面分析，认为国家对网络的监管能力是有限的，应当允许网络空间保持主权以外的自由。[⑤] 还有观点以言论自由类比网络治理，进而认为网络空间应当

---

① 本章不区分"数据主权（data sovereignty）""数字主权（digital sovereignty）""网络主权（cyber sovereignty）"这3个概念。

② 技术自由主义是美国20世纪90年代起出现的一种文化思潮，在商业领域尤为盛行。

③ 甚至直到2016年，约翰仍坚持网络自由主义，反对政府对于网络的干预和介入。

④ JOHNSON D R, POST D G. Law and Borders-The rise of law in Cyberspace [J]. Stanford Law Review, 1996（48）：1367-1402.

⑤ JOELLE TESSLER. Online Auction of NaziItems Sparks Debate Issue：National Laws on Global Web [N]. San Jose Mercury News, 2000-07-25.

允许和言论空间一样的自由。^① 当然，在学界以外的实践领域，互联网商业巨头们也极力推崇"数据无主权"说。如雅虎的创始人杨致远曾用"粗放、简单、无序"来形容雅虎。在 2000 年一场有关雅虎的案件中，法国犹太人马克·诺博（Marc Knobel）因在巴黎上网时看到了新纳粹主义物品的拍卖会，而以种族主义与反犹太主义宣传为由起诉了网站所有者美国雅虎公司。雅虎认为，若允许法国的法律管理美国的公司，那么互联网企业将不得不面对全世界许多个国家和地区的法律压力，这于企业而言十分困难。^②

总体而言，"数据无主权"体现出一种绝对的技术性、商业性思想，在互联网技术诞生之初勃兴，并为相当一部分群体所认可。这种理论具有理想主义色彩，希望能够实现数据领域绝对的去政治化与去法律化，拉开了数据治理学说争鸣的帷幕。

二、不断演进：控制主义下的数据主权

尽管"数据无主权"说自美国互联网技术普及之初便有着不少拥趸，但政府对数据主权的控制却从未停止，"数据主权"说的观点成为与"数据无主权"说对抗的一种思潮。数据无主权学说过于急切地渴望摆脱法律、政治在网络层面的影响，力求推动网络世界的绝对技术化。然而，这样的观点忽略了一个重要的事实：数据领域的一切问题始终无法摆脱人类社会法律与政治的影响——即使是在互联网诞生之初的"阿帕网"与"国家自然科学基金网"时期，数据的发展与流动也遵循着美国政府的布局与引导。梳理美国数据领域的立法历史，可以发现美国对数据主权的实质性主张从未减少。

①　GOLD SMITH J L, WU T, BARLOW J P. Who Controls the Internet? Illusions of a Borderless World [M]. Oxford: Oxford University Press, 2008: 10.

②　JOELLE TESSLER. Online Auction of Nazi Items Sparks Debate Issue: National Laws on Global Web [N]. San Jose Mercury News, 2000-07-25.

美国的数据主权战略自里根政府时代就开始推行，经过七代领导人，形成如今辐射全球的格局。大体而言，美国的数据主权战略可以分为 3 个阶段：霸权对峙下的迅猛崛起阶段、软实力理论下的拓展巩固阶段，以及棘轮效应下的多边扩张阶段。

（一）霸权对峙下的迅猛崛起阶段（1981—2001 年）

在 20 世纪 90 年代，美国抓住了苏联解体所带来的历史性机遇，致力于建立自己主导下的世界新秩序。这一时期，美国在数据主权发展中强调信息技术、网络基础设施、高性能计算等，促进了数据的传输、共享和安全。政府聚焦于构建信息基础设施、确立信息技术标准，并加强信息安全管理。这些措施在全球范围内影响和引导数据流动，奠定了美国在数字主权领域的地位。虽然这一时期没有明确提出"数据主权"这一术语，但美国政府的政策和举措为后来的数字主权战略打下了坚实基础。通过推动信息技术的发展、建立安全标准以及制定相关法律，美国在数字化时代的数据主权领域取得了显著进展，为未来阶段的发展奠定了重要基础。这一阶段，里根政府和克林顿政府时期存在着较多的数据主权战略，而这两届政府之间的老布什政府时代则少有相关政策。

1. 里根政府时代（1981—1989 年）

在 20 世纪 80 年代初期，里根政府的数据主权战略主要集中在信息技术和网络基础设施的发展上，以应对美苏冷战背景下的安全挑战。其中，以下重要政策措施具有显著影响。

首先，1983 年，里根政府提出了"信息高速公路计划"（*National Information Infrastructure Initiative*）[①]。该计划旨在推动信息技术的发展，普及电子设备，构建连接各部门和机构的信息网络。尽管未直接强调数据主权，然而这个计划的实施促进了美国信息技术基础设施的建设，为未来数

---

① BILL CLINTON. The National Information Infrastructure：Agenda for Action ［EB/OL］. ［1993-09-15］. https://clintonwhitehouse6.archives.gov/1993/09/1993-09-15-the-national-information-infrastructure-agenda-for-action.html.

据的流通和控制奠定了基础。其次，1986 年，国家自然科学基金网启动。作为早期的互联网骨干网络，虽然其主要目标是支持科学研究，但也促进了国内范围内数据的传输和共享，为数据主权的发展提供了技术支持。[①]此外，1989 年，里根政府提出了《高性能计算法》（*High Performance Computing Act of 1991*），也被称为《高尔法》（*Gore Bill*）。这项法案的目标是为信息基础设施提供资金支持，推动信息技术的发展。虽然主要关注信息技术的性能提升，但它在一定程度上与数据主权战略的目标相吻合，为数据在国内的流通和处理提供了支持。

虽然这些政策在当时可能没有明确强调数据主权这一术语，但为数据的流通、共享和控制打下了基础。里根政府时期的数据主权战略，强调信息技术的发展和网络基础设施的建设，为后来的数字主权战略铺平了道路。

2. 比尔·克林顿政府时代（1993—2001 年）

在比尔·克林顿政府时期，美国进一步推进了数字主权战略，通过一系列重要政策来确立国家数字化发展方向，促进了信息技术在经济中展现出巨大驱动力。同时，美国也开始逐渐加强对信息安全的保护。

1996 年，《克林格—科恩法》（*Clinger-Cohen Act*）（也称为《信息技术管理改革法》）的发布标志着克林顿政府的数字主权战略进一步深化。该法案设立了首席信息官（CIO）职位，强调了信息技术在联邦政府管理中的重要性。此举旨在促进信息技术的发展，并要求各机构开发和维护信息技术架构，为数据流通和共享提供了基础。2000 年，《政府信息安全改革法》（*Government Information Security Reform Act*）的颁布强调了联邦政府部门在保护信息安全方面的责任。该法明确规定了商务部、国防部、司法部、总务管理局、人事管理局等部门在维护信息安全方面的具体职责，并建立了联邦政府部门信息安全监督机制。这些举措加强了对数据的保护，维护了国家的数字主权。

---

① National Science Foundation. A Brief History of NSF and the Internet [EB/OL]. [2003-08-13]. https://www.nsf.gov/news/news_summ.jsp?cntn_id=103050.

此外，美国商务部在 1998 年发布的《浮现中的数字经济》（*The Emerging Digital Economy*）报告，以及之后的一系列数字经济报告，将信息技术产业作为数字经济的核心驱动力进行推广，奠定了美国数字经济的领导地位。这些政策布局在克林顿政府任内实现了经济持续增长、降低失业率以及通货膨胀的历史低点，为美国经济的健康发展打下了坚实基础。

（二）软实力理论下的拓展巩固阶段（2002—2017 年）

2002—2017 年，美国进一步拓展和巩固数据主权发展，实施了一系列重要政策，以推动数字化发展并加强软实力的影响。在小布什政府时期，美国积极推动电子政务发展，引领信息化转型，并在"9·11 事件"后加强国家网络安全应急体系的建设。随后在奥巴马政府时期，美国进一步深化数字外交和网络安全政策。这一阶段美国的数字主权战略以软实力理论为指导，采取多层次的措施，旨在在国际舞台上保持竞争力和影响力。

1. 乔治·W. 布什政府时期（2001—2009 年）

在小布什政府时期，美国深入推动数据主权战略的发展，采取一系列重要政策，旨在加强政府信息透明度、提高网络安全水平，并以公民为中心实现政务服务的转变。其中，2002 年的《政府信息公开法》（*Freedom of Information Act*）标志着信息公开透明化的重要一步。小布什政府积极引领"电子政务"的发展，从仅仅浏览信息到实现办事服务的转变，以结果为导向，实现政府工作绩效的提升。

为了应对日益增长的网络威胁，小布什政府于 2002 年签署了《2002 年国土安全法》（*Homeland Security Act of 2002*），创建了美国国土安全部（DHS），并于次年正式成立。该部门不仅负责保障网络信息系统的安全，还承担与美国联邦调查局、美国中央情报局等机构进行业务协作，确保情报数据和信息资源的汇集与整合。此外，2003 年白宫发布了《确保网络空间安全国家战略》（*The National Strategy to Secure Cyberspace*）和《重要基础设施和关键资产物理防护国家战略》（*National Strategy for the Physical Protection of Critical Infrastructures and Key Assets*），强调建立国家网络安全应急体系，保护关键基础设施。2007 年，美国政府推出了《国家网络安全综合计划》（*Comprehensive National Cybersecurity Initiative*），以加强信息安全，通过部署 12 项重点工程，提升国家网络防护能力。

这一时期的重要政策在促进数据主权战略发展方面产生了深远影响。政府信息公开法的颁布提升了政府透明度，电子政务战略的实施使政务服务更加高效便捷。而国土安全部的设立及相关战略文件的发布则加强了美国网络安全防护体系的建设，保护了国家关键基础设施的安全。这些政策共同推动了美国数据主权战略的发展，为后续阶段的数字化转型奠定了坚实基础。

2. 巴拉克·奥巴马政府时期（2009—2017 年）

在奥巴马政府时期，美国持续推进数据主权战略的发展，着力于数字外交、网络安全和创新技术的应用。奥巴马政府通过一系列重要政策，推动云计算、大数据、人工智能等前沿技术的发展，并以公民为中心构建数字化服务平台，提升政府效率和公众服务水平。

奥巴马政府在数字外交方面，于 2011 年推出《网络空间可信身份国家战略：增强上网选择、效率、安全和隐私》（*National Strategy for Trusted Identities in Cyberspace：Enhancing Online Choice，Efficiency，Security，and Privacy*）和《网络空间国际战略》（*International Strategy for Cyberspace*），旨在推动国际合作，确保网络空间安全，保护隐私，并制定了一系列跨国网络合作计划，以促进数字经济的可持续发展。此外，奥巴马政府通过加强与其他国家的合作，推动了国际网络治理的合作，维护了全球网络安全。

在技术创新方面，奥巴马政府提出了《数字政府战略》（*Digital Government Strategy*）和《大数据研究和发展计划》（*Big Data Research and Development Initiative*），鼓励政府机构加强信息共享，促进数据流通，以实现更高效的公共服务。此外，政府还积极推动人工智能、5G、物联网等新兴技术的研发和应用，加速数字经济的发展，推动美国经济的繁荣。

在网络基础设施建设方面，奥巴马政府推出《联接美国：国家宽带计划》（*Connecting America：The National Broadband Plan*），旨在加速宽带建设，促进市场竞争，推动数字包容性，使更多人能够享受到高速网络带来的便利。这一计划在加快数字化普及的同时，也为数据主权战略的推进提供了坚实的基础。

奥巴马政府的这些重要政策推动了美国数据主权战略的发展，促进了数字经济的繁荣，加强了国际网络合作，同时也为后续技术创新和数字化转型奠定了重要基础。

（三）棘轮效应下的多边扩张阶段（2017年至今）

自2017年至今，美国数据主权发展经历了"棘轮效应"阶段，这一时期的特点在于政策调整、国际合作，以及技术竞争相互交织。在特朗普政府时期，美国奉行"美国优先"的数字外交网络安全政策，旨在推动数字政府建设、网络安全力量加强以及国际合作，以维护其数字技术主导地位。拜登政府上台后，美国的数字外交网络安全政策进一步演变为"伪多边主义"策略，注重恢复与国际盟友的合作机制。[①] 在这一时期，美国仍将中国视为"战略竞争者"，在数据领域采取了一系列限制措施，以遏制中国的发展。

1. 唐纳德·特朗普政府时期（2017—2021年）

在特朗普政府的领导下，美国实施了"美国优先"的数字外交网络安全政策，旨在加强数字经济发展、网络安全力量以及国际合作，以维护美国在数字技术领域的主导地位。[②] 这一政策体现在多方面重要举措上，其中包括成立美国科技委员会、发布网络战略文件，以及采取一系列措施推动数字发展。

在数字政府建设方面，特朗普政府通过成立美国科技委员会，致力于智能化政府数字化服务建设，提高公众获得优质政府服务的便捷性。此举旨在借助发达的数字技术和政府政策，将美国的数字政府建设引领至全球前列。

在国际竞争方面，2018年，特朗普政府发布了《国家网络战略》

---

① 张心志. 拜登政府数字外交中的进攻性网络安全政策及影响 [J]. 中国信息安全，2022（10）：74-77.

② 汪晓风. "美国优先"与特朗普政府网络战略的重构 [J]. 复旦学报（社会科学版），2019，61（4）：179-188.

（*National Cyber Strategy*），明确数字经济愿景，强调政府统筹、民间参与、多边战略合作、网络信息规范等策略，以提升美国在数字时代的竞争力。

特朗普政府还着力加强网络安全力量，签署了《2018 财年国防授权法案》（*National Defense Authorization Act for Fiscal Year 2018*），明确划拨国防预算用于提升网络作战力量，重塑美国在国际网络空间的领导地位。行政命令方面，特朗普签署了《增强联邦政府网络与关键性基础设施网络安全》（*Executive Order on Improving the Nation's Cybersecurity*）和《确保信息通信技术与服务供应链安全》（*Executive Order on Securing the Information and Communications Technology and Services Supply Chain*）等总统行政令，加强了网络安全监测和管理。

特朗普政府在人工智能领域也展开了积极行动，发布了国家人工智能研发战略规划，强化人工智能在经济、交通、医疗等领域的推动作用。

总体而言，特朗普政府在数字外交网络安全政策方面，通过政策文件、行政命令和国际合作等手段，极力推动数字政府建设、网络安全力量加强以及数字发展战略的实施，旨在维护和提升美国在数字技术领域的地位和竞争力。

2. 乔·拜登政府时期（2021 年至今）

自拜登上任以来，美国在数据主权战略发展中采取了一系列重要政策，构筑了一种"伪多边主义"的数字外交网络安全政策。2023 年 3 月，拜登政府发布了最新的《国家网络安全战略》（*National Cyber Security Strategy*），旨在修复与国际盟友的合作机制，强化国际合作以推进网络安全、芯片产业、人工智能等领域的合作。

拜登政府致力于维护国家网络安全，通过与欧盟、澳大利亚、日本、韩国等国的战略合作，利用多个平台如 G7 峰会、民主峰会、QUAD、AUKUS 等，推动国际合作，增强网络安全力量，保障产业链的安全弹性。此外，拜登政府将中国视为"战略竞争者"，在芯片领域采取措施阻止美国企业参与中国低纳米芯片产业扩建计划，限制芯片企业的入华投资，以制衡中国的技术发展。

　　该时期美国还积极开展监听和窃取信息的网络窃密行动。拜登政府通过国务院设立网络空间和数字政策局、网络司令部与国际盟友的合作，推动网络防御与国际规范的制定。然而，这些政策也引发了国际社会的担忧。

　　总体而言，拜登时期的美国数据主权战略发展体现了"伪多边主义"的特点，通过修复国际合作关系，强化网络安全合作，制衡竞争对手，但也在一些行动中引发国际关切，进一步影响了国际局势。

第二节　立法实践

一、数据与隐私保护立法的历史考察

　　在美国的立法中，数据保护是一个宽泛的概念，包括数据隐私和数据安全两大板块。数据隐私围绕个人数据收集的控制方式与使用方式展开，而数据安全围绕个人数据访问与使用的授权问题展开。就数据与隐私的关系而言，数据是信息的载体，而信息包括隐私。更进一步地说，隐私权的本质就是信息的可得性[1]，隐私的核心就是信息隐私[2]。因此，隐私权指向的是信息隐私的处理行为，而非信息隐私本身的内容。[3]

　　美国对数据与隐私保护的研究历史悠久。作为隐私权的发源地，美国早在1890年就出现了对隐私权的学理探讨，彼时隐私权被认为是"独处的权利"。[4]自此，美国对隐私的保护逐渐呈现出一种实用主义倾向，其将自

---

　　① JULIE E COHEN. Privacy, Visibility, Transparency, and Exposure [J]. The University of Chicago Law Review, 2008 (75): 190.

　　② JAMES GRIFFIN. The Human Right to Privacy [J]. San Diego Law Review, 2007, 44 (4): 716-717.

　　③ ROBERT C POST. The Social Foundations of Privacy: Community and Self in the Common Law Tort [J]. California Law Review, 1989, 77 (2): 957-1010.

　　④ SAMUEL D WARREN, LOUIS D BRANDEIS. The Right to Privacy [J]. HARV. L. REV, 1890 (193): 195-196.

由等同于隐私①，隐私权所包含的内容十分宽泛②。然而，美国的隐私立法从20世纪70年代才起步。1972年的美国总统大选中，尼克松总统竞选连任的安全主管小詹姆斯·沃尔特·麦考德参与并促成了"水门事件"。他潜入民主党全国委员会位于华盛顿水门大厦的办公室安装窃听器并偷拍有关文件，当场被捕。该事件引发了美国对于隐私安全问题的关注，并直接促成了1974年《隐私法》(*Privacy Act*)的出台。不过，至今为止，美国在联邦层面仍没有统一的隐私立法。在联邦和州两级的数据与隐私保护立法呈现出散乱琐碎的情形。③ 在州层面的立法又往往与该州的历史传统、经济状况紧密相连，如拥有大量科技企业的加利福尼亚州在科技立法层面往往走在各州乃至整个联邦的前沿。

　　总体而言，美国的数据与隐私立法遵循两条进路：面向政府的保护进路与面向私主体的隐私保护进路。在面向政府的保护进路层面，其产生原因是在数据与隐私保护立法发展之初，立法主要聚焦保护个人隐私免受政府等公权力的侵害。④ 而随着经济社会的不断发展，私主体也逐渐对公民个人隐私构成威胁，"监控资本主义"(surveillance capitalism)描述了这样的过程：企业通过收集用户数据来构建用户画像，并据此定制各类服务，同时通过推送广告获得收入，⑤ 因此也便出现了面向私主体的隐私保护进路。不过，这一进路中的"私主体"内涵也逐渐由本国私主体扩展至外国私主体。随着全球数据要素的流通，美国借由数据延伸的管辖权拓展至更多领

　　① JAMES Q WHITMAN. The Two Western Cultures of Privacy：Dignity versus Liberty[J]. The Yale Law Journal，2004，113(6)：1160-1164.

　　② VERNON VALENTINE PALMER. Three Milestones in the History of Privacy in the United States[J]. Tulane European & Civil Law Forum，2011(26)：67-97.

　　③ SOLOVE D J，HARTZOG W. The FTC and the New Common Law of Privacy [J]. Columbia Law Review，2013(114)：583-676.

　　④ SOLOVE D J. A brief history of information privacy law [J/OL]. Proskauer on privacy，PLI，2016，[2023-06-30]. Available at SSRN: http://ssrn.com/abstract=914271.

　　⑤ ZUBOFF S. Big Other：Surveillance Capitalism and the Prospects of an Information Civilization [J]. Journal of Information Technology，2015，30(1)：75-89.

域，出现所谓的"数据长臂管辖"①，其常常将本国公民个人隐私上升至国家安全层面，并借此以立法形式对他国企业进行打压。

（一）面向政府的保护进路

面向政府的保护进路，主要是从政府对美国公民个人实施隐私侵权行为进行立法。其聚焦宪法意义上的隐私权，主要围绕美国联邦及各州政府的行为开展立法。

面向政府的立法进路最早来源于对美国宪法意义上隐私权概念的不断解释。1791 年生效的美国宪法第四修正案中："人人具有保障人身、住所、文件及财物的安全，不受无理之搜查和扣押的权利；此项权利，不得侵犯。"后来，在 1977 年的惠伦诉罗伊案中，隐私权的范围开始向信息隐私权方向拓展，法院认为隐私权的范围"涉及两种利益，一个是避免披露个人事务的个人利益，另一个是做出某些重要决定的独立性的利益"。1988 年的"国家大学生运动协会诉塔卡尼安案"（National Collegiate Athletic Ass'n v. Tarkanian）进一步限定了隐私权的规制范围，明确宪法中的隐私权审查只围绕政府行为，不涉及纯粹私人行为，这也被称为"国家行为主义"（state action doctrine）。在一系列通过对宪法以扩充隐私权范围的判例中，隐私权的概念与界定仍具有一定的碎片化特点，这不利于更全面地保护公民隐私。因此，美国立法机关开始着手制定针对政府的专门隐私保护法。

事实上，早在美国联邦最高法院对宪法中隐私权内涵进行界定的同时，美国针对政府的隐私立法已经开始推进。这些立法围绕联邦政府这一公权力主体展开，涉及日常行政、刑事侦查、国家安全等领域。此外，美国政府还针对未成年人的隐私保护进行了专门立法。

在日常行政方面，1974 年出台的《隐私法》对美国联邦政府机构保存在记录系统中的个人信息进行了法律保护，尤其涉及个人信息的收集、维

---

① 刘天骄. 数据主权与长臂管辖的理论分野与实践冲突［J］. 环球法律评论，2020，42（2）：180-192.

护、使用和传播。联邦政府机构在请求个人信息的收集、维护、使用和传播时，必须证明获得了"授权"，并且获得了公民个人的同意。另外，还通过与刑事责任衔接的方式强化对隐私权的保护。联邦机构明知特定个人信息被禁止披露仍故意披露的，即构成轻罪，罚款不超过 5000 美元。该法主要围绕政府机关计算机数据库中的公民个人信息展开保护，但对数据库、个人信息的规范存在规定不全面的情形，一些政府机构可以通过对个人信息重新分类的方式来规避该法。[①] 1988 年，《计算机匹配和隐私保护法》（*Computer Matching and Privacy Protection Act*）通过，是在 1974 年《隐私法》的基础上提出的修正案，细化了在计算机领域联邦政府机构对于公民隐私的保护，要求联邦政府机构在披露用于计算机匹配程序的记录之前，必须与其他机构或非联邦实体签订书面协议。这些书面协议还应根据要求向公众提供。在行政领域的隐私立法，还有 1994 年通过的《驾驶员隐私保护法》（*Driver's Privacy Protection Act*），该法要求各州机动车辆部不得随意披露收集的个人信息。

在刑事侦查方面，1986 年，美国通过了《电子通信隐私法》（*Electronic Communications Privacy Act*）。该法是对 1986 年《联邦窃听法》（*Federal Wiretap Act*）的更新，其以刑事侦查中的取证问题为背景，对电话时代所涉及的隐私保护问题作出了规定。该法对不同的个人信息存储方式所涉的隐私利益进行了区分，如电子邮件内容比用户账户信息中的隐私利益更大等。这在一定程度上反映出隐私利益可以被量化的立法趋势。但是，该法并不适用于拦截计算机和其他电子化设备的通信。因此，在该法之后的一系列法律逐渐在其他新通信技术领域完善着隐私保护——2012 年，该法增加了第二章《电子通信保密法》（*Stored Communications Act*），对网络领域的通信访问问题做出了规制，甚至先于新兴网络技术普及而出现，具有前瞻性。

---

① 详情参见：The Privacy Protection Study Commission. Personal Privacy in an Information Society（1977），Introduction [EB/OL]. [2019-01-20]. https://epic.org/privacy/ppsc1977report/c1.htm.

在国家安全方面，美国的隐私立法体现了国家安全与个人隐私的冲突。2001年，"9·11"事件发生。国际恐怖主义的威胁促使美国采取了一系列维护国家安全的措施，《爱国者法案》（*Uniting and Strengthening America by Providing Appropriate Tools Required to Intercept and Obstruct Terrorism Act，USA PATRIOT Act*）在"9·11"事件一个月后即签署颁布。该法案第215条规定，出于防止国际恐怖主义或者从事情报活动的目的，美国联邦调查局局长或其指派者可以申请调查令以对相关机构存储的用户信息进行调查。不过，该法扩充了恐怖主义活动的定义，将国内恐怖主义也纳入到规制范围之内，并借此扩大了美国警察机关的活动范围。该法在一定程度上侵害了公民的隐私权，"大幅扩大了执法部门在没有有效司法监督的情况下侵犯隐私的权力"。[①] 该法对公民隐私权的侵害引发了一系列争议：在2005年、2012年、2015年、2019年，国会围绕该法中部分条款的续期问题多次展开争论。2013年，棱镜计划（PRISM）曝光，该计划的内容是美国政府通过脸书、谷歌、雅虎等一系列互联网企业收集各种数据以进行情报工作。该计划不仅使世界各国政府陷入不安，也使美国民众对其隐私保护问题充满忧虑。就连美国政府官员也承认该计划确实侵害了公民隐私权，甚至坦言："你不可能在拥有绝对安全的同时，拥有绝对的隐私权。"[②] 在2015年，美国《自由法》（*USA Freedom Act*）出台。该法在《爱国者法案》的基础上加强了对公民隐私权的保护，将电话数据收集的主体由联邦政府转交电信服务商，并严格限制了联邦政府调取响应数据的行为。在2020年，《爱国者法案》未能通过延期授权，自此失去其效力。

在未成年人隐私保护方面，1974年美国通过的《家庭教育权和隐私权法》（*Family Educational Rights and Privacy Act*）颇具代表性。该法旨在保

---

① NELSON L. Protecting the Common Good: Technology, Objectivity, and Privacy [J]. Public Administration Review, 2002（62）：69-73.

② SAVAGE CHARLIE, WYATT EDWARD, BAKER PETER, et al. Obama Calls Surveillance Programs Legal and Limited [N]. The New York Times, 2013-06-07（11）.

护学生的教育记录，对潜在雇主、公共资助教育机构和外国政府等公共实体对教育信息和记录的访问做出了规制。就保护范围而言，该法着眼于学生隐私权的保护，并将成年的学生也纳入保护范围之内。一般而言，教育机构必须获得家长或符合条件的学生的书面许可，才能发布学生教育记录中的信息。不过，随着科技的发展与立法的变化，该法对学生隐私的保护开始显得乏力。2008 年，该法修订后扩大了"学校"（school officials）的范围，将"合同方、顾问、志愿者，以及教育机构将其服务或职能外包的类似员工的第三方主体"也纳入其中。这意味着谷歌、Parchment 等企业也可以获得学生的隐私数据。2014 年颁布的《保护学生隐私法》（*The Protecting Student Privacy Act*）试图强化对学生的隐私权保护，要求政府尽可能减少向外部提供数据，并保留外部各方有权访问信息的记录。此外，该法还赋予父母知情权，允许其知晓访问其子女信息的主体身份。不过，该法只适用于教育机构的"教育记录"（education record），学生使用其他教育平台时被收集的教育信息不在此保护范围之内。另外，该法从缺乏科技专业知识的机构角度切入，赋予其监督和执法职能，却忽略了提高其他教育平台获取学生数据的门槛。[①]

（二）面向私主体的保护进路

面向私主体的保护进路，主要是从企业对美国公民个人实施隐私侵权行为进行立法。其聚焦于侵权法意义上的隐私权，主要围绕不同的行业开展立法。在这一立法进路下，立法者常常围绕消费者权益保护而展开。随着企业类型的多样化，其侵犯消费者隐私的方式也逐渐多样，涉及金融、电话通信、网络等多方面领域，故相应的立法也随之不断更新。另外，随着美国数据相关产业在全球的布局与扩张，美国也常以国家安全与本国公民隐私为名对其他国家的企业进行种种限制。

在执法层面，美国关于隐私保护的法律依据可以上溯至 1914 年通过的

---

① MOLNAR A, BONINGER F. On the block: student data and privacy in the digital age [R]. Boulder: NEPC National Education Policy Center. The Annual Report on Schoolhouse Commercialism Trends, 2015: 10.

《联邦贸易委员会法》(*The Federal Trade Commission Act*)第 5 条。该法确定了在商业交易中的不公平行为和欺骗性做法,故常常被作为保护消费者隐私的执法依据。

在执法之外,具体的隐私保护法律依据历史应从 20 世纪 70 年代开始计算。美国隐私保护最先涉及的是一般的消费领域,随后向通信领域、医药领域、健康领域等不断拓展。在未成年人保护领域,美国也特别制定了相关隐私保护法律,防止商业行为对未成年人隐私权的侵害。此外,随着面向私主体的各领域立法不断推进,一些州开始尝试将这些立法进行统合,以消费者为一般性的保护对象,制定覆盖面更为广阔的隐私保护法。1970 年,美国通过了第一部规范私营企业使用个人信息的联邦法律,《公平信用报告法》(*Fair Credit Reporting Act*)。该法旨在保护消费者的个人信息不被消费者报告机构(consumer reporting agencies)通过信用报告的方式随意披露。该法案规制的主体主要包括益博睿(Experian)、环联(TransUnion)以及艾可菲(Equifax)等美国消费者报告机构。该法案后来历经 1996 年与 2003 年两次修订,不断完善对消费者信息的保护。

在通信领域,美国的隐私保护呈现出对不同通信类型的分别保护。这一立法进程紧随技术发展的步伐,从有线电视、电话一直到网络时代,再到如今的人工智能时代。在有线电视方面,1984 年美国通过了《有线通信政策法》(*Cable Communications Policy Act*),旨在保护有线电视用户的隐私,禁止有线电视公司在未经同意的情况下收集和披露其用户的个人身份信息。此后,录像带领域也出现了有关隐私的立法。1988 年,《视频隐私保护法》(*Video Privacy Protection Act*)通过,其目的在于防止对录像带租赁、销售记录的非法披露。该法案的出台始于美国联邦最高法院罗伯特·伯克法官录像带清单披露事件,体现了对 1974 年《隐私法》、1980 年《隐私保护法》(*Privacy Protection Act*)、1984 年《有线通信政策法》等立法思路的遵循。随着互联网技术的发展,该法后来也适用于社交媒体与网络媒体之间的浏览记录分享行为。在电话通信方面,1991 年,美国的《电话消费者保护法》(*Telephone Consumer Protection Act*)被通过。该法在 1934

年《通信法》（*Communications Act*）的基础上进行了修订。TCPA 对电话营销过程中使用用户信息的行为做出了限制。此后，该法又历经 2003 年、2005 年以及 2015 年等多次修订，逐渐加强了对企业以电话形式呼叫用户的限制。在电子邮件方面，2003 年，《控制对未经征求的色情和营销的攻击法》（*Controlling the Assault of Non-Solicited Pornography And Marketing Act*）通过，其主要围绕消费者邮箱地址这一个人信息展开，确立了美国首个发送商业电子邮件的国家标准，为消费者免受垃圾邮件破坏生活安宁提供了保障。随着人工智能技术的发展，人工智能对个人隐私侵害的风险也引发了关注。2022 年，《美国数据隐私和保护法》（*American Data Privacy and Protection Act*）（草案）被提出，旨在为人工智能领域的数据和个人隐私提供保护，针对科技企业设置了一系列隐私责任机制。

另外，美国隐私保护立法也关注医药健康与金融这两大领域。值得注意的是，这两大领域的隐私立法都涉及保险问题。在医疗健康领域，1996 年，美国通过了《健康保险携带和责任法》（*Health Insurance Portability and Accountability Act*），规定了在医疗保健、医疗保险领域个人信息的保护方式，禁止相关机构在未经患者和患者代表同意的前提下披露其个人信息。随后，在 2002 年公布的《HIPAA 隐私规则》（*HIPAA Privacy Rule*）中，医疗健康的相关个人信息保护行业标准、规范主体被进一步细化。目前为止，该法案规制的主体包括医疗保健提供者（Health Care Providers）、健康计划组织（Health Plans）、健康保健信息交换中心（Health Care Clearinghouses），以及前述主体的商业伙伴（Business Associates）。该法案最早起源于 1991 年美国卫生与公众服务部（United States Department of Health and Human Services）的电子数据交换工作组（The Workgroup on Electronic Data Interchange）提交的关于医疗保险电子数据交换标准化的研究报告。此后，该法历经 2002 年《HIPAA 隐私规则》、2003 年《HIPAA 安全规则》（*HIPAA Security Rule*），以及 2006 年《HIPAA 违约强制执行规则》（*HIPAA Breach Enforcement Rule*）的补充，又被 2009 年《经济和临床健康信息技术法案》（*Health Information Technology for Economic and Clinical Health Act*）提出的电子健康记录（Electronic Health Records, EHRs）所丰富。而 2013 年的《最终综合规则》（*Final Omnibus Rule*）则对其中的定义和规则进行了完善和丰富。在金融领域，隐私保护立法以 1999 年美国颁布的《金融服务现代化法》（*Financial Services Modernization Act*）为代表，其又被称为《格雷姆—里奇—布莱利法》（*Gramm-Leach-Bliley Act*）。该法旨在规范金融机构对客户非公开个人信息的使用，其尤其对金融机构之间的数据共享做出了规定。该法的出台源于美国对金融领域数据共享的呼吁。在 20 世纪 30 年代经济大危机后，美国于 1933 年通过了《格拉斯—斯蒂尔法》（*Glass-Steagall Act*），禁止不同类型的金融机构结盟，防止美国金融业银行、证券之间的风险蔓延。1998 年，美国花旗银行与旅行者保险之间的合并事件引发了对金融机构合并的争议，最终推动了该法的出台。该法授权包括银行、保险公司等在内的不同金融机构之间对用户个人信息的共享，并允许非关联方（nonaffiliated third party）之间共享用户信息。考虑到这些信息共享行为会对用户隐私权构成侵害，该法通过金融隐私政策、保障政策以及预灭绝政策（Pretexting Rule）等方式加强用户隐私保护。其中，保障政策还要求金融机构制定自身隐私政策。另外，该法还规定了刑事责任，以打击对用户隐私的过度侵害行为。不过，需要注意的是，该法立法的本意在于促进信息共享，故其对用户信息的保护仍然是有限的，就保护对象而言，其只保护非公开个人信息（nonpublic personal information）。随后，2010 年颁布的《多德—弗兰克华尔街改革和消费者保护法》（*Dodd-Frank Wall Street Reform and Consumer Protection Act*）对 GLBA 中的规则制定机构进行了调整，但并未过多涉及隐私保护的实质性内容。

随着金融、生物、电子通信等各隐私立法的不断出台，对出台一部统一各个领域隐私保护的立法呼吁也逐渐强烈。2018 年，加州率先出台了《加州消费者隐私法》（*California Consumer Privacy Act*），该法于 2020 年正式生效。该法并未区分企业所处行业，而是对各种企业的隐私保护作出一般化的要求。在该法出台后，美国许多州也纷纷效仿，出台了一般化的消费者隐私保护法。

另外值得一提的是，美国对未成年人隐私保护的立法非常重视。1998年，美国国会颁布了《儿童网络隐私保护法》(*Children's Online Privacy Protection Act*)。该法于 2000 年正式生效，并于 2013 年得到修订。该法旨在保护 13 岁以下儿童的网络隐私，要求父母控制其子女被商业网站和在线服务运营商收集的个人信息。互联网技术在美国的快速普及为美国儿童使用互联网进行各种活动提供了便利。在 1997 年的一项调查中，美国有近 1000 万名儿童已经接入了网络。大量儿童使用互联网也引发了儿童个人信息保护的问题，这直接推动了该法的出台。该法强调相关主体在收集、使用，以及披露儿童的个人信息时，必须获得其父母可验证的同意(verifiable parental consent)。就规制主体而言，该法既面向商业主体，也面向为其成员的商业活动利益而经营的非营利组织。此外，该法不仅适用于美国国内企业，还适用于任何针对美国用户或故意收集美国儿童信息的外国企业。该法的出台使一系列商业主体针对儿童推出了专门产品，如 2019 年 2 月 Tiktok 因违反该法而遭受 570 万美元巨额处罚后，其母公司字节跳动在 Tiktok 中添加了儿童专用模式。颇值一提的是，该法自起草以来就一直广受批评。一些观点认为该法不能实质性地保护儿童的隐私权，只会倒逼儿童隐瞒真实年龄从事网络活动，"规避获得父母同意的负担"。[1]还有一些观点认为该法可能会侵害儿童的言论自由，剥夺儿童基于宪法第一修正案享有的权利。[2]

此外，随着美国科技企业在全球的布局，相关数据利益也不断扩张，相应地，美国常常以隐私保护和国家安全为名针对外国企业进行种种法

---

[1]　MATECKI L A. Update: COPPA is Ineffective Legislation! Next Steps for Protecting Youth Privacy Rights in the Social Networking Era [J]. Northwestern journal of law and social policy, 2010, 5 (2): 369-402.

[2]　CDT Blog. Ask CDT: Answers on First Amendment Rights Online [EB/OL]. (2023-04-10) [2023-06-30]. https://cdt.org/insights/ask-cdt-answers-on-first-amendment-rights-online/.

律限制。2018 年美国制定《澄清境外合法使用数据法》(*Clarify Lawful Overseas Use of Data Act*),将美国的数据管辖权延伸至世界范围,引发了各国的关注与反制。此后的 2019 年 11 月,《美国国家安全与个人数据保护法》(*National Security and Personal Data Protection Act*)提出,意在加强对外国投资的审查,以保证美国数据安全。另外,2022 年《美国数据和隐私保护法》发布,将目标着眼于隐私保护与数据流动的平衡,同时也明确将包括中国在内的国家列为关注对象,限制本国企业与中国等国家进行数据跨境流动。

二、《澄清境外合法使用数据法》

2018 年 3 月 23 日,时任美国总统特朗普正式签署《澄清境外合法使用数据法》。该法案的通过程序带有一丝仓促,将美国的司法管辖权延展至国外,允许美国执法机构跨国取证。在《澄清境外合法使用数据法》出台后,美国还发布了《推动全球公共安全、隐私和法治:〈云法案〉的目的和影响》(*Promoting Public Safety*,*Privacy*,*and the Rule of Law Around the World:The Purpose and impact of the CLOUD Act*)的白皮书,在世界范围内对《澄清境外合法使用数据法》的立法意旨和价值观念进行宣传。

(一)《澄清境外合法使用数据法》出台的背景回溯

《澄清境外合法使用数据法》的出台,一方面是由于美国司法取证制度在跨境过程中展现出一定的不足,另一方面是出于美国对数据本地化浪潮的回应。

首先,在司法取证制度不足方面,美国原有通信司法取证制度难以满足美国跨境执法的需求。美国法律体系中对数据证据的跨境调用主要规定 3 种制度,包括调查委托书(Letters Rogatory)、国际司法互助协定(Mutual Legal Assistance Treaties)和搜查令(Search Warrant)。调查委托书主要发生在法院之间,且需要通过外交机构传递,程序较为烦琐。① 国际司法互助协定方式下，被请求方有着较大的自由裁量权，且该方式送达程序复杂，可能会影响案件正常审判。② 此外，与美国签订国际司法互助协定的国家有限，这也使美国难以在一些国家进行跨境数据取证。就搜查令而言，其因为缺乏域外效力而难以被广泛引用。这一问题在 2016 年微软诉美国政府案中体现得尤为明显。

2013 年 12 月 4 日，美国纽约州南区联邦地区法院依据《存储通信法》（*Stored Communication Act*）第 2703 节和《美国法典》（*United States Code*）

---

① 《美国法典》第 28 编第 1781 条和第 1782 条规定了地区法院在外国和国际法庭的法律程序中协助披露证据的权力。第 1781 条描述了一种正式的司法文书，称为"调查委托书（letter rogatory）"，由一个法院向外国法院发出请求信，请求外国法院①向该外国管辖范围内的特定人获取证据……并且②返回……用于待决案件。[参见《布莱克法律词典》（2019 年第 11 版）对"请求信"的定义]。{ Sections 1781 and 1782 of Title 28 govern the district court's authority to provide discovery assistance in litigation in foreign and international tribunals. Section 1781 describes a formal judicial instrument known as a "letter rogatory" —a letter of request "issued by one court to a foreign court, requesting that the foreign court ① take evidence from a specific person within the foreign jurisdiction... and ② return [it] ... for use in a pending case." Letter of Request, Black's Law Dictionary (11th ed. 2019). }

调查委托书通过外交机构传递；《美国法典》第 1781（a）（1）条规定，国务院（State Department）可以"直接或通过适当渠道……接收由外国或国际法庭作出的调查委托书或请求，将其转交给指定的法庭、官员或驻美国的机构"，并"在执行后接收并返还"。第 1781（a）（2）条规定前款规定的援助是相互的；美国的法庭可以通过国务院向"外国或国际法庭、官员或机构"发出调查委托书。[Letters rogatory are transmitted through diplomatic agencies; the statute provides that the State Department may, either "directly, or through suitable channels, ... receive a letter rogatory issued, or request made, by a foreign or international tribunal, to transmit it to the tribunal, officer, or agency in the United States to whom it is addressed," and "receive and return it after execution." 28U.S.C. § 1781（a）（1）. The assistance is reciprocal; tribunals in the United States may issue letters rogatory through the State Department to a "foreign or international tribunal, officer, or agency." 1 Id. §1781（a）（2）.]

② 在 United States v. Kolon Industries, Inc. 案中，美国政府根据 MLAT 于 2012 年 10 月 18 日请求韩国政府送达，韩国政府最后在 2012 年 12 月 13 日完成送达，但已超过法院要求的出庭传讯期限两天。

第 18 卷签发搜查令，要求微软公司将一名微软用户的电子邮件内容和其他账户信息交给美国司法部，以协助调查一起跨国毒品犯罪案件。微软公司向司法部提供了该用户存储在美国的部分信息，但是却对剩余信息拒绝提供。微软公司认为该用户的剩余信息存储在爱尔兰，而搜查令适用于美国域外于法无据。此外，微软公司还提出了废除《存储通信法》中关于搜查令规定的动议。2014 年，美国纽约州南区联邦地区法院驳回微软废除搜查令规定的动议，并判定微软藐视法庭。微软公司对此不服并提出上诉，但原审法院首席法官仍支持原审法院的观点，微软公司据此继续上诉。在上诉过程中，爱尔兰政府在"法庭之友"中强调，搜查令侵犯了爱尔兰的主权，美国政府应该通过国际条约和国际合作的方式获得相关数据。2016 年7 月，美国联邦第二巡回法院一致认为搜查令不具有美国域外适用效力。2016 年 10 月，美国司法部提出向美国联邦第二巡回法院提出重审申请，并于 2017 年将该案件提交至美国最高法院。就在案件审理的过程中，《澄清境外合法使用数据法》（*Clarifying Lawful Overseas Use of Data Act*）出台并即刻生效，其对《存储通信法》做了补充，强调美国政府可以在执法过程中跨境调取数据。随后的 2018 年 6 月，美国最高法院依据《澄清境外合法使用数据法》作出判决，宣布该案无效，原审当事人之间已经不存在任何争议。随后，美国司法部依据新的搜查令继续对微软开展跨境数据调查活动。

其次，在数据本地化浪潮方面，美国希望借此次《澄清境外合法使用数据法》的机会扩大美国的数据控制范围。

2013 年"棱镜计划"（PRISM）曝光，美国通过谷歌、脸书、苹果等互联网巨头系统获取各国情报的行动引发了各国关注。随后，各国也纷纷加强数据本地化存储，以应对数据安全风险。而美国也多次尝试突破各国对自身数据的控制，以实现数据领域的"长臂管辖"。就本案涉及的《存储通信法》而言，其于 1986 年生效，为《电子通信隐私法》（*Electronic Communications Privacy Act*）的第二章，后者是美国目前在电子信息领域规定最全面的立法，旨在平衡个人隐私权利与政府调取个人数据的权力。不过，历经 30 多年互联网科技的发展，该法案在数据执法管辖权方面的局限性已经不适合美国数据控制扩张的需求。事实上，在《澄清境外合法使用数据法》之前，美国也多次尝试对《存储通信法》进行修改，但均以失败告终。因为《澄清境外合法使用数据法》的更新必然意味着政府权力的扩张，这将对隐私带来更大的侵害可能性，势必引起美国企业和公民的反对。也正由于此，此前美国多次试图推动《电子通信隐私法》更新均以失败告终。2015 年，美国参议院提交了《执法部门获取海外存储数据法案》（*Law Enforcement Access to Data Stored Aboard Act*），欲"将《电子通信隐私法》下的隐私保护带入数字时代"，确保美国"在隐私和安全方面发挥领导作用"。该法案允许美国政府获取存储于海外的数据，同时要求美国政府遵守他国法律以作为平衡。该法案终因反对而处于搁置状态。此后，2016 年，美国参议院又提交了《国际通信隐私法案》（*International Communication Privacy Act*），其同样强调美国政府有权调取存储于海外的数据以进行执法。该法案也同样遭到搁置。

当美国政府诉微软案正在审理过程中，美国政府便迅速借机通过了《澄清境外合法使用数据法》。为防止遭受类似《执法部门获取海外存储数据法案》《国际通信隐私法案》等的不良结果，《澄清境外合法使用数据法》并没有被公开投票，而是直接被放入 2000 余页的《综合拨款法案》（*Consolidated Appropriations Act*）之中。《综合拨款法案》是关于美国政府开支的重要立法，每年需要进行一次审核，若对该法案进行任何形式的反对可能会使整个《综合拨款法案》被否决，使政府面临倒闭风险。因此，国会不得不通过《澄清境外合法使用数据法》，美国政府也趁此时机完成了对《电子通信隐私法》的更新。

（二）《澄清境外合法使用数据法》的主要特点

《澄清境外合法使用数据法》在一定程度上体现出对隐私和他国主权的尊重和保护，但其核心仍围绕强化美国政府的数据调取权力而展开。具体而言，其主要通过数据控制者标准扩大美国的数据管辖权，通过适格外国政府（qualifying foreign governments）与礼让性分析（comity analysis of legal process）的设置平衡隐私和他国主权的权益需求。

首先，该法采取了数据控制者标准，扩大了美国的数据司法管辖权。所谓"数据控制者"标准，即"基于国家对数据控制者的管辖权而获取由数据控制者所控制的数据"。[1][2] 美国司法部就该法解读道，只要公司在经营活动中与美国存在足够的联系，便可以触发美国法律的管辖权。就适用主体而言，在该法第103节中，其明确该法适用主体为电子通信服务和远程计算服务提供商，而这一主体的定义则引用自《美国法典》第18条。根据《美国法典》第18条第2510款和第2711款，电子通信服务提供商为"任何在州际或国际之间"提供相关服务的主体，远程计算服务提供商为"向公众"提供相关服务的主体。就地理位置而言，该法在《美国法典》第2713条中新增内容强调，美国政府有权调取执法所需的数据，"无论通信、记录或其他信息是否存储在美国境内"。这表明即使位于美国境外的电子通信服务和远程计算服务提供商也可以被纳入该法的适用范围。此外，在美国境内运营的外国企业也应当适用该法律。

其次，就适格外国政府而言，该法允许适格外国政府调取美国服务提供商的数据。该法明确允许适格外国政府在一定条件下直接向美国境内的服务提供商发出调取数据的指令，但适格外国政府需满足如下条件：①其与美国存在有效的行政协定；②其法律符合美国要求。③其他条件。不过，这些条件相当严苛。前述行政协定应当经过美国司法部与美国国会的审核。而适格外国政府的法律应当"为隐私和公民自由提供强有力的实质性和程序性保护"。此外，其他条件还包括适格外国政府应给予美国政府直接调取其境内用户数据证据的权限、调取数据证据类型必须满足数据权利人非美国公民和居民等。

此外，就礼让性分析而言，其赋予数据服务提供者对美国政府的数据调取进行抗辩。该法案赋予数据控制者以抗辩权，用于提出撤销或修正

---

① 郭烁. 云存储的数据主权维护——以阻断法案规制"长臂管辖"为例 [J]. 中国法律评论，2022（6）：72-85.

② 洪延青. "法律战"旋涡中的执法跨境调取数据：以美国、欧盟和中国为例 [J]. 环球法律评论，2021，43（1）：38-51.

法律流程的动议。但这一动议的发起需要满足两个条件：①目标对象不是"美国人"（the United States Persons）且不在美国居住；②披露行为将给目标对象带来违反适格外国政府立法的实质性风险。根据《美国法典》第18条第2523款，"美国人"指美国公民或国民、合法获准永久居留的外国人、大量成员为美国公民或合法获准永久居住的外国人的非法人团体，或在美国注册成立的公司。当接到数据服务提供者提出的相关动议后，具有管辖权的法院应该审查如下内容：①披露行为是否会导致目标对象违反适格外国政府的立法；②撤销或修改该法律流程是否处于维护个案公正需要；③目标对象是否是"美国人"且在美国居住。其中，在法院审查第二点时，需要进行礼让性分析，其包括8点内容：①美国政府的利益，包括寻求信息披露的政府实体的利益；②适格外国政府在避免其法律禁止的内容披露方面的利益；③法律要求的差异给目标对象或其雇员带来处罚的可能性、范围以及性质；④目标对象所处的地点和国家，目标对象与美国联系的性质和范围；⑤目标对象与美国的联系及存在于美国的性质和程度；⑥要求披露的信息对调查的重要性；⑦通过不会造成严重负面后果的方式及时有效地获取需要被披露信息的可能性；⑧提出协助请求的外国当局的调查利益。

（三）《澄清境外合法使用数据法》的实施效果

《澄清境外合法使用数据法》实施后，从国内视角而言，美国政府对数据的控制与管辖程度大大提高，而对相关企业与公民个人的隐私保护则也被相应地削减。从国外视角而言，美国对数据主权地位得到进一步强化，同时也引发了美国与其他国家之间就数据保护产生的冲突。

就国内视角而言，《澄清境外合法使用数据法》的实施得到的支持大于反对。美国的许多科技公司、学术机构认为该法保障了现代网络环境犯罪调查取证的能力，立法者们也认为该法更新了《电子通信隐私法》。苹果、脸书、谷歌和微软等大型科技公司在一封联名信中称赞该法"允许执法部门以避免国际法律冲突的方式调查跨境犯罪和恐怖主义"。不过，一些观点认为该法侵害了人权。美国公民自由联盟和大赦国际认为该法中的数据共享执行协议条款提供的保护不足："认为国家可以被安全地列为符合人权的国家，这样他们的个人数据请求就不需要进一步的人权审查，这种想法是错误的。"①

就国际视角而言，《澄清境外合法使用数据法》的实施引发了广泛的反对。首先，对该法的反对理由主要是出于数字主权的保护。该法也引发了关于数字本地化原则的争议②。欧盟司法专员维拉·茹罗娃认为，美国《澄清境外合法使用数据法》的出台让欧美之间"寻求兼容的空间在迅速减小"。③ 就在该法出台两个月后，围绕欧盟隐私保护的 GDPR 也正式实施。此外，该法也与中国的《网络安全法》、印度的《个人信息保护法》，以及越南的《网络安全法》等存在冲突。另外，对该法的反对理由也来自对人权的担忧。大赦国际美国负责人诺林·莎阿认为《澄清境外合法使用数据法》"威胁着数以千计人权保卫者的生命和安全"。人权观察组织也认为，该法案下的数据共享机制会对以往的人权保护产生破坏。

三、《美国数据隐私和保护法案》与《美国国家安全与个人数据保护法案》

（一）《美国数据隐私和保护法案》出台背景及主要内容

2022 年 6 月 21 日，《美国数据隐私和保护法案》（*American Data Privacy and Protection Act*）被提出并于同年 7 月 20 日提交至众议院。该法案是首

---

① NEEMA SINGH GULIANI, NAUREEN SHAH. The CLOUD Act Doesn't Help Privacy and Human Rights: It Hurts Them [EB/OL]. （2018-03-16）[2023-06-30]. https://lawfareblog.com/cloud-act-doesnt-help-privacy-and-human-rights-it-hurts-them.

② ASHI BHAT, SUNEETH KATARKI. The Debate-Data Localization and Its Efficacy [EB/OL]. （2018-09-17）[2023-06-30]. http://www.mondaq.com/india/x/736934/Data+Protection+Privacy/.

③ NIKOLAJ NIELSEN. Rushed US CLOUD Act Triggers EU Backlash [EB/OL]. （2018-03-26）[2023-06-30]. https://euobserver.com/justice/141446.

个获得两党两院支持的联邦层面隐私法案，也是国会20多年来在隐私方面取得难得的共识。

该法案的出台背景有对人工智能技术风险的回应，也是对国内隐私保护规范统一呼吁的顺应，亦展现出对国际数据与隐私领域观念输出的野心。其一，就技术而言，该法案将算法问责机制与数据隐私和安全问题绑定。早在2018年，美国纽约大学的AI Now研究所就在《年度AI现状报告》（*AI Now Report 2018*）中强调了算法问责的重要性，并提出AI对个人隐私的危害风险。但此后美国并未直接就算法问责与数据隐私之间的关系进行联邦层面的立法管理。随着2019年《个人数据人工智能标准》（*Standard on Personal Data Artificial Intelligence*）、2020年《人工智能倡议首年年度报告》（*American Artificial Intelligence Initiative*）以及2021年《2020年国家人工智能倡议法案》（*National Artificial Intelligence Initiative Act of 2020*）的出台，就算法问责与数据隐私之间的关系进行联邦层面立法的呼声也日益高涨。其二，在国内层面，该法案欲实现在联邦层面统合美国各类隐私立法。尽管美国早在1974年就通过了《隐私法案》（*Privacy Act*），但其并不适于联邦部会以下的机构或州政府的各级机构。长期以来，美国的隐私保护主要通过行业立法与各州立法来进行。在2019年，美国曾试图通过《消费者在线隐私权法案》（*Consumer Online Privacy Rights Act*）来建立联邦层面的隐私统一保护，但以失败告终。其三，在国际层面，该法案是美国对GDPR隐私保护框架等其他隐私规则的挑战。欧盟通过《通用数据保护条例》建立起的一套隐私保护理念广泛为世界各国学习，这使欧盟在隐私保护领域成为全球立法的引领者。GDPR通过"充分性认定"等机制建立起以欧盟为主导的隐私话语体系。此前，欧盟已经通过施雷姆斯 I（Schrems I）案和施雷姆斯 II（Schrems II）案强硬地展示出其在隐私保护方面的利益，否定了美国在隐私领域的理念输出。该法案的推出正体现了美国欲构建其统一的隐私保护理念的动机。其四，此法案背后也含有美国在全球数据市场推行其霸权的思想。该法案明确要求数据处理企业说明其是否会将消费者的数据提供给中国、俄罗斯、伊朗或者朝鲜。

在内容层面，该法案共分为四章，包括"忠诚义务""消费者数据权利""公司问责制""执行与适用"，这四章又包括了 27 个小节。该法的内容整体上兼顾了个人隐私安全保护与企业数据经济利益。此外，该法案借鉴了欧盟 GDPR 中的数据最小化、隐私设计等内容。就个人隐私安全保护而言，该法案强调了企业在隐私保护方面的责任。在第一章即规定了"忠诚义务"，强调企业收集数据必须遵循"数据最小化"原则，即不得收集、处理或传输超出合理必要、适当和有限的范围。[①]另外，该法案通过场景化列举的方式对企业的数据处理行为进行了限制和禁止。不过，有学者认为这种"忠诚义务"并没有要求企业保护"以披露数据者的最佳利益"，似乎有违信息信托（information fiduciary）的理念。[②]此外，该法案还建立了一系列"公司问责"的机制，包括要求企业设立隐私和数据安全官（Privacy And Data Security Officer），完善技术合规方案、提交技术合规计划等，并就第三方的责任进行了规定。就企业数据经济利益而言，该法案限制了个人数据自主决定的范围，并限制了个人的诉讼权。为避免个人滥用诉讼权利影响企业创新，该法案并未采取 GDPR 中个人事前同意的规则，只是要求企业在特定情况下取得个人事前同意方可处理其数据。不过，该法案规定了个人可以"选择退出"，以拒绝企业对其数据的收集、传输和处理。另外，该法案对个人诉讼权的限制也颇为明显。在诉讼权利行使的时间上，该权利必须在该法案施行 4 年后才可以行使；在诉讼程序上，联

---

① 详情参见：American Data Privacy and Protection Act，Title 1，SEC. 101. Data Minimization.

② 2016 年，杰克·贝尔金在 Information Fiduciaries and the First Amendment 中提出信息信托（information fiduciary）的概念。他认为隐私之所以应受到保护，在于个人和企业之间存在信托关系。因此，应当通过要求数据控制者、收集者、处理者等对数据主体承担信托义务来完善隐私保护。尼尔·理查兹与伍德罗·哈特佐格在 Taking Trust Seriously in Privacy Law 中提出，个人对受托人不会滥用其信息隐私具有合理的信任。为保护这种信任利益，数据隐私保护应遵循信托法的框架。根据不同关系中信任程度的区别，受托人应承担不同程度的义务。

邦贸易委员会或个人所在州的总检察长有权决定是否提起该诉讼；在诉讼范围上，个人仅能就补偿性损害赔偿金、禁令或声明性救济，以及合理的诉讼费用进行主张。

（二）《美国国家安全与个人数据保护法》出台背景及主要内容

2019 年 11 月，《美国国家安全与个人数据保护法案》（*National Security and Personal Data Protection Act*）由美国共和党参议员乔什·霍利提出。该法案意在加强对外国投资的审查，以保证美国的数据安全。

该法案主要是在中美科技领域对抗的背景下提出的，带有强烈的对华针对意味。首先，其以中国对美国的威胁为基本论调。在该法案相关的一场听证会上，有观点认为中国可以通过 Tiktok 等平台掌握美国公民的个人数据，并利用这些数据训练自动化武器。此外，中国还可以用美国公民的手机定位数据来识别美国的交通设施，并对此进行破坏。其次，该法案意图阻止美国敏感数据流向中国。美国联邦调查局局长克里斯托弗·雷认为中国的法律"迫使在中国经营的美国公司……随时提供政府想要的任何信息"。2018 年 2 月 28 日起，苹果公司在中国内地的 iCloud 服务将转由中国的云上贵州大数据产业发展有限公司负责运营。在谈判过程中，中国的企业云上贵州公司与苹果公司签订了排他性条款，规定苹果公司仅提供技术支持，其余运营服务将由云上贵州公司提供。一些西方媒体借机炒作中国政府对隐私与人权的威胁，乔什·霍利顺势宣称中国政府可以通过控制美国企业而控制美国公民的个人隐私。最后，该法案还欲阻止中国对美国企业的收购。乔什·霍利认为中国可以通过收购美国企业进而获取美国公民的个人信息，从而对美国产生威胁。在乔什·霍利主持的参议院司法小组委员会犯罪和恐怖主义听证会上，其直言："现行美国法律使中国很容易访问美国公民的个人敏感数据。"

该法案的内容围绕跨国企业与美国执法机构展开，整体上体现出对包括中国企业在内的跨国科技企业的敌意。总体而言，该法案分为 6 节，前两节为"前言"与"定义"。主要内容从第三节开始，由"针对关注国技术公司（covered technology company）的数据安全要求""针对其他技术公司的数据安全要求""数据安全要求的执行"以及"特定交易要求获得美国境外投资委员会批准"组成。

就跨国科技企业这一角度而言，该法案总体上强调了对此类企业在数据传输方面的限制。首先，在主体层面，该法案将目标主体定为关注国（countries of concern）及关注国技术公司，并明确指出关注国包括中国与俄罗斯。其次，在行为层面，该法案主要从数据收集、数据传输和数据存储方面对目标企业进行限制。如企业收集数据时必须遵循"数据最小化"原则，在传输时禁止向任何关注国传送任何用户数据或解密该数据所需的信息，在存储时应当将数据存储在美国或与美国共享数据的国家或地区等。颇值得一提的是，在针对关注国及关注国技术公司的行为进行限制之前，该法案体现出在技术层面的专业性，其重点阐释了人脸识别技术以及定向广告的定义。再次，就美国执法机构这一角度而言，该法案扩大了美国外国投资委员会（The Committee on Foreign Investment in the United States，CFIUS）的职权范围，以实现对关注国及关注国技术公司的强力执法。美国外国投资委员会作为一个跨部门委员会，负责审查涉及外国在美国投资时的安全问题。而以"国家安全"为名限制中国企业在美投资，也正是美国的常用手段。据该委员会 2022 年发布的 2021 年年度报告（*The Committee on Foreign Investment in the United States-ANNUAL REPORT TO CONGRESS-CY 2021*），在 2019 年所有申报审查的国家里，中国占比最高，达到了全部申报总数的 16.5%。该法案将与个人隐私相关的行为交由美国外国投资委员会审查，将个人层面的隐私保护问题上升至国家层面，同时也展现出其对本国数据利益保护的强硬态度。最后，就责任而言，由于该法案是在参议院司法小组委员会犯罪和恐怖主义听证会之后出台的，故该法案强调了刑事责任，同时也设置了行政责任与民事责任。通过将关注国与关注国技术公司纳入犯罪打击范围，该法案意欲迫使前述主体退出美国市场，并接受美国的数据主权理念。

四、《加州消费者隐私法》

2018 年 6 月 28 日,《加州消费者隐私法》(*California Consumer Privacy Act*)被批准通过,于 2020 年 1 月 1 日生效。该法是美国第一个全面的隐私法,弥补了美国在数据隐私方面立法的空白,赋予了美国加州消费者与隐私相关的各种权利。尽管该法只是州层面的立法,但意义却并不局限于坐拥 188 万名科技行业劳动力的加州——仅凭一个州的经济体量便直逼德国一个国家的国内生产总值。该法的影响也将通过谷歌、苹果、英特尔等加州的科技企业向全球辐射。另外,颇值一提的是,该法通过时恰值欧盟《通用数据保护条例》正式出台 1 个月,美国借该法同欧盟在隐私保护方面的对抗也可见一斑。同年 11 月,加州又颁布了《加州隐私保护法》(*California Privacy Rights Act*),不过其并非一个单独的法律,只是在《加州消费者隐私法》的基础上进行了修订,因此,其可以与《加州隐私保护法》合称为《加州消费者隐私法》。修订后的《加州消费者隐私法》已经于 2023 年 1 月 1 日生效。

(一)《加州消费者隐私法》出台的背景回溯

首先,该法的出台与加州的隐私保护传统密切相关。早在 1972 年,在加州众议员肯尼斯·科里和乔治·莫斯科内的推动下,隐私权就被纳入了《加州宪法》(*California Constitution*)第一条第一款。此后,随着生育权利保护委员会诉迈尔斯案[①]、怀特诉戴维斯案[②],以及圣巴巴拉市诉亚当森案[③]等一系列案件的出现,加州对州宪法赋予的隐私权保护范围也呈现出较联邦宪法更广的覆盖范围。加州通过立法建立起的隐私保护体系十分完善。州宪法层面的隐私权为整体的隐私立法提供了基础,一般的隐私法律则在

---

① 详情参见: Committee to Defend Reproductive Rights v. Myers, 625 P.2d 779 (Cal. 1981)。

② 详情参见: White v. Davis, 533 P.2d 222 (Cal. 1975).

③ 详情参见: City of Santa Barbara v. Adamson, 610 P.2d 436 (Cal. Ct. App. 1980).

州宪法的基础上细化了隐私保护的规则，如在电子通信方面的《加州电子通信隐私法》(*California Electronic Communications Privacy Act*)、消费者隐私方面的《消费者信用报告机构法》(*Consumer Credit Reporting Agencies Act*)以及银行系统的《信用卡全面披露法》(*Credit Card Full Disclosure Act*)等。一般的隐私法律均作为一部法典的部分章节而存在，如《加州民法典》(*California Civil Code*)、《加州交通法典》(*California Vehicle Code*)、《加州金融法典》(*California Financial Code*)等。在一般的隐私法律之外，加州还通过不同垂直领域的隐私立法进一步完善隐私保护，这些领域包括信息健康隐私、身份隐私、网络隐私，以及商业隐私等。该法的出台，则在加州隐私保护体系的基础上提供了更为全面的支持。

其次，该法的出台也与科技企业的发展历程存在联系。就在《加州宪法》吸纳隐私权概念的前一年，"硅谷"这个词首次被《每周商业》报纸使用，加州也自此以硅谷的一系列科技企业闻名于世。苹果、谷歌、脸书，以及推特等一众科技企业之所以汇聚于此，一方面是由于加州科研院校聚集，为其科技创新提供了源源不断的人才；另一方面，优越的自然环境与宽松的法律政策也为科技企业的持续发展提供了条件。50年来，加州的科技企业发展从未止步，几乎涉及现代社会的方方面面——小到个人的衣食住行，大到企业运行的整个流程，甚至是国家机器的运转，都有加州科技企业的参与。在这一过程中个人信息泄露的风险与隐私权受侵害的风险也逐渐增加。从苹果Siri产品的窃听风波，到谷歌浏览器涉嫌非法收集用户数据，从脸书用户信息被非法用于总统竞选，到推特因隐私政策受到巨额罚款，加州著名的科技企业几乎均因隐私问题引发过广泛关注乃至法律制裁。而这些企业在隐私保护方面的风险行为，也推动了加州隐私保护法律的不断更新。作为与商业领域、科技领域密切相关的法律，该法的出台意图更有力地引导加州科技企业在隐私保护方面的行为。

最后，该法的出台也与各国隐私保护领域的监管竞争有关。随着科技产业的发展与公民隐私权保护需要的提高，各国在隐私保护领域的立法不断完善。以欧盟《通用数据保护条例》为代表的隐私保护规范体系，凭借其对个人信息权益的严格保护成为世界隐私立法领域颇具影响力的立法。《通用数据保护条例》一方面促进了欧盟内部个人信息安全与企业经济利益的平衡，一方面也向世界输出着欧盟特色的隐私保护理念。《通用数据保护条例》第45条所涉的"同等保护水平制度"尤其体现出欧盟隐私保护模式对其他国家的影响，直接导致许多国家对本国的个人信息保护制度开展改革，以与欧盟隐私保护模式相协调。《通用数据保护条例》对美国隐私保护的冲击直达理念层面，使美国企业和美国用户意识到，以往美国科技企业的商业模式是"以隐私换取服务"[1]，这直接揭示出美国传统隐私保护体系与美国经济运行之间的尖锐冲突：经济依赖隐私发展，但经济又制约着隐私体系的完善。大量美国隐私保护法是在20世纪末集中出台的，已经不适合科技飞速发展的当下。由此，作为美国科技企业集中、隐私保护传统长远的行政区域，加州率先以该法向欧盟的隐私保护模式迎战。

（二）《加州消费者隐私法案》的主要特点

《加州消费者隐私法案》（*California Consumer Privacy Act*）从消费者权益保护的视角出发，对隐私保护的范围呈现扩张态势，并通过有力的责任制度完善隐私保护。

首先，该法以商业场景为前提，围绕消费者权益保护展开。该法的目的即在赋予消费者对个人信息的更多控制，以避免企业过度侵害其隐私权益。因此，在制度设计逻辑上，该法从商业化场景出发，聚焦于个人信息在商业化利用过程中的隐私问题。在权利设置方面，该法向消费者赋予了多种权利，如知情权、删除权、选择退出权（the right to opt-out）以及非歧视权（the right to non-discrimination）等。其中，选择退出权意味着当企业与第三方之间对消费者的个人信息存在出售关系或者共享关系时，消费者有权对其进行拒绝。而非歧视权则紧承选择退出权，强调企业不应该因消费者行使该法下的权利就拒绝提供商品或服务，也即企业不能对消

---

[1]　HOUSER K，VOSS W G. GDPR：The End of Google and Facebook or a New Paradigm in Data Privacy？[J]. Richmond Journal of Law & Technology，2018（25）：1-109.

费者进行报复。此外，作为消费关系另一环的企业自然也成为该法规制的对象。不同于欧盟《通用数据保护条例》从数据处理行为角度对约束对象的界定，该法更强调企业在使用消费者个人信息过程中的商业影响。企业在年总收入数量、交易所涉个人信息数量、交易个人信息收入在总收入中比例三个角度任达其一，即需要受到该法规制。

其次，该法以灵活精细为思路，兼顾安全监管与创新利益。该法既注重隐私保护层面对人格尊严的充分尊重，确保个人对自己信息的充分自由空间，同时也关注广大科技企业的创新需求，保障其合法合理使用个人信息。该法对个人信息的保护以去标识化的程度为判断节点，采取灵活的实质判断标准。该法规定，去标识化即"不能合理地识别、关联、描述、能够与特定消费者直接或间接关联或链接到特定消费者"。此外，在设置与这一判断节点衔接的制度时，该法也呈现出谨慎灵活的态度。例如，就保护对象而言，该法对"个人信息"的界定非常具体，以正面列举加反面排除的形式限制了这一概念的范围，以避免扩大解释"个人信息"概念，抑制企业的创新积极性。即使是在儿童隐私这一许多立法采取绝对刚性保护方式立法的领域，该法也呈现出弹性。该法规定，企业在获得授权的情况下，可以出售未成年人的个人信息。不过，该法也从企业主观层面对其出售行为进行了限制：故意无视消费者年龄的，视为知悉消费者年龄。

最后，该法以责任平衡为落脚，注重隐私救济制度的衔接。该法从救济衔接角度使其对权利、义务的规范能够更有效地指引隐私保护相关活动。就责任类型而言，该法并未单纯强调行政层面的责任适配，还引入了民事责任与刑事责任，以合理分配企业责任，平衡隐私保护法益与经济发展法益。其既包括民事赔偿，也包括行政处罚，还与《加州电子通信隐私法》（*California Electronic Communications Privacy Act*）衔接，为刑事责任的适用留下了空间。另外，就救济方式而言，该法同时赋予消费者和州总检察长诉讼权，有力地保障了隐私救济的进行。消费者可以主张民事赔偿，也可以主张禁令或宣告性法律救济，还可以主张法院认为适当的其他救济。相较私人救济权而言，州总检察长可以主张的救济范围较小，只包括禁令与民事罚款。不过，从诉权行使的角度来看，为防止滥用司法资源、影响企业的正常经营，私人诉权行使的前置条件更为复杂。消费者在起诉企业之前，需要先进行书面通知的环节。而在一些情况下，这一书面通知环节也正是留给企业尽快补正的时间——企业可以在书面通知期间改正违规行为，并向消费者保证不会再犯。

（三）《加州消费者隐私法案》的实施效果

作为一部以消费者隐私保护为着眼点的法律，该法案并未针对特定行业或特定事项进行立法，而是普遍面向所有在加州开展业务、收集处理加州居民个人信息且符合一定门槛条件的企业。然而，该法自通过两年后即遭全面修改，其背后是美国科技利益集团与个人隐私保护主义者之间的反复较量。《加州消费者隐私法案》对企业行为的大量限制引发了科技利益集团的迅速反击，2019 年 2 月 22 日，加州参议院提出了 753 号法案，提议对《加州消费者隐私法案》进行修改，其中对企业销售个人信息的行为做了许多豁免，并提出应允许企业在未经消费者授权的情况下发布定向广告。不过，迫于压力，753 号法案最终未能通过。而在 2019 年 9 月 13 日，加州又通过五项修正案，[①]对《加州消费者隐私法案》的不同方面进行调整。自 2020 年 1 月 1 日至今，该法案已经生效两年，其实施效果也逐渐显露。

首先，该法案一定程度上推动了加州公民隐私的保护。其一，该法案的出台是加州公民隐私保护诉求得到贯彻的有力证明。在该法案出台之前，已经在"投票提议系统"（ballot proposition system）获得了大量加州公民的支持，加州消费者隐私组织（Californians for Consumer Privacy）在其中也发挥了重要的作用。此后在 2020 年，大多数选民也投票支持了《加州隐私保护法》对《加州消费者隐私法》的修订。另外，在《加州隐私保护法》修订过程中，增设了消费者的隐私权利，并通过调整企业范围、调整敏感个人信息范围的方式增强了对加州公民的隐私保护。其二，随着该法案的实施，越来越多的加州公民开始通过诉讼的方式维护自己的隐私权。

---

① 这些法案分别是 25 号法案，874 号法案，1146 号法案，1355 号法案和 1564 号法案。

据统计，2020 年就《加州消费者隐私法》提起的诉讼有 78 起，而一年后，相关诉讼便达到了 110 起。[①] 其三，该法案的出台倒逼企业提高隐私保护的水平。该法案设置的高额罚款使企业违法收集使用个人信息的成本大大提高，德勤、微软等诸多企业也因此纷纷调整自身隐私政策，以避免承担过高的违法风险。此后，也出现了企业主动提高隐私保护监管水平的情形。当然，这一行为一方面是出于法律的要求，另一方面也是由于市场竞争的需要。例如，苹果通过完善内部应用指南的方式，强化隐私保护，以此来提高其市场竞争力。

其次，该法仍存在对商业利益的些许倾斜。该法历经的多次修订争论，本质就是消费者隐私理念与企业商业理念的抗衡。不难看出，企业与消费者之间的矛盾，本身并非是隐私权是否应当存在的问题，而是隐私权应当被如何定性的问题。企业往往从商品设计的角度考虑隐私，将其定性为商业化交易的框架。而消费者往往从个人信息权益的角度考虑隐私，将隐私定性为权利的框架。不过，《加州消费者隐私法》下的隐私权保护制度仍有着商业化交易的色彩。[②] 在修订后的《加州隐私保护法》中，明确出现了关于消费者数据价值计算的章节。在实际中，法院就该法的适用于理解也展现出对商业利益的保护。在 Gershfeld 诉 Teamviewer 案、Hayden 诉 Retail Equation 案、McCoy 诉 Alphabet 案中，法院对个人诉讼的条件提出了许多要求，可见法院对于消费者个人通过 CCPA 起诉的方式持保守的状态。

最后，该法传播了隐私保护理念，引发了隐私保护层面的立法潮。在该法实行以后，美国多个州也纷纷进行了隐私保护的立法。在《加州消费者隐私法》刚出台不久，内华达州的 220 号法案便于 2019 年 10 月 1 日

---

① PERKINS COIE LLP. California Consumer Privacy Act Litigation 2021 YEAR IN REVIEW [R/OL]. (2022-04-10) [2023-06-30]. https://www.perkinscoie.com/images/content/2/5/252535/2022-CCPA-YIR-2021-v2.pdf.

② BAIK J S. Data privacy against innovation or against discrimination?: The case of the California Consumer Privacy Act (CCPA) [J]. Telematics and Informatics, 2020，52: 1-33.

迅速生效，其隐私保护范围相对《加州消费者隐私法》更窄一些，但对于关键的如"选择退出权"在内的隐私权仍作了规定，是美国第一个生效的规定此权利的隐私法。就综合性隐私立法而言，目前美国的《科罗拉多州隐私法》（*Colorado Privacy Act*）《康涅狄格州个人数据隐私和在线监控法》（*Connecticut Personal Data Privacy and Online Monitoring Act*）《爱荷华州消费者数据保护法》（*Iowa Consumer Data Protection Act*）《弗吉尼亚州消费者数据保护法》（*Virginia Consumer Data Protection Act*）以及《犹他州消费者隐私法》（*Utah Consumer Privacy Act*）等地已经通过了类似《加州消费者隐私法》的法律规范。

第三节　治理趋势

一、构建软法与硬法协同机制推动数据主权治理

美国在数据主权治理方面，既强调运用软法，通过内容广泛、形式多样、程序灵活的方式来实现数据主权治理，依据道德舆论与自律互律机制开展治理进程；又强调运用硬法，通过国内联邦与各州之间的立法与国际层面国际条约的达成，从传统意义上的法律规范入手，以国家强制力为依托开展数据主权治理。

在软法治理层面，美国提倡多元共治。就治理主体而言，美国强调企业、非政府组织、社会团体、私人为代表的私主体在数据主权治理中的作用，即以"多主体利益相关者模式"的方式展开数据主权治理。就治理权源而言，数据层面的权力结构与传统社会不同，网络空间的生态运行秩序，是以代码为基础的一系列信息技术及其组合所形塑的。[①] 随着互联网技术的

---

① 劳伦斯·莱斯格. 代码 2.0：网络空间中的法律 [M]. 李旭，沈伟伟，译. 北京：清华大学出版社，2009：126-131.

兴起，各类社交媒体、网络论坛、在线商城，以及其他新兴网络空间开始涌现。在网络平台上，平台规则往往基于交易秩序展开，平台引导着其内部的用户主体开展相应的经济、社会、文化交往活动。网络平台也有着充足的自治动力，积极参与数据主权治理。其一，在专业技术方面，平台在训练数据集、算法模型设计以及部署和运行层面均具有突出的技术优势和信息优势。其二，在内部秩序层面，平台具有降低运营成本、提高运营效率的治理制度激励。

在硬法治理层面，美国通过持续进行国内立法与国际条约的更新，不断完善其数据主权治理的框架。在国内立法层面，美国通过面向政府与面向私主体两种进路，展开数据治理，并兼顾公民个人隐私保护，以法律规范为手段在公共安全和公民个人隐私之间寻求平衡。另外，美国也积极通过一系列双边与多边国际条约搭建起跨境数据流动体系，为其数据利益在国际层面的拓展铺设法律框架。美国的硬法治理既体现了实用主义倾向，又体现了重商主义倾向，这两种特点均统合于美国自由主义的经济发展理念下。就实用主义而言，美国的立法往往直接围绕现实问题而展开，其对法律体系的统合并没有大陆法系立法的追求，这也导致其在数据立法层面呈现出碎片化、分散化的特点。就重商主义而言，美国在数据领域的立法始终围绕商事主体的利益，虽然其多次通过隐私权的强化为公民在商业交易过程中提供保护，但由于商业利益集团对立法部门的渗透，其最终仍呈现出对企业等商业主体的倾斜。

二、通过双边、多边讨论就跨境流动问题展开对话

美国对数据自由流动的需求，促成对在全球范围内进行数据经济往来、数据产业布局的战略目标形成。因此，美国也极力推动一系列国际数据流动规则的达成，呼吁各国采取更加开放的数据流动政策，减少数据流动的阻碍。长期以来，美国一直积极通过多边、双边讨论就跨境流动问题展开对话，积极促成各国数据的跨境流动。

在双边条约层面，美国主要与欧盟以及其盟友等在数字贸易、跨境执法以及隐私保护方面展开对话。在数字贸易方面，2019年11月，《美日数字贸易协定》（*Agreement between the United States of America and Japan Concerning Digital Trade*）签订，其主要内容包括美国与日本之间就数字产品的歧视性待遇消除、电子传输关税征收的免除，以及数据本地化的禁止等内容。在跨境执法方面，美国还同英国在2019年制定了《英美数据访问协议》（*Policy factsheet on the UK-US Data Access Agreement*），其目的在于提高两国执法部门的执法效率，允许英国和美国执法部门直接获取对方管辖范围内的电信提供商持有的数据。在隐私保护方面，2011年的《美韩自由贸易协定》（*U.S.-Korea Free Trade Agreement*）对美国与韩国贸易过程中对个人隐私数据的保护提出了规定。2022年12月13日，欧盟正式启动了"欧盟—美国数据隐私框架的充分性决定"（Adequacy decision for the EU-US Data Privacy Framework）进程，为欧盟与美国之间的数据自由流动与隐私保护平衡提供了依据。

另外，美国也积极通过世界贸易组织（WTO）、亚太经合组织（APEC）等国际多边平台展开讨论。早在1985年作为经合组织（OECD）的创始成员国之一的美国便借OECD的《跨境数据流动宣言》（*Declaration on Transborder Data Flows*），呼吁各国对跨境数据流动采取更开放和便利的态度，提高对数据、信息以及相关设施的接入，优化相关法规和政策，减少对数据跨境流动造成的阻碍。2011年，美国发布了《网络空间国际战略》（*International Strategy for Cyberspace*），强调在数字安全方面，美国政府会通过外交加强与盟友的关系——盟友不仅包括政府，还包括私营企业、无政府组织等。2013年，美国国际贸易委员会率先提出"数字贸易"的概念，并进一步将其推而广之，并推动WTO框架下相关规则的完善，如《服务贸易总协定》（GATS）、《与贸易有关的知识产权协议》（TRIPS）、《信息技术协定》（ITA）等。2017年，美国推动WTO发布了《电子商务联合声明》，强调了电子商务的重要性，并再次呼吁数据的自由流动和数据本地化的禁止。此外，美国还进一步推动了《跨太平洋伙伴关系协定》

（TPP）、《跨大西洋贸易与投资伙伴关系协定》（TTIP）、《服务贸易协定》
（TISA）3个超大型自由贸易协定数字贸易规则的出台。TPP数字贸易规则主要对电子商务进行了规定，核心是追求自由开放的数字产品和服务贸易，有利于维护美国在内容服务、搜索引擎和社交网站等领域的优势。此外，在2019年的《美墨加协定》中，美国在北美自贸区的基础上号召墨西哥与加拿大对数据跨境流动采取更加自由的举措，其中还包括了对APEC的《隐私保护框架》以及OECD的《理事会关于隐私保护和跨境数据流动指南建议（2013年）》的借鉴。

三、数字空间价值联盟

美国的全球同盟体系在其数据治理中发挥着重要的作用，也是美国得以在冷战后保持其全球战略部署、维护其全球霸权地位的重要基础。随着数字技术的不断发展，美国也在数字空间建立起其价值同盟，将其盟友吸纳入其网络空间领域，并与之达成不同程度的合作。为谋求数字时代的霸权地位，在数据领域的关键节点保持其竞争优势，美国积极通过数字空间价值联盟搭建共同话语体系，推广自己的数据治理理念。

早在1997年，克林顿政府便制定了《全球电子商务框架》（*The Framework for Global Electronic Commerce*），为美国在全球范围内部署其数据跨境流动治理提供了依据，并强调美国将会与其盟友开展沟通交流，以形成兼顾隐私保护与数据流动自由的市场机制。对现有盟友而言，美国积极通过双边条约强化其与盟友之间在数据治理领域的价值认同，如前述的《美日数字贸易协定》《美韩自由贸易协定》等即体现了美国对其盟友的价值输出。此外，美国还期望扩大其联盟范围，使更多成员加入其数据治理话语体系。OECD、APEC、WTO以及TPP等，均是美国积极推广其数字空间价值理念的体现。

自拜登政府执政以来，美国致力于修复特朗普政府时期受到冲击的联盟关系。2021年，白宫发布了《国家安全战略临时指南》（*Interim National*

Security Strategic Guidance），着重强调了美国与其盟友在网络领域合作的重要性。如今，美国所倡导建立的数字空间价值联盟在地理位置上主要包括两方面：跨大西洋盟友关系以及亚太盟友关系。其一，跨大西洋盟友关系。美国积极促进其与欧洲盟友在数字空间的合作。早在 2000 年，美国便与欧洲建立了"安全港框架"（Safe Harbor Framework），为美国企业在欧盟的商业活动提供依据，促进欧美之间数据的自由流动。此后，美国与欧盟又于 2016 年达成"隐私盾框架"（Privacy Shield Framework），在"安全港框架"的基础上强调了美国对欧盟隐私权益的尊重。2022 年 3 月，美国和欧盟发表联合声明，宣布已经就《跨大西洋数据隐私框架》达成原则性协议，这促进了美国同欧盟在数据流动、情报共享方面的合作。其二，亚太盟友关系。2011 年，美日发表同盟 50 周年愿景文件，将"宇宙及网络空间合作"列为美日同盟的"共同战略目标"。此外，美日又相继在 2013 年、2014 年、2015 年启动了"网络经济政策合作对话""网络防御工作组""美日网络对话"三大合作机制，就网络空间的价值合作构建起多重机制。[①] 2021 年，美国、日本、印度、澳大利亚四方安全对话（Quadrilateral Security Dialogue）召开，启动了技术标准联络组、半导体供应链计划，并成立四方高级网络小组等加强四国技术政策协调。此外，美国还同韩国、澳大利亚，以及东盟等建立了一系列网络空间合作战略，以不断强化其网络空间价值同盟的辐射范围与合作力度。美国也借机在此过程中不断推行其数据治理理念，输出其价值观。

四、与欧盟数据治理的趋同与融合

美国早期的数据治理以自由理念为核心，而欧盟的数据治理则以人权保护为核心。这从两大主体对数据治理与隐私立法的历史中便可以看出——美国的数据治理与隐私立法始终由商业利益驱动，即使是对隐私权

---

①　孙文竹. 美日同盟网络空间合作新态势［J］. 现代国际关系，2021（9）：18-27.

的保护，也往往置于消费者权益体系之中；而欧盟则以人格权的概念对隐私权进行指引，并将其与数据治理相结合。自安全港协议以后，美国与欧盟之间的数据价值理念开始产生碰撞，并呈现出趋同与融合的倾向。

早在互联网技术生发之初，美欧之间便存在数据治理理念的交流尝试，欧盟在这一过程中始终强调着隐私保护。在 2000 年，欧盟与美国共同推出了安全港协议，推动美欧之间对隐私保护价值的强化。这一协议面向美国企业，当美国企业欲进入欧盟市场进行跨境数据传输时，必须遵守这一协议。然而，受 2013 年棱镜计划披露的影响，奥地利公民马克思·施雷姆斯针对脸书进行了投诉与起诉，这便是 Schrems I 案。2015 年，欧盟法院对 Schrems I 案作出判决，认为安全港协议因侵犯了欧盟的隐私权和司法救济权而无效。在欧盟对隐私权的强硬保护下，美国基于欧盟市场巨大的数据经济利益而做出让步，并与欧盟在 2016 年达成了隐私盾框架。隐私盾框架强化了数据保护政策的透明度，增加了数据主体的权利保障与救济措施，并进一步限制了美国政府对个人数据的访问。然而不久后，法国数字权利组织（La Quadrature du Net）认为隐私盾框架并未对欧盟公民的数据提供充分的保护，并随之向欧盟法院起诉。与此同时，Schrems I 案中所涉的爱尔兰高等法院再一次将案件移交给欧盟法院进行初步判决，并强调了美国可能对欧盟地区的个人数据进行监视。欧盟法院决定将这两个涉及美国监视计划的案件合并审理，这被称为 Schrems II 案。2020 年，欧盟法院作出最终判决，再次宣布美欧之间就隐私达成的协议无效。这无疑又使美国开始反思其在隐私保护方面的力度，并作出相应调整。

美国对欧盟数据治理理念中隐私保护价值的认同也在逐渐加深。从安全港协议到隐私盾框架，美国对欧盟的隐私冲击做出让步，其隐私保护的力度也在逐渐加深。此后美国甚而直接在其国内立法层面开始学习欧盟的数据治理理念。在 Schrems II 案件审理过程中的 2018 年，GDPR 生效，其对于公民个人隐私的保护理念与方式随即迅速向全世界推广。与此同期，美国也迅速通过了《加州消费者隐私法》，从消费者的角度对公民的隐私权进行强化，其中有着明显的对 GDPR 的借鉴，包括个人信息的可识别性特征、数据处理者的义务承担，以及数据主体的权利保护等方面。随后，《加州消费者隐私法》也迅速带动美国多个州通过相关隐私立法，GDPR 的影响也迅速被推至美国国内立法的大部分层面。

美国对欧盟数据治理理念的学习与借鉴，本质仍是为了使美国企业能够更便利地进入欧盟市场，并获取欧盟市场的巨大利润。而欧盟多次通过隐私保护的机制限制美国企业在欧盟的数据活动，虽以人权为名，但其核心底色仍是自身的数据利益。故而美国与欧盟在数据治理方面有着天然的共性——均是为了自身数据利益的最大化，这也是美国之所以能够与欧盟在数据治理方面趋同与融合的本质原因。

五、原住民的数据主权问题

原住民的数据主权，即原住民管理自己数据的收集、所有权和使用的权利，起源于部落对于其人民、土地和其他资源管理的固有权利。[①]进言之，原住民的数据主权是在承认数据是一种资源的前提下提出的，其可以视为是自由主义视角下数据主权理论的一种延伸。不过，与前述几种数据主权理念不同，原住民数据主权理念关注的是数据在不同民族之间的平等性。[②]

2018 年，美国原住民数据主权网络组织（United States Indigenous Data Sovereignty Network）在澳大利亚举行的原住民数据主权峰会上认定，原住民数据主权是一项全球性的运动，其关注原住民管理其数据的创建、收集、所有权和应用的权利。原住民数据包括各种行使的数据，包

---

①　STEPHANIE RUSSO CARROLL. Indigenous Data Sovereignty & Governance [EB/OL]. (2023-04-10) [2023-06-30]. https://nni.arizona.edu/our-work/research-policy-analysis/indigenous-data-sovereignty-governance.

②　TSOSIE R A. Tribal Data Governance and Informational Privacy: Constructing "Indigenous Data Sovereignty" [J]. Montana law review, 2019, 80 (2): 229-268.

括有关土著个人、集体、生活方式、文化等数据。[①-④] 所谓原住民，根据联合国原住民问题常设论坛（United Nations Permanent Forum on Indigenous Issues）的定义，其属于独特文化，以及人和环境相处方式的继承者、实践者。原住民在国际社会发声的历史，最早可以追溯至1923年北美印第安人部落在国际联盟的现身，Deskaheh 酋长的出现自此拉开了国际原住民权益争取的序幕。

作为一个移民国家，外来移民与原住民之间的矛盾在美国尤为凸显。美国的原住民主要包括印第安人和阿拉斯加人，这两种类型下又包含许多细分的种类，如阿帕奇族（Apache）、切罗基族（Cherokee）以及夏延族（Cheyenne），等等。根据美国全国老龄化委员会（National Council On Aging）的统计，2021年美国原住民的数量约为970万人，占美国人口总数的2.9%。美国建国前后，通过种族屠杀、强制迁移、圈进保留地等方式，对印第安人等北美原住民的基本政治、经济和文化权利进行系统性的剥夺，这也使原住民的生存环境变得逐渐窘迫。随着互联网技术的兴起，美国原住民长期遭受的歧视与压迫也在互联网领域蔓延。原住民的数据主权问题成了美国社会无法回避的焦点。城市印第安人健康研究所（Urban Indian Health Institute）一项研究显示，在新冠疫情期间美国有16个州没有将原住民的疫情相关数据列入种族人口数据，而是将其归类为"其他"（other）。其中，纽约市仅2013年其大都会区地原住民数量就已经超过了50000人，但无论是纽约市还是纽约州，甚至没有列出任何一个病例

① KUKUTAI T, TAYLOR J. Indigenous data sovereignty: Toward an Agenda [M]. Canberra: Australian National University Press, 2016: 1-22.

② BEER J D. Ownership of Open Data: Governance Options for Agriculture and Nutrition [R]. Global Open Data for Agriculture and Nutrition, 2016.

③ SNIPP C M. What does data sovereignty imply: what does it look like? [M]. 2016.

④ T KUKUTAI, J TAYLOR. Indigenous data sovereignty: Toward an Agenda [M]. Canberra: Australian National University Press, 2016.

有关种族的完整信息。该研究所负责人阿比盖尔·艾克霍克（Abigail Echo Hawk）认为，这是对原住民的"数据种族灭绝"（data genocide）。

美国原住民数据主权的产生与领土主权有关。原住民所在的部落对其保留地和其他托管地拥有领土主权，这种主权与国家主权类似。[①]美国原住民拥有一定的自治权，其在保留地上建立部落政府，并进行自治。不过，其非绝对自治。美国国会的立法仍然对部落政府有效力，而印第安人事务局（Bureau of Indian Affairs）和印第安人卫生服务局（Indian Health Service）也对部落政府有一定的管辖权。原住民所在的部落政府通常会与美国政府签订承认其领土主权的条约。[②]而部落政府也基于这些条约来对其保留地范围内的数据享有数据主权。当数据需要被部落政府与州政府、联邦政府或者其他部落政府所共享时，则需要订立更多条约。

第四节　总结与启示

总体而言，美国在数据治理的技术与经验方面均有许多可借鉴之处。作为世界上最早诞生互联网技术的国家，美国也最早开始了对数据主权治理的关注。尽管美国在数据治理领域的理念存在自由主义与控制主义的争论，但二者本质均是为了维护美国在数据领域的利益。在近30年的发展过程中，美国的数据主权治理不仅对美国国内的互联网企业与互联网生态产生了巨大的影响，也向全球辐射着其在数据主权治理领域的价值观。美国一方面极力保持着自由开放的态度，通过多种方式与世界上多个国家和地区展开数据跨境流动对话，建立数字空间价值联盟，并积极借鉴吸收欧盟的数据治理理念，完善其软法硬法协同共治的数据治理体系；另一方面，

①② WALLACE COFFEY, REBECCA A. Tsosie. Rethinking the Tribal Sovereignty Doctrine: Cultural Sovereignty and the Collective Future of Indian Nations [J]. Stanford law and policy review, 2001 (12): 191-221.

美国也多次以国家安全为名，极力遏制他国数字经济的发展，通过多种方式对其他国家在数字经济领域的技术发展、价值输出进行围堵压制，并不断向全球渗透其在数字空间的监控力量。

中国作为不断崛起的大国，在数据治理方面也有着国家利益方面的需求。中国不仅在国内层面有着完善数据治理的需求，也在国际层面有着强化数据主权治理的需要。在国内层面而言，2022 年 7 月 7 日，国家互联网信息办公室公布的《数据出境安全评估办法》进一步完善了《网络安全法》《数据安全法》《个人信息保护法》等法律法规所搭建的国内数据治理体系。在国际层面，2021 年 9 月 16 日，中国正式启动加入《全面与进步跨太平洋伙伴关系协定》(*Comprehensive and Progressive Agreement for Trans-Pacific Partnership*，CPTPP)。该协定第 14 章即围绕电子商务场景对数据跨境问题进行了规定。另外，2021 年中国率先核准批准、2022 年正式生效的《区域全面经济伙伴关系协定》(*Regional Comprehensive Economic Partnership*) 也涉及数据跨境治理问题。

关注美国数据治理的发展历程与趋势，可以为中国的数据主权治理提供启发。从功能性比较法的角度而言，中美之间拥有相近的法律问题背景：①相近的网络信息技术；②网络信息技术对于经济发展具有明显的促进作用；③且都各自重视本国的国家安全。诚如茨威格和考特在《比较法总论》(*Introduction to Comparative Law*) 中所言："如果在功能上把法律看成是社会事实情况的调节器，那么在每个国家里的法律问题都是相似的。人们能够在世界上所有的法律秩序中提出同样的问题，甚至在属于不同的社会形态的国家或者处于完全不同发展阶段的国家里，适用同样的标准。"[①] 以下将提炼出美国数据主权治理过程中发展方式、系统搭建与话语建构 3 个层面的特点，并就其对符合中国国情的数据主权治理的借鉴意义进行解读。

[①] 康德拉·茨威格特，海因·克茨. 比较法总论 [M]. 潘汉典，米健，高鸿钧，等，译. 北京：中国法制出版社，2017：83-84.

一、动态调整：坚持数据安全与发展并重

纵观美国数据主权治理历程，在发展方式上，其数据主权战略总是跟随信息技术变化、经济利益诉求，以及国家安全需要而不断呈现出动态调整的特点。美国最初的数据无主权思潮在商业主体经济利益与自由主义思潮的利益合谋下兴起，又在冷战格局下迅速转向控制主义，并历经两极格局霸权对峙下的迅猛崛起阶段、软实力理论下的拓展巩固阶段，以及棘轮效应下的多边扩张阶段。美国的数据主权战略调整核心可以归纳为数据的安全与发展两个层次。国家安全利益构成了数据主权发展必须遵循的主线，而经济发展利益则成为推动数据主权框架内部不断演变的动力。美国数据安全与发展并重的思路具有可借鉴性。一方面，安全是数据自由流动的前提；另一方面，数据的自由充分流动也能够促进数据经济的充分发展。作为网络信息技术的后进者，中国的网络信息技术框架与美国的发展路径具有一定的关联。从人才培养方面的"首航学者"，到前沿技术的引进与转移，再到网络技术领域共享的信息话语体系，均为中国借鉴美国数据主权发展战略提供了土壤。

就安全价值而言，数据的安全保护是主权的红线。在国际层面，对中国这样的发展中经济体而言，在全球数据治理规则的竞争体系下，由于先天技术性的劣势与话语权的弱势，往往难以在全球数字经济贸易中占据主动。因此，如何防范风险、应对世界数据治理体系的冲击成了无法回避的问题。而相较于私主体自行参与国际数字经济贸易竞争的风险，以国家集中治理的形式促进本国私主体参与国际数字经济贸易也许能使本国获得更大利益。2020年，中国在《全球数据安全倡议》中便多次强调数据治理安全的重要性。此外，在国内层面，我国《网络安全法》《数据安全法》《个人信息保护法》等一系列法律法规已经铸造起牢固的数据安全防范体系。此外，需要注意的是，安全的价值理念也与国家利益存在紧密关联。作为区域性政治大国，中国总是被想象为威胁的存在，因而中国的国家安全保

障难度更大。如美国学者常将中国在国际网络治理领域的建议视作中国集权的体现，或者中国网络霸权主义的表现。[①] 欧盟也多次提出要防止中国"威胁"，并在实践中拒绝将中国列入 GDPR 的数据安全国家范围。[②] 因此，对中国这样的区域性大国而言，应围绕国家利益建构起牢固的数据主权治理体系。

此外，我国应赋予更多数据自由流动发展的权利。我国《数据安全法》已明确规定，立法目的在于"促进数据开发流动"，而《"十四五"数字经济发展规划》《要素市场化配置综合改革试点总体方案》等一系列规则也体现了我国对数据自由流动的重视。当然，数据的发展需要依托主权展开。美国能够将数据流动完全放开，是因为其已经在数据治理初期居于世界高位，每一个延伸出美国的企业都可以被视作美国主权触角的一部分，《云法案》的长臂管辖即是证明。欧美数据跨境流动自由的核心，仍然是国家利益的最大化。[③] 其依托互联网时代早期拥有的发达技术与成熟完善的企业体系，迅速完成在全球范围内的数据流动节点布局。简单地倡导数据跨境流动的自由，而罔顾中国数据流动的技术与跨境企业布局的现实，只会使中国企业的商业利益和中国国家利益受到更大的损失。

二、科学系统：构建体系化数据主权治理规则

美国数据主权治理体系在搭建时呈现出如下特点：以利益为驱动、以法律为工具、以商业为逻辑、以现实为落点。这样的治理体系内部具有一定的协调性，实现了利益、法律、商业与现实在数据治理过程中的动态平衡，有效地实现了美国对数据流动的合理规制，并进一步促进美国互联网技术的发展与数字贸易的扩张。这样一种体系化的布局在宏观层面能够有

---

① EICHENSEHR K E. The Cyber-Law of Nations [J]. The Georgetown law journal, 2014, 103（2）: 317-380.

② 详情参见：欧盟 GDPR 第 45 条。

③ 此处的国家利益中的"国家"，也包括欧盟这一特殊的政治体。

效地统筹多方考量，在中观层面能够有力疏通数据流动与保护的机制，在微观层面能够实现个人、企业、社会组织与政府之间的多元互动。中国在宏观层面同样需要考虑商业利益、法律规则、现实需要和国家安全等因素，在中观层面同样需要设计优化数据流动与保护的机制，在微观层面同样需要综合考虑多元主体的参与。因此，中国的数据主权治理规则体系可以对其借鉴，以促进数据要素的合理流动、有效保护与充分利用，以提升中国对本国数据的保护能力、加大中国对数据的控制能力并保证中国在国际社会的数据参与能力。[①] 同时，应当结合我国现有的信息基础设施建设状况与立法流程，在现有基础上结合中国国家利益作出适当调整，构建科学系统的数据主权治理规则体系。在基本立场上，中国应坚持国家主权理论与总体国家安全观；在治理手段上，中国应通过分级分类展开对数据主权的治理。

在基本立场方面，中国应以国家利益为核心，将国家主权置于首位，即应坚持总体国家安全观。根据我国《国家安全法》第2条的定义，国家安全是"指国家政权、主权、统一和领土完整、人民福祉、经济社会可持续发展和国家其他重大利益相对处于没有危险和不受内外威胁的状态，以及保障持续安全状态的能力"。总体国家安全观的内涵丰富，包括10方面：①领导论，即坚持党对国家安全工作的绝对领导；②地位论，即坚持国家安全的"头等大事"地位；③总体论，即坚持统筹国家安全工作的总体性质；④宗旨论，即坚持国家安全以人民安全为宗旨；⑤道路论，即坚持新时代中国特色国家安全道路；⑥体系论，即坚持和完善总体国家安全体系建设；⑦防范论，即坚持有效防范，化解国家安全风险；⑧科技论，即坚持科技创新对国家安全的战略支撑；⑨法治论，即坚持把法治贯穿维护国家安全全过程；⑩共同论，即倡导共同、综合、合作、可持续安全。[②] 科学系统的数据主权治理规则体系应当注重吸纳总体国家安全观的内涵，在此

①　王玫黎，陈雨. 中国数据主权的法律意涵与体系构建［J］. 情报杂志，2022，41（6）：92-98.

②　李建伟. 总体国家安全观的理论要义阐释［J］. 政治与法律，2021（10）：65-78.

基础上构建数据主权治理规则体系。

在治理手段方面，中国应以分级分类作为数据主权治理的方式。不同情形下数据主权呈现的差异特性，要求对数据主权采取差异化、针对性的治理理念。我国《网络安全法》《数据安全法》《个人信息保护法》原则性地提出了数据分类分级的要求，此外，国家市场监督管理局和国家标准化管理委员会，以及各行业主管机关也拟定了相关的行业标准，如全国信息安全标准化技术委员会发布的《网络安全标准实践指南——网络数据分类分级指引（TC260-PG-20212A）》附录 A 中，从组织经营难度的维度将组织数据分为用户数据、业务数据、经营管理数据和系统运行和安全数据。[①] 除了对数据进行单纯的分类分级，还应注意多种分类维度之间的叠加。2023 年 1 月，北京市互联网信息办公室公布了全国首个获批数据出境安全评估案例，其中便同时涉及了医疗、个人信息等维度。此外，在治理主体方面，也应当注重回应数据行政管理职责多头管理、交叉分散问题。[②]2023 年 2 月，党的二十届二中全会审议通过的《党和国家机构改革方案》提出，组建国家数据局，数据局的设置也将更好地协调推进数据基础制度建设，统筹数字中国、数字经济、数字社会规划和建设。[③]

三、话语建构：加强数据安全技术研发及技术标准制定

美国在数据主权治理中之所以强调数据的自由与开放，一方面是因为其一直以先进的数据安全技术为依托，另一方面是因其往往是数据安全技术标

---

① 组织经营维度的数据分类参考示例内容，业务数据：组织在业务生产过程中收集和产生的非用户类数据。经营管理数据：组织在经营管理过程中收集和产生的数据。但在实践中，不同企业的业务生产和经营管理之间的界限难有统一标准，相应部分产生的数据应当归入何类，存在疑问。

② 张克. 省级大数据局的机构设置与职能配置：基于新一轮机构改革的实证分析［J］. 电子政务，2019（6）：113-120.

③ 张克. 组建国家数据局：持续优化数据行政管理机构职责体系［N］. 学习时报，2023-08-04（3）.

准的制定者。在安全技术方面，美国拥有一大批世界顶尖的互联网科技企业与科研院校，这为其安全技术的研发与更新提供了源源不断的支持。在技术标准方面，美国积极通过国际平台输出其技术标准，宣扬其技术价值理论，推动各国与其技术标准体系对接，在世界范围内扩大其影响力。这样的话语建构过程使美国不仅能够从形式上掌握对其盟友的交流主导权，也在实质上潜移默化地影响着其盟友乃至世界范围内其他国家的信息技术发展路径，甚至数据主权治理思路。前文所述美国与欧盟之间在隐私问题方面的冲突与合作，即是美国数据治理理念价值输出过程的一个体现。这对中国也有着借鉴意义。一方面，中国的数据技术标准在世界范围影响有限。目前，世界的数据主权话语体系仍然在美欧的主导下，如美国通过 OECD、WTO 等国际平台宣扬和推出了一系列有利于美国的数据主权话语，欧盟也通过 GDPR、"隐私盾框架"等输出了一系列具有其意识形态色彩的数据话语体系。在"一带一路"倡议、RCEP 等背景下的中国，拥有巨大的对外贸易与交流需求，也迫切需要建立一套有利于中国的数据主权话语体系。另一方面，中国的数据技术发展与数据体量迫切需要标准化评价体系引导。根据国际数据公司（IDC）的白皮书《IDC：2025 年中国将拥有全球最大的数据圈》，中国到 2025 年将产生 48.6ZB 数据，占全球的 27.8%。中国庞大的数据量也呼吁着中国在技术研发、标准制定层面不断完善，以实现对相关企业、政府机构，以及个人围绕数据展开的一系列行为的合理引导。

在技术层面，中国应加强数据安全技术研发。随着《数据安全法》的出台，数据安全对技术性的要求得到更多法律层面的关注。一方面要重视通过立法对数据安全技术所涉及的知识产权进行更严密的保护，以激发企业在数字安全技术方面的创新潜力；另一方面应当注重加大对数据安全技术研发的法律引导，通过一系列数据企业营商环境优化等措施降低数据企业研发的成本，助力企业在数据安全方面加大技术投入。目前的数据安全技术研发应当围绕数据泄露、数据加密两大板块展开。在数据泄露方面，应当重视对数据泄露事件的跟踪与预防，并加大技术更新力度；在数据加密方面，应当重视结合数据的共享、流动的各个环节所涉及的安全风险进行多渠道的防护。

在标准层面，中国应加强数据技术标准制定。随着数据产业布局的拓展与深入，不同行业产生越来越多的数据。对相关企业收集、处理、加工数据的过程进行规范，促进数据技术应用的标准化、流程化与工业化，能够更好地推动数据业务价值的发掘，激发数据活力。需要注意的是，我国数据技术标准的制定不只应当考虑在国内的适用，还要结合国际环境来制定，即要考虑我国数据技术标准的对外输出。2020 年的国际电信联盟第十六研究组（International Telecommunication Union-I SG16）会议上，由中国信息通信研究院提出的大数据基础设施评测框架（ITU-T F.743.20 "Assessment framework for big data infrastructure"）和数据资产管理框架（Framework for data asset management），对区块链领域的国际规则进行了完善补充，是中国技术标准对外输出的体现。

四、因地制宜：探索与国情相适应的数据主权治理机制

在借鉴美国数据主权的发展经验时，也应当注意到需要结合中国的实际国情建立适合中国的数据主权理论。对诸如美国等域外数据主权治理经验的比较参考，不应仅仅停留在描述层面，而应首先以问题为导向[1]，关注中国数据治理的真实客观图景；其次建构比较背景体系[2]，明确检视中美之间在政治体制、经济模式与发展路径层面的异同；随后权衡评估中美之间在数据治理方面的得失，进言之，考察两国数据主权治理的适当与正当问题。[3]中国的数据主权理论治理机制及安全治理框架以国家利益为核心，在国家主权利益之上承托着安全与自由价值。在发展中国的数据主权理论时，必须结合中国自身的特征，考虑中国的地缘面积、人口数量、中国特色社会主义制度，以及数据基础设施建设状况等。因此，不能简单地从法

---

①—③ 康德拉·茨威格特，海因·克茨. 比较法总论［M］. 潘汉典，米健，高鸿钧，等，译. 北京：中国法制出版社，2017：6，34-36.

律技术化角度考虑理论移植，以图解决中国数据治理中的本土化问题。结合中国国家利益进行对数据主权理论的解读，调动本土资源对自由、安全等价值进行解构与重构，才能让中国更好地融入世界数据治理体系，实现中国数据治理能力的现代化发展。

就中国的数据主权治理机制而言，我国的互联网技术兴起较晚，但庞大的数据体量与基础设施建设数量推动了我国在数据主权治理方面的迅速进步。与此同时，应当注意中国在新兴网络技术领域与美国等国家之前的差距。2022 年 11 月，美国开放人工智能研究中心（OpenAI）推出了聊天机器人（ChatGPT）这一人工智能机器人，引发世界轰动。如今，ChatGPT 几经更迭，对世界各国的数据主权治理理念产生了或多或少的影响，其对国家数据安全、个人数据隐私安全的威胁也引发了各国关注。面对日新月异的国际数据主权治理环境，中国应当加快探索适应中国国情的数据主权治理机制，以应对以美国、欧盟为主导的数据主权治理理念冲击。

此外，中国也应当注重在安全的框架下完善数据治理体系。在 2021 年的《"十四五"大数据产业发展规划》中提出了对我国数据产业发展的六大主要任务：（一）加快培育数据要素市场；（二）发挥大数据特性优势；（三）夯实产业发展基础；（四）构建稳定高效产业链；（五）打造繁荣有序产业生态；（六）筑牢数据安全保障防线。其中，筑牢数据安全保障防线体现了我国数据治理过程中统筹发展和安全的理念。此后，在 2022 年 12 月 19 日，中共中央、国务院发布了《中共中央国务院关于构建数据基础制度更好发挥数据要素作用的意见》，其强调应从数据产权、流通交易、收益分配、安全治理 4 方面初步搭建我国数据基础制度体系。"安全治理"数据要素作用发挥的重要前提。在数字经济时代，建立数据安全治理体系应当以法律规范体系的搭建为重点，围绕各类风险进行防范，增强数据安全防护能力、数据安全保障水平。

第五章

印度的数据主权治理

第一节　发展历程

一、印度的数字化发展

印度在 2014 年提出了"数字印度"（Digital India）战略，以期通过数字基础设施建设、数字化政府服务和数字公民教育三方面不断挖掘其人口规模的潜在优势，并使劳动力潜力与技术创新相结合，以促进经济增长，[1]将印度转变为一个数字赋能的社会和知识经济体。数字经济与传统经济加速融合成为印度数字经济的最大特征，[2]金融及电子商务领域成为新型数字技术应用的重点。印度着力发掘数字经济的产业融合催化效应，通过数字经济实现传统产业运行模式转变，以实现社会资源配置能力和效率的大幅

---

① 尹响. 印度数字经济的发展特征、挑战及对我国的启示［J］. 南亚研究季刊，2022（2）：113-134，159-160.

② 张亚东. 印度数字经济发展"加速度"［N］. 环球，2021-05-19（10）.

度提高，拉动经济增长。[①] 截至 2021 年，印度的数字经济规模达到 6799 亿美元，在所测算的 47 个国家中处于第 8 位。[②] 到 2025 年，印度数字经济预计将创造高达 1 万亿美元的经济价值。[③] 其数字化程度已经超越了大多数经济体。但同时，印度的数字经济发展还面临着数字鸿沟较大，与传统工业、农业融合度不高以及网络数据安全等问题。[④]

在印度的数字化发展过程中，印度加大对数字基础设施建设的投入力度，为印度创造了巨大的经济价值。其中最具代表性的数字经济设施为用于金融领域的"印度堆栈"（India Stack）[⑤]——一个由数字身份认证（"Aadhaar"）、统一支付接口（UPI）和以数据赋权保护架构（DEPA）等数字公共产品共同构建起的去中心化、可互操作的金融交易工具。目前，"印度堆栈"的使用已成功将 80% 的印度人口纳入金融体系中，[⑥] "印度堆栈"数据显示，印度每月的实施移动支付量已达 28 亿，其价值达 547 万印度卢比。印度通过 UPI 进行的支付占到交易支付总量的 68%。[⑦] 在"印度堆

---

① 林跃勤. 新兴国家数字经济发展与合作 [J]. 深圳大学学报（人文社会科学版），2017, 34（4）：105-108.

② 中国信息通信研究院. 全球数字经济白皮书（2022 年）[R/OL]. （2022-12）[2023-06-30]. http://www.caict.ac.cn/kxyj/qwfb/bps/202212/P020221207397428021671.pdf。

③ The Hindu Dureau.$1-trillion scope for digital economy：PM Modi [EB/OL]. 2022 [2023-06-30]. https://www.thehindu.com/news/national/india-expecting-75-economic-growth-rate-this-year-pm-modi-at-brics-summit/article65553837.ece.

④ 尹响. 印度数字经济的发展特征、挑战及对我国的启示 [J]. 南亚研究季刊，2022（2）：113-134，159-160.

⑤ "印度堆栈"实际是一组由开放 API 和数字公共产品构成的数字金融工具，具体内容可参见"印度堆栈"官方网站：https://indiastack.org/。

⑥ PIB Delhi.The First India Stack Developer Conference held on 25 January 2023 [EB/OL]. （2023-01-25）[2023-06-30]. https://pib.gov.in/PressReleasePage.aspx?PRID= 1893704.

⑦ CRISTIAN ALONSO. Stacking up the Benefits Lessons from India's Digital Journey [EB/OL]. （2023-03-31）[2023-06-30]. https://www.imf.org/en/Publications/WP/Issues/2023/03/31/Stacking-up-the-Benefits-Lessons-from-Indias-Digital-Journey-531692.

栈"等数字基础设施的带动下，印度加快数字化转型，不仅为印度人民的生活带来便利，也为国家经济发展带来新的机遇。但在数字化生活中，印度人民和机构也在不断产生着与其生活息息相关的数据，这些数据包含着大量的公民个人信息，事关公民个人隐私、企业竞争能力和国家安全。为提高印度的数字经济国际竞争力，同时确保公民及国家数据安全，印度需要尽快构建恰当的数据治理框架，实现数据保护和数据流动的平衡。

二、印度的数据治理

印度的数据治理具有两个显著的特点：第一，印度在其数据治理框架的构建过程中多次强调"依靠数据进行赋权，鼓励发展和创新，为发展中国家的数据治理提供可借鉴模板"[①]。为此，印度积极探索一条适合其本国国情的数据治理路径，而没有直接对欧美的数据治理框架进行模仿。第二，印度的数据治理不仅聚焦对个人数据的保护，同时将数据治理定义为一种为自由和公平的数字经济营造环境的制度，因此，印度的数据治理具有高度个人利益和集体利益并重的特点，这也就衍生出印度构建数据治理框架的核心目标——在保护个人权益的同时以数据为国家经济发展赋能。

印度对"数据"进行规制的最初规定是 1993 年《公共记录法》中要求"除为公共目的，禁止公共记录向印度境外传输"。由此也开启了印度数据治理的进程。2000 年的《信息技术法》第 43A 条中规定了敏感个人数据处理者对未能"采取合理措施和过程"的过失应当承担赔偿责任，成为 21 世纪初期印度对个人数据治理的主要参考。然而由于该法规定较为模糊，缺乏确定性，2011 年印度通信与信息技术部发布了《信息技术（合理的安全做法和程序以及敏感的个人数据或信息）规则》，对敏感个人信息作出了规定，并对相关的数据处理者的义务进行了描述，为印度人民的敏感个人信

---

① Committee of Experts under the Chairmanship of Justice B.N. Srikrishna. A Free and Fair Digital Economy Protecting Privacy [R]. India：Empowering Indians, 2018.

息提供了保护框架。但上述规则面对高速发展的信息技术逐步显露出治理疲态，面对算法社会的高速发展，数据逐渐成为各国和各企业争夺的重要资源，为保障印度人民的数据安全，并使其能够真正服务于印度经济，自2018年起印度步入了数据治理框架的加速构建期。2018年，印度公布了《个人数据保护法案》的第一版草案，对印度公民的个人数据进行分级治理，采用"数据信托"方式保护数据主体权利，并提出了较为严格的本地化政策。随着这一文件的颁布，印度多部门纷纷对不同类型数据制定了本地化存储的要求，逐步构建出对个人数据、非个人数据、政府数据的不同治理框架，形成了印度的"分级分类数据治理"模式。但由于该法案一直未能正式生效，随着国际社会的变化，印度也多次修改数据治理的具体规则，逐步放宽数据本地化的限制性要求。在经过2019年、2021年两次发布修订版数据法案后，印度于2022年8月将该法案正式撤回。同年11月，印度发布了最新的《数字个人数据保护法案》，对数据权利义务的划分和数据本地化两方面作出了较大变动，再次引起社会广泛关注。

综上，可以将印度的数据治理从对内和对外两个角度划分来分析发展特点。从对内数据治理的视角来看，印度的数据治理以对公民的个人数据保护为起点，以期通过构建良好的个人数据保护框架有效应对印度人民对其个人数据的担忧和期待，更加注重实现对数据主体的赋权，使其能够真正对数据形成有效控制，并使印度境内主体先于国外主体从中获得利益。从对外数据流动的视角来看，印度一直以来都是实施数据本地化与实施跨境流动限制政策的典型国家之一，[①]认为数据应当为本国所用，驱动本国数字经济和传统经济有效融合，让数据真正服务于本国人民和社会经济发展。然而，在全球各国都被互联网等新兴技术紧密相连的今天，限制数据流动将大大减损数据的价值，因此，在他国政府及跨国公司的强力游说之下，印度的数据本地化政策也出现了一定程度的松动。

---

① 胡文华，孔华锋. 印度数据本地化与跨境流动立法实践研究［J］. 计算机应用与软件，2019，36（8）：306-310.

第二节　立法实践

一、《数字个人数据保护法》

（一）《数字个人数据保护法》出台的背景回溯

印度现有数据治理框架的构建源于 2017 年的普塔斯瓦米法官诉印度联邦案（Justice K.S. Puttaswamy v. Union of India），被称为印度"隐私权"的基石。该案原告法官针对印度于 2009 年开展"Aadhaar"数字身份认证项目的宪法合法性提出质疑，认为政府通过这一项目对人工生物特征数据进行收集和汇编是侵犯公民隐私权的行为。该案中印度最高法院的 9 名法官推翻了印度在夏尔马（M.P. Sharma）案[①] 及卡拉克·辛格（Kharak Singh）案[②] 中否认隐私权是一项基本权利的结论，最终一致强调隐私权是《印度宪法》赋予公民的一项基本权利。印度对数据的保护就始于本案对隐私权地位的确定，认为国家有责任构建一个数据保护框架以保护公民的隐私不受随意侵害。同时，印度的数字经济发展表现出巨大的潜力，而数据所创造的价值却掌握在大型科技公司手中，印度人民无法实现对其数据的有效控制。而在当时印度对公民数据的保护仅通过 2000 年发布的《信息技术法》第 43A 条和 2011 年颁布《印度信息技术（合理安全实践和程序及敏感个人数据或信息）规则》中的相关规定实现。但两部文件的规制范围均限制在个人敏感信息的保护之上，且对个人敏感数据的定义局限性较强，面对全球数字经济的飞速发展和数据规模的爆发式增长，这两部文件在对数据流动的问题上已显示出明显的规制能力不足等问题。

---

① 详情参见：M. P. Sharma And Others vs Satish Chandra, 1954 AIR 300, 1954 SCR 1077.

② 详情参见：Kharak Singh vs The State Of U. P. & Others, 1963 AIR 1295, 1964 SCR（1）332.

为应对印度在数字化建设之下产生的大量数据给人们带来的担忧，回应 2017 年判例中对公民隐私权的关注，印度于 2018 年 7 月发布了《个人数据保护法案 2018》，强调通过个人对其数据的自主权和自决权来实现隐私保护。该部法案以欧盟 GDPR 为范本，引入多项新型权利和数据保护机制，①并通过数据信托的方式确保产生数据的个人真正成为"数据主体"。《个人数据保护法案 2018》中对"数据受托人"的定义为："单独或与他人共同决定个人数据处理目的和方式的任何人，包括国家、公司、任何法律实体或任何个人"，并且需要在新建立的数据保护局进行登记，取代了 GDPR 中"数据控制者"的概念。②而对那些掌握大量或敏感数据，进行的数据处理可能对数据主体造成损害的控制者，将在印度数据保护局认定后被列为"重要数据信托人"，并对其附加数据保护影响评估、记录保存、数据审计，以及任命数据保护官的义务。

该立法草案发布后，2019 年 12 月印度电子和信息技术部对其进行修订，形成了《个人数据保护法案 2019》，并提交给联合议会委员会进行进一步审议。与 2018 年的《个人数据保护法案》相比，2019 年版本只进行了细微调整。在《个人数据保护法案 2019》中，作出了对个人数据的外延进行扩展，将"从数据中得出的用于画像的推论"也纳入个人数据范围；新增"同意经理人"制度；为数据主体增加删除权；使用监管沙盒机制应对人工智能等新兴技术的发展等调整。2021 年 12 月，经各方利益协商，印度联合议会会员会发布了另一份法案草案，并更名为《数据保护法案 2021》，将"个人"从法案名称中删除。这一更新后的法案保留了其前身的精神，但也作出了部分变动。第一，与其名称的变更相对应，《数据保护法案 2021》将适用于对非个人数据的处理，不再局限于个人数据。第二，为政府机构对该法案规定的遵守设置了豁免规定，但为尊重公民隐私权，附

① 胡文华，孔华锋. 印度数据本地化与跨境流动立法实践研究［J］. 计算机应用与软件，2019，36（8）：306-310.

② 邢会强. 数据控制者的信义义务理论质疑［J］. 法制与社会发展，2021，27（4）：143-158.

加了"公正、公平、合理和相称程序"的要求。第三，委员会认为应当将针对儿童数据的"监护人数据受托人"概念删除，将其自动归入"重要数据受托人"以承担更严格的义务。第四，原本的法案中规定只有在可能对数据主体造成损害时才需要向数据管理局报告情况，但新版法案中要求数据受托人需要在 72 小时内向管理局报告所有安全事件。2022 年 8 月，在多方利益的长久博弈之下，印度撤回了原先的数据保护法案，并称政府正在致力于构建全面的法律框架，将提出一项新法案。①2022 年 11 月，印度最新的《2022 数字个人保护法案》草案正式发布。

（二）《数字个人数据保护法》的主要特点

与旧版《个人数据保护法案 2019》相比，改版法案更加注重改善经商环境，促进经商便利，降低了对合规性的要求。这一版法案仅包含 30 个条文，明显更为精简，针对性也相对更强。同时，该版法案在形式上尽可能避免了法律术语的使用，并结合插图和场景列举进行解释，以便公众理解。② 以下为该版《2022 数据个人数据保护法案》的三个突出特点：

第一，印度虽然借鉴欧盟 GDPR 对赋予数据主体多项权利以确保数据能够最大限度为数据主体所用，并保护个人信息安全，但印度在传统赋权路径之外开辟了一条"数据信托"的道路，有效应对印度人口众多且贫富差距较大而导致的行权困难问题。数据信托通过给数据控制者强加信托义务或引入独立第三方作为信托人，将数据权利信托给数据控制者。③ 而数据

① ANIRUDH BURMAN. The Withdrawal of the Proposed Data Protection Law Is a Pragmatic Move［EB/OL］.（2022-08-22）［2023-06-30］. https://carnegieindia. org/2022/08/22/withdrawal-of-proposed-data-protection-law-is-pragmatic-move-pub-87710.

② RACHIT BAHL, ROHAN BAGAI, ARCHANA IYER. India：Comparing the Digital Personal Data Protection Bill, 2022 with the Data Protection Bill, 2021［EB/OL］.（2022-01-10）［2023-6-30］. https://www.azbpartners.com/bank/india-comparing-the-digital-personal-data-protection-bill-2022-with-the-data-protection-bill-2021/.

③ 翟志勇. 论数据信托：一种数据治理的新方案［J］. 东方法学，2021（4）：61-76.

控制者则能够按照数据主体的意愿，为数据主体利益的最大化对数据权利进行分配和管理。数据信托从数据控制者拥有的"数据权力"出发，为其规定多项义务以实现对数据主体权利的保护，能够缓解平衡数据主体在数据关系中的弱势地位，实现双方权利义务的均衡配置。① 此外，传统的"赋权—维权"路径在实践中的碰壁也显示出由于个体权利意识淡薄、行权困难等现实问题，② 使数据主体拥有的多项权利成为一纸空谈，而将权利保护路径转化为数据控制者的合规义务不仅有利于从数据收集开始的数据处理全生命周期内为数据主体提供保护，也有利于增强数据控制者在道德层面的核心竞争力，进而推动数据市场的良性循环。同时，数据信托也为当前数据处理相关各方之间的"信任赤字"问题提供了可行的解决方案。③ 除此以外，印度还创造性地加入了"同意经理人"的角色，以便使数据受托人通过一个可访问、透明和可互操作的平台作出同意，并对同意进行管理、审查和撤销。④ 这也是对 2020 年印度智库 NITI Aayog 提出的"数据赋权保护架构"的法律化认可，这一框架有效地将数据共享过程中的数据流和同意流分离，通过数字化平台和第三方机构的介入使对数据的各项使用作出真实有效统一的权利真正归属数据主体，通过技术手段实现了"数据可携权"的功能，并且通过"双盲"机制实现了对个人信息的保护，为印度数据信托框架的有效运转赋能。对这一框架的介绍将在后文第三部分进行展开。

第二，该法案将数据保护的范围进行了大范围限缩。从 2018 年的初版《个人数据保护法案 2018》到 2021 年《数据保护法案 2021》，印度的数据立法呈现出一种整体性、融合性的趋势，不仅关注个人数据，也关注非个人数据的保护。但在旧版法案撤回后，本次新发布的法案重新回归了 2018 版中对个人数据进行保护的范围限制，而对于非个人数据，则可以通

---

①② 冯果，薛亦飒. 从"权利规范模式"走向"行为控制模式"的数据信托——数据主体权利保护机制构建的另一种思路［J］. 法学评论，2020，38（3）：70-82.

③ 翟志勇. 论数据信托：一种数据治理的新方案［J］. 东方法学，2021（4）：61-76.

④ 详情参见：《2022 数字个人数据保护法案》第 7 条第（6）款。

过参考 2020 年年底印度电子与信息科技部发布的《关于非个人数据治理框架的专家委员会报告》进行治理。同时，该版法案也将受保护的个人数据再次进行范围限缩，在法案标题中加入"电子"以限制受该法案保护的数据范围，根据法案第 4 条第（3）款的规定，该法案的适用范围也同时不适用于：①个人数据的非自动化处理；②线下个人数据；③个人处于任何个人或家庭目的处理的个人数据；④包含在已存在至少 100 年的记录中的个人数据。

第三，与此前不同，该法案在数据跨境流动和数据本地化的规定上大幅放宽了限制。在旧版法案中，对向境外传输个人数据进行了专章规定，并且虽然对数据本地化的要求逐步放宽，但仍然依据个人数据的敏感程度不同对其本地化要求作出了不同程度的规定，并且对数据的跨境转移条件也作出了一系列规定，如通过标准合同、经过数据主体同意或经政府协商等。而在新版法案中，对于将个人数据转移至印度境外这一问题，法案只作出了极为简短的规定："中央政府在对其认为必要的因素进行评估后，可以通知数据受托人依照条款和规定的条件将个人数据转移至印度以外的其他国家或地区"[①]。该条规定与 GDPR 的充分性认定较为类似，但印度政府并未对充分性认定的具体要件作出明确规定。根据其发布的解释性声明，印度表示基于数据跨境流动对经济全球化的重要性，并不会在认定过程中过分严苛。

但同时，该部法案中的部分规定也引来了较多不满和批判。[②]

首先，该版法案虽然保留了对儿童数据处理时须遵守的特殊义务，但取消了"敏感个人数据"这一分类，将全部个人数据均归为一类采取同样的治理措施。在旧版法案中，将密码、财务数据、健康数据、生物特征数据、种姓或部落、性取向等数据列为敏感个人数据，并专章规定了对敏感

---

① 详情参见：《2022 数字个人数据保护法案》第 17 条。

② SARVESH MATHI. Twelve Major Concerns With India's Data Protection Bill [EB/OL]. （2022-11-19）[2023-06-30]. https://www.medianama.com/2022/11/223-twelve-major-issues-data-protection-bill-2022/.

个人数据进行处理的特别基础以及处理措施，如处理前必须获得数据主体明确的同意，比照儿童个人数据的处理义务对敏感个人数据进行处理等。[①]但在新版法案中，一切个人数据的处理均采取了传统的"通知—同意"规则，并引入"视为同意"机制，放宽了对个人数据处理的基础要求。在该版法案的规则之下，当前对敏感属性较强的个人数据仅能通过政府认证的"重要数据受托人"提供一定程度的程序性保护，如附加的数据审计、定期影响评估义务等。

其次，该版法案中仍然保留了政府享有的广泛豁免权，并且在多处措辞过于模糊宽泛，导致人们对国家监控权力逐步强化的担忧，进而背离2017年Puttaswamy案判决的精神。[②]该版法案第18条对政府的个人数据处理活动的豁免作出了规定。其一，对为执行各项法律权利或索赔、履行司法职能，以及调查起诉犯罪等执法行为而对个人数据的使用，除了需履行防止个人数据泄露以及跨境转移前的评估义务，政府的执法行为均不受法案中对数据受托人义务的限制；其二，为维护印度主权等国家利益、公共秩序，以及为研究、存档、统计等任务需要，印度政府可以通过通知豁免本法中对数据受托人规定的数据处理义务，这也意味着政府的个人数据处理活动在实践中可能会不受任何限制，将对印度公民的隐私安全构成威胁。

最后，该法案增加数据委托人的权利义务，并引入"视为同意"的数据处理基础，同时规定日后法案相关争议均交由数据保护委员会管辖，排除了人们通过民事诉讼途径寻求救济的机会，被认为在实质上无法实现对

---

① 《2019个人数据保护法案》第四章对处理个人敏感数据的基础作出了规定，第五章将儿童个人数据和敏感个人数据处理共同作出了规定。

② TANMAY SINGH, TEJASI PANJIAR. The Data Protection Bill, 2022 fails Indians substantively and procedurally [EB/OL]. (2022-12-11) [2023-06-30]. https://www.barandbench.com/columns/the-data-protection-bill-fails-indians-substantively-and-procedurally.

公民数据权利进行保护的目的。① 在该版法案第 8 条中，规定了 9 种视为数据主体同意对其个人数据进行处理的情况，包括：数据主体自愿提供数据，国家或政府机构依法履行职能获取数据为数据主体提供服务，执行判决或命令，用于医疗目的或提供公共健康威胁期间的医疗保健服务，用于在灾难或公共秩序崩溃期间提供救助，基于雇佣关系提供数据，以及为公共利益或为公平合理而使用数据的情况，均可以视为数据主体已同意数据受托人对其个人数据进行处理。

（三）《数字个人数据保护法》对数据主权治理的意义

在《2022 个人电子数据保护法案》制定前，面对数据的巨大价值，印度一直是数据主权的积极拥护者，并以 3 项标准为基石，完善本国数据治理框架，对抗数据殖民主义，维护本国利益。第一，印度的数据只能用于本国的发展，数据是建立印度社会经济未来的基石，而不能成为西方企业无度盈利的源泉；第二，坚定的数据本地化策略，印度积极参与全球关于数据跨境流动和推动数据本地化的辩论，并坚定支持数据本地化；第三，确保印度经济安全，由于经济发展与国家安全之间的界限渐渐模糊，因此保护印度公民的数据免受外部威胁是至关重要的。

然而，在 2022 年，印度对严格数据本地化的态度明显有所松动。2022年年初，一个以脸书、谷歌、亚马逊等科技巨头为成员的游说团体——亚洲互联网联盟向印度政界发布了一封公开信，就《数据保护法案 2021》中的限制数据跨境流动问题发表了意见，认为当前过分严格的数据本地化要求和对数据跨境流动的强监管将对其业务开展造成负累，并将为初创企业带来高昂的成本。② 在废除旧版法案后，印度电子与信息技术部部长拉杰

---

① 就违法救济的问题，规定在新版法案第 5 章第 22 条第（3）款明确排除了民事法庭对《数字个人数据保护法案》有关争议的管辖权，将审查的权力全部交给了数据保护委员会。而对救济措施也只在 25 条规定了罚款，然而罚款并不能弥补个人信息泄露等问题给数据主体本人带来的损害。

② Asia Internet Coalition.Asia Internet Coalition（AIC）Submission on Joint Parliamentary Committee's Report on the Personal Data Protection Bill［R］. Singapore：Asia Internet Coalition，2022.

夫·钱德拉塞卡在接受采访时表示数据跨境流动对构建互联网创新生态系统是至关重要的，这一认识的变化也将体现在新制定的《个人电子数据保护法案》中。[①]

在《2022 个人电子数据保护法案》草案中，可以看出印度确实将全球经济的发展趋势和境外互联网平台的经商便利问题纳入了立法考虑范围。一方面，草案中对个人数据跨境流动的规定较为模糊，由于取消了敏感个人信息的分类，因此根据当前的规定，一切个人数据在经过政府评估后，即可转移至印度境外。与此前的旧版个人数据保护法案相比大大放宽了数据本地化的要求和跨境流动的限制。另一方面，在附随的解释性文件中，也明确表示该部法案的出台建立在此前与多利益相关方进行协商的基础之上，将尽可能实现"个人权利、公共利益和经商便利的平衡"[②]。

正如前文所述，印度的数据主权治理具有两个重要面向：强化印度数据主体对个人数据的控制能力以及建立恰当的数据跨境流动政策以促进国内经济的增长。此次新版《数字个人数据保护法案》草案的公布，也体现了印度在数据主权治理上的一些特点。一方面，自 2020 年"数据赋权保护架构"公布及实践以来，这一技术法律解决方案确实为印度的普惠金融建设提供了稳定且有效的基础设施底层支持。因此，将这一框架中的"同意经理人"正式纳入印度的数据治理框架，也有利于进一步将这一印度特有的数据治理技术应用拓宽至社会各个场景，促进印度人民及企业对其数据的有效掌控，打破"数据孤岛"。另一方面，该版法案中对数据跨境流动采取的相对宽松政策也再次印证了印度期望通过其国民创造的大量数据为印度本土经济赋能的宗旨。而宽松的数据流动政策也并不意味着对数据主权

---

① AASHISH ARYAN, SURABHI AGARWAL. Reworked Personal Data Bill may relax rules on data localization [EB/OL]. (2020) [2023-06-30]. https://economictimes.indiatimes.com/tech/tech-bytes/reworked-personal-data-bill-may-relax-rules-on-data-localisation/articleshow/94745957.cms.

② Ministry of Electronics and Information Technology.Explanatory Note to Digital Personal Data Protection Bill, 2022 [R]. India: India Meity Official Website, 2022.

的放弃，基于数据"公共品"的属性，以及数据流动对互联网产业及经济增长的强大推动作用，应当构建起"以分享为前提"的数据控制体系。而基于维护国家安全的数据控制思维与数据的分享并不构成冲突，而是数据流动的保障。①

二、《关于非个人数据治理框架的专家委员会报告》

（一）非个人数据治理现状

随着互联网和电子设备的普及，全球的数据规模都在高速增长，2021年全球数据总量已达 84.5ZB，预计到 2026 年，全球结构化与非结构化数据总量将达到 221.2ZB。② 在"得数据者得天下"的共识之下，企业对数据的需求正飞速增长，而数据的流通是数据价值实现的前提和基础。③ 但网络效应为少数主导数字及数据业务的大型平台企业带来的巨大的利益，使其成为数字经济时代的经济主导者。近年来，机器学习、深度学习的迭代发展，数字经济已经过数据资源型和数据驱动型时代，步入数据赋能型经济，④ 谷歌、亚马逊等大型跨国科技企业不仅在其主要营业地甚至在全球范围内对用户、数据和资金形成垄断，并进一步创造出无与伦比的技术经济优势，对初创企业的进入形成挤压，使全球数字经济市场面临着竞争扭曲甚至失效的风险，⑤ 进而在数据/数字行业造成了一定的不平衡。同

---

① 梅夏英. 在分享和控制之间 数据保护的私法局限和公共秩序构建［J］. 中外法学，2019，31（4）：845-870.

② IDC.《中国数据库安全能力市场洞察 2022》报告研究正式启动［EB/OL］. 2022［2023-06-30］. https://www.idc.com/getdoc.jsp?containerId=prCHC49348522.

③ 杨光. 京东万象：破冰区块链应用 实现大数据流通［N］. 中国信息化周报，2021-01-16（12）.

④ 夏义堃. 数据管理视角下的数据经济问题研究［J］. 中国图书馆学报，2021，47（6）：105-119.

⑤ 谭家超；李芳. 互联网平台经济领域的反垄断：国际经验与对策建议［J］. 改革，2021（3）：66-78.

时，数据的不当使用可能带来的群体隐私损害等负外部性，而数据的正外部性单纯依靠市场又面临着难以充分发挥的困境。因此，除了数据慈善事业，还需要制定适当的数据治理框架，以实现为现有企业提供确定性，为新企业的创建提供激励，并从数据中释放未开发的巨大社会和公共价值的目标。

印度拥有大规模的人口，在"数字印度"战略的推动之下，互联网接入量及移动设备持有量都在大幅增长。随着印度数字基础设施的建设，这些设施已为人们提供多种线上服务，在农村贸易、疫苗接种、配给分发等领域为人们创造了极大便利，[①] 人们的生活逐渐"数字化"。印度人民在日常生活中产生了大量的个人及非个人数据，有望成为世界上最大的数据市场之一。为避免数据垄断导致的议价能力失衡，印度政府需尽快制定数据治理策略，以最大限度提高整体福利的方式促进印度数据业务的发展。因此，印度电子与信息科技部于 2020 年底发布《关于非个人数据治理框架的专家委员会报告》，就这一非个人数据治理框架提出四大目标：①提出一系列建议，为印度创建一个现代化框架，使用数据创造经济价值，为印度公民和社会带来经济利益，释放具有社会 / 公共 / 经济价值数据的巨大潜力；②为印度新产品 / 服务的创新提供确定性和激励措施，鼓励印度的初创企业；③创建一个数据共享框架，让群体数据能够用于创造社会 / 公共 / 经济价值；④解决隐私问题，包括可能从匿名化数据中进行再识别等问题，防止对非个人数据的处理造成集体性伤害，并对集体隐私的概念进行审查。

（二）非个人数据的概念与分类

非个人数据是个人数据以外的其他数据。当数据不包含任何个人识别信息时，即为非个人数据，包含与自然人完全无关的数据（如天气数据、公共基础设施数据等），也包含已经匿名化处理的个人数据。个人数据包含

---

① Web Desk.Digital India：PM Modi says India has eliminated all queues by going online [EB/OL]. （2022-07-04）[2023-06-30]. https://www.theweek.in/news/india/2022/07/04/india-has-eliminated-all-queues-by-going-online-says-pm-modi.html.

着个人信息，因此更注重对私人生活的尊重。私法权益是个人数据保护的重点，而非个人数据包含法益较为复杂，可能包含国家安全、公共利益等公域法益，也可能包含商业秘密等私域法益。[①]

报告中将数据按来源划分为公共非个人数据（如匿名化的车辆登记数据）、群体非个人数据（如公共电力企业收集的数据），以及私人非个人数据（私营实体及其算法收集的数据）。第一，公共非个人数据是指由政府或政府机构收集或生成的非个人数据，包括在执行公共资助项目中收集或生成的数据。并且，这些数据不属于根据法律规定需进行保密处理的数据范围。第二，在对群体公共数据进行介绍前，需要先对群体作出明确的定义。报告指出，群体是指具有共同的利益或目的，参与社会或经济互动的任何人的集合，这一群体可以是基于地理因素、生活因素、经济因素而聚集在一起，也可以是完全虚拟的。因此。群体非个人数据就包含两类数据——匿名化个人数据（如企业的用户信息）以及来源于或与群体相关的与个人无关的数据。第三，私人非个人数据指的是由政府以外的个人或实体收集或生成的非个人数据，来源于或与该个人或实体拥有的资产和行为有关，包括私主体通过私人努力得到的衍生或观察数据。根据报告给出的定义，可以看出，私人非个人数据包含通过算法、专有知识经推断得到的衍生数据或见解，也包含使用生成对抗性网络（GAN）生成的数据。同时，此类数据未必是有关印度公民的数据或在印度收集的数据，储存在全球数据集中的数据也可以属于报告中定义的私人非个人数据。在区分群体非个人数据和私人非个人数据时，可以根据其是否属于"原始／事实数据"进行判断，往往未经处理或得到衍生见解的数据被认为属于群体非个人数据。

但非个人数据不代表完全不具有风险，可能与国家安全或商业秘密相关，也可能由于匿名化技术的不完美而对群体隐私等集体利益或个人隐私

---

① 吴玄. 数据主权视野下个人信息跨境规则的建构［J］. 清华法学，2021，15（3）：74-91.

造成伤害，因此报告也将个人数据治理中的"敏感性"这一概念引入非个人数据的治理中，规定了"非个人数据敏感性"这一属性，将数据划分为一般、敏感和关键数据三类。报告为非个人数据敏感性设置了特别的"继承"机制，如果该非个人数据来源于敏感个人数据，那么无论这些数据是经过匿名化处理还是聚合的数据，都应当"继承"其来源的敏感属性，被归类为"敏感非个人数据"。但"继承"只是非个人数据敏感型的一种来源，其余的非个人数据也可能因为涉及公共安全、商业秘密等原因被划分为敏感非个人数据。

（三）非个人数据的权属规则

报告认为，对与印度人民相关的或在印度境内收集的非个人数据进行权属的确定是数据主权的内在要求。但由于数据与有形财产不同，数据的多方相关行为者可能同时对其拥有相互重叠的权利，甚至这些权利不会相互产生干扰或冲突。但数据权属的确定是数据获取、共享的核心，明确数据权属不仅有利于数据保护，也有利于提升市场效率。[①] 因此，为确定非个人数据相关的权利归属，报告对 3 种类型的非个人数据权属规则分别作出了安排，以确保共同体对于非个人数据上对累积价值的期待利益得到保障。

同时，报告对非个人数据的权益归属提出了以下两项原则：第一，对来源于个人数据的非个人数据，个人数据主体应当持续成为非个人数据的数据主体，在非个人数据的利用过程中也应当符合该个人的最佳利益；第二，对群体个人数据的权利应当由该群体的受托人行使，而该群体则是受益所有人（beneficial owner），因此群体非个人数据的使用应当符合群体的最大利益。

基于此，报告中确定了以下对非个人数据的权属规则。

第一，对公共非个人数据，报告认为，由于公共非个人数据往往来源

---

① 武长海；常铮. 论我国数据权法律制度的构建与完善［J］. 河北法学，2018，36（2）：37-46.

于公共努力，因此所获得的数据集的权益分配方式应当比照国家资源进行确定。

第二，对群体非个人数据，首先需要认识到其并非个人专有财产，由于多方均对其价值作出了合法贡献，因此可能被视为集体或共享财产。因此报告并未将群体非个人数据的全部权益都分配给数据保管者，[①] 而是选择了一种"实益所有权／权益（beneficial ownership/interest）"的思路进行数据权益的分配。对群体的实益所有人地位，报告认为，一方面，基于"数据来源"逻辑来看，由于群体是数据的集合性主体和重要的利益相关者，因此群体应当成为群体数据的合法受益者，而不能将全部的数据利益都分配给数据保管者；另一方面，基于"数据主体"的逻辑来看，这一关于群体的数据能够为社会各部门提供系统性的知识，具有巨大的力量，因此，群体应当有权对这些数据和知识的使用进行控制，以使数据最大化自身利益，并减少危害。同时，由于群体难以对数据行使其享有的权利，因此报告将这一权利赋予"数据受托人（data trustee）"，由其代表群体行使数据权利。报告也注意到，数据具有的非竞争属性意味着相同的数据可以由多个数据保管人保管，而在处理利用时并不会降低其对群体的价值。因此，报告认为应当对数据保管者的数据收集、处理活动给予适当的激励，在确保群体非个人数据用于增进群体经济利益、福祉、权利和尊严的同时，不过度限制他人合理利用这些数据的权利。

第三，对于私人非个人数据，报告指出，只有由私人组织收集的与群体有关的原始／事实数据（属于群体非个人数据）需要在具有明确理由的前提下无偿共享，如果在数据处理过程中进行了价值的附加，在附加价值很高的情况下，则将由收集、处理该数据的私人组织确定如何使用。而对私主体的其他数据，如算法、专利等，不会将其纳入数据共享的范围，因而其权益也就自然应当归属于制造、使用的私主体。由此可见，私人非个人数据的权益主要还是由数据的制作者和保管者享有。

---

① 即收集、处理数据的一方，称为数据保管者（data custodian）。

（四）非个人数据的流动与共享

数据共享指的是在有适当保障措施的情况下，为确定的目的，向个人或机构提供受控制的查阅私人机构数据、公共机构数据和群体数据的途径。由于数据的非稀缺、分布广泛、非竞争等属性，数据的流动天然具有创造价值的效用。① 报告也认为对元数据的开放访问将以前所未有的规模刺激印度的创新和数字经济增长，因此需要加快构建数据流动和共享的规范机制。

根据报告的规定，数据共享应当具有确定的目的：第一，主权目的——基于国家安全及法律等目的请求获取数据，如绘制犯罪地图、预测及预防流行性疾病、辅助监管机构了解行业发展并进行干预等。第二，核心公共利益目的——为开展研究和创新、制定政策或提供公共服务等公共利益原因请求数据共享。在这一目的的指引下，印度将会在国家层面上指定一些具有特殊公共利益的数据集为"高价值数据集"，如卫生、地理空间或交通数据集。为促进科研创新，印度还将构建用于不同领域的数据空间，以促进数据密集型研究的发展。第三，经济目的——为鼓励竞争或创造公平竞争环境、鼓励创业创新、规范数据市场等原因请求数据共享。印度将为初创企业提供访问政府或其他数据企业收集的元数据的通道，以解决初创企业获取资源困难的问题，协助其进行创新。同时，报告中强调数据对当前印度参与全球人工智能竞赛的重要性，指出印度当前的人工智能模型效率较低的现状，因此提议通过发挥第三方数据基础设施的作用，构建优质的训练数据集，以开发性能更强的人工智能模型。

确定数据共享的目的后，报告提出了对非个人数据进行共享的机制。报告要求确保数据共享原则能够横向适用于所有类型的非个人数据集，并采取了分级分类的方式推动非个人数据的共享。首先，报告特别强调应当推进政府数据开放，确保高质量公共非个人数据集的可用性；其次，对私

---

① 黄现清. 数字贸易背景下我国数据跨境流动监管规则的构建路径［J］. 西南金融，2021（8）：74-84.

人组织收集的有关群体的原始/事实数据，在具有明确的请求理由的情况下可以无偿进行共享，而对那些经过私主体处理具有高度附加价值的数据，数据共享应当被视为一种市场化行为，共享时需要向数据持有一方支付合理、公平和非歧视性的补偿；最后，对私主体持有的重要群体数据，报告提出应允许收据受托人或政府直接向这些私主体获取数据，并将数据存放于数据信托或数据基础设置中便于各方共享。

对非个人数据的共享机制，报告规定如下：数据使用方（如初创企业等）可以向数据保管者提出共享请求，保管者应当以维护非个人数据主体的利益最大化为原则进行考量并作出决定。如果在这一阶段数据保管者拒绝该共享请求，这一请求将会被移送至非个人数据监管机构，机构将会结合社会利益、公共利益和经济利益等角度分析本次数据共享的价值，并作出共享决定。

虽然报告强调数据流动和共享对于发挥数据价值、促进印度经济发展的重要意义，但也作出了相应的限制，主要聚焦于数据跨境流动和存储方面。一方面，报告根据非个人数据的敏感性划分作出了不同的存储要求：对于敏感非个人数据，虽然可以向境外传输，但应存储在印度境内；对于关键非个人数据，报告规定只能在印度境内进行存储和处理；而对于普通非个人数据则没有对流动和存储作出额外限制。另一方面，报告中也提出了印度数据保护的"长臂管辖"规则，即要求对在印度境外获取的印度群体非个人数据或公共非个人数据，这些数据的共享仍然且优先适用印度的法律法规，并提出可以通过设立义务或订立双边协定等方式实现。

三、《信息技术（合理的安全做法和程序以及敏感的个人数据或信息）规则》

（一）《信息技术规则》出台的背景回溯

印度在 2017 年普塔斯瓦米法官诉印度联邦案之前，并没有对隐私和信息保护进行专门的立法规制。其主要依靠的规则为 2000 年出台的《信息技术法》第 43A 条的规定，该条规定主要涉及法人在处理敏感个人数据或信息时，应当对其在合理实施和维护安全的做法和程序方面的任何疏忽承担赔偿责任。但《信息技术法》的关注焦点主要是信息安全，而非数据保护，对于个人数据的处理和传输等规则均未作出明确有效的规定。并且 43A 条中并未对"敏感个人信息"和"合理的做法和程序"作出明确的规定。该条中对"合理的做法和程序"的表述为："保护信息免受未经授权的访问、损坏、使用、修改、披露或价值减损的做法或程序，可以由双方在协议中作出规定或根据法律进行确定，在缺少约定或法律规定的情况下，可以由中央政府在与其认为合适的专业机构或协会协商后进行确定"；而对于"敏感个人数据或信息"的定义和范围则直接交给中央政府日后进行确定。这些模糊的表述导致《信息技术法》在实践当中存在一定程度的困难，因此只能待日后印度中央政府制定更为细化的规则来实现对敏感个人信息的保护。

2011 年 4 月 1 日，印度通信与信息技术部发布了《信息技术（合理的安全做法和程序以及敏感的个人数据或信息）规则》（简称《信息技术规则》）。该规则是根据 2000 年出台的《信息技术法》第 43A 条发布的，不仅对"敏感个人数据"作出了具体的定义，也对《信息技术法》中 43A 条规定中的"合理的做法和程序"的范围作出了规定，对法人的敏感个人数据处理行为附加了更为严格的条件。

（二）《信息技术规则》的主要特点

第一，《信息技术规则》明确将"个人数据"和"敏感个人数据"作出了划分。该规则第 3 条中通过列举的方式将"敏感个人数据"定义为包含以下内容的数据或信息：密码、财务信息、健康状况、性取向、病史、生物特征信息，为获取以上服务而向法人团体提供的相关信息，以及法人团体依据合同而处理、存储的信息或在上述情况中获取的信息，并且排除了在公共领域可获取的一切信息。

第二，《信息技术规则》中对《信息技术法》第 43A 条中规定的"合理的做法和程序"作出了具体的规定，不仅为敏感个人数据提供了更为全面有效的保护，同时也为处理敏感个人数据的企业提供了清晰的合规指引。"合理的做法和程序"规定在《信息技术规则》的第8条中，规则指出，国际标准"信息技术—安全技术—信息安全管理系统—要求"（IS/ISCO/IEC 27001）可以成为"合理做法和程序"的参考标准，而依据其他标准制定的最佳实践则需要通过中央政府的批准才能够正式实施，这一规定为法人团体提供了较为确定的指引和参考。同时，该条规定应当对法人团体的安全实践进行每年一次的审计，以确保措施的有效性，同时在面对产生安全漏洞的指控时，法人团体应当承担举证责任，通过其记录信息证实自身采取了合理的安全措施。

第三，除对"合理做法及程序"的确定，《信息技术规则》还为处理敏感个人数据的法人团体设置了一系列收集数据过程中的义务，以确保数据主体的信息安全。第4条规定，法人团体需要提供处理敏感个人数据的隐私政策，并确保提供数据的一方能够查看这些内容；此外，对政策的说明应当清晰易懂，应当明确收集信息的种类、目的和用途。第5条规定，法人团体在收集个人敏感数据时需要取得数据主体的书面同意，须出于必要目的，需确保数据主体对数据的收集知情，确保数据收集后只用于确定的目的、不会长期保留，并为数据主体提供审查渠道等。此外，第6、7条两条也对数据向第三方的披露和传输作出了相应的规定，如需事先征得数据主体的同意，需确保数据传输的相对方能够提供同样水平的数据保护等。

（三）《信息技术规则》的实施效果

随着算法决策、算法推荐的运用，数据在人们生活中的嵌入程度逐步加深，不再仅仅起到信息记录的作用。科技企业也依靠大数据、云计算等技术的发展进一步发掘数据中蕴含的价值，并通过技术影响甚至改变人们的生活。随着算法在社会各个场景中的深度嵌入，算法逐渐拥有了对社会成员在技术上的"强制力"，而拥有算法的科技企业则可以凭借这种技术权力来完成对特定对象的控制，进而通过掌握"算法权力"来掌据"数据权力"。① 但《信息技术规则》以其单薄的内容并不足以应对技术发展带来的各项数据的适用问题，虽然在其出台时是数据保护的一次新尝试，但随着数字经济的发展，一些缺陷不可避免地会随着时间的推移显现出来。

首先，《信息技术规则》赋予了数据主体对数据访问审查以及纠正的权利，但并未构建一个包含删除权、拒绝处理权、数据可携权、不受自动化决策权等多含有多项权利的数据权利体系。并且在面对跨国科技巨头在全球范围内大量收集个人数据形成数据垄断的问题时，《信息技术规则》对数据保护规则的域外适用问题规定并不明确。虽然《信息技术法》具有域外效力，适用于任何发生在境外但对印度境内计算机系统造成损害的违法行为，但并未将"法人团体"明确局限于"印度境内注册成立的实体"。因此，也可认为《信息技术规则》实际上具有域外效力，但这一问题本质上仍是一个灰色地带。

其次，在《信息技术规则》的自身立法方面也存在着部分缺陷。第一，敏感个人数据的定义过于狭窄，将几类个人数据排除在其保护范围之外，也并未对儿童个人信息的保护作出特殊规定。第二，根据《信息技术法》第 43A 条的规定，该规则并不适用于政府的数据处理行为；同时，由于"合理的做法或程序"可以由双方在合同中进行约定，但由于数据处理具有专业性、隐蔽性、技术性和市场的强势地位，② 处于弱势地位的个人很难在合同中提出对自己个人数据进行有效保护的条款。

最后，在《信息技术规则》的执行实践中，由于根据《信息技术法》设立的裁决机制的任命延迟，《信息技术法案》和《信息技术规则》也遇到了执行问题。

---

① 陈鹏. 算法的权力和权力的算法 [J]. 探索，2019（4）：182-192.

② 周昀，姜程潇. 关键数据处理机构的数据治理结构 [J]. 法学杂志，2021，42（9）：42-52.

第三节 治理趋势

一、分散化的数据本地化政策

印度作为发展中国家，并不像美国一般拥有大量的巨型跨国科技企业。印度的科技市场中多为新兴初创企业。因此，如世界上许多国家一样，印度也对跨国科技巨头是否会如"殖民者"一般掠夺并滥用其本国公民的数据产生了巨大的担忧。"数据殖民主义"这一"通过数据侵占人类生活"的趋势正在随着大数据、云计算和人工智能等技术的发展逐渐强化，人们在社会生活中产生的各种联系都可以被数字化表达进而成为数据商品，再由亚马逊、谷歌等"社会量化部门"用于生产高额利润。而在这一过程中，由于数字平台在人们生活中的广泛嵌入，数据几乎产生于人们日常的一言一行中，使每一个参与数字生活的主体都被强行拉入数据殖民关系。截至2022年，印度已拥有超过9亿个的互联网用户，成为仅次于我国的第二大在线市场（online market），[①]印度人民在日常生活中产生的大量数据也为其沦为"数字殖民地"带来了担忧，如何能够摆脱被跨国科技巨头和数据强国的"殖民"的命运，成了印度数据治理政策亟待解决的问题。

面对数据殖民主义，印度一方面希望通过构建强有力的本国数据治理框架保护本国公民的数据，反对跨国科技巨头的数据垄断，让数据权力真正归属于数据主体；另一方面则采取了更为激进的"数据民族主义"，对印度关键数据采取了本地化措施。[②]在莫迪"数据就是新的黄金"的叙事之下，

---

① TANUSHREE BASUROY. Internet Usage in India-Statistics & Facts [EB/OL]. (2023-12-19) [2023-06-30]. https://www.statista.com/topics/2157/internet-usage-in-india/#topicOverview.

② 毛维准，刘一燊. 数据民族主义：驱动逻辑与政策影响 [J]. 国际展望，2020，12（3）：20-42，154.

更加引起印度人民和本土企业对数据本地化的拥护，认为数据的流动事关对国家财富的争夺。[①] 并且，基于印度的殖民主义历史创伤和反殖民运动的胜利，印度在对抗数据殖民主义这一问题上展现出更强的积极性。"数据就是新的石油、新的财富，印度的数据必须由印度人控制和拥有，而不是由企业，特别是全球企业控制和拥有"成为印度积极采取数据本地化政策，对抗数据殖民主义的口号。

此外，与我国及俄罗斯从国家安全视角出发而严格限制数据跨境流动不同，印度在数据本地化的政策推进过程中显示出了一定程度的摇摆，且采取本地化政策的原因除了对国家安全考量，更多关注数据在本国经济增长中体现出的工具性价值。[②] 在数字经济时代，无论是出售或授权数据、出售全新的数据相关产品，还是利用数据改进现有产品、改善企业生产流程或提高运营效率，如企业或通过"数据赋能"依靠数字技术创造价值，或通过"数据增强"提高生产效率创造更多价值，数据已成为第四种生产要素，并通过与"数字化资本"和"数字技能熟练劳动力"要素结合的方式创造大量经济价值的核心，成为一国数字经济快速发展的决定性因素。[③] 虽然研究表明数据的全球性流动为全球的 GDP 增长做出了巨大的贡献，但数据跨境流动和数字鸿沟之间的矛盾仍然难以调和，完全开放的全球数据市场将导致大多数国家只能承担数据供应方的角色，将本国的数据用于别国的经济增长。[④] 因此，为促进本国经济增长，让本国数据优先服务于本国利益，印度选择了数据本地化的方式以避免在全球数字经济竞争中沦为数据供给工具。

---

① 刘金河，崔保国. 数据本地化和数据防御主义的合理性与趋势 [J]. 国际展望，2020，12（6）：89-107.

② RAHUL MATTHAN，SHREYA RAMANN，Data Governance.Asian Alternatives-India's Approach to Data Governance [R]. USA：Carnegie Endowment for International Peace，2022.

③④ 黄鹏，陈靓. 数字经济全球化下的世界经济运行机制与规则构建：基于要素流动理论的视角 [J]. 世界经济研究，2021（3）：3-13，134.

　　数据本地化是指一国数据应当储存在本地，按照本地化的严苛程度可以分为 3 种类型：数据本地备份模式、可访问的数据本地存储模式和绝对的数据本地存储模式。一是，对数据本地备份模式。要求在一国境内产生的数据必须在境内的服务器或其他存储设备上备份，才可以依照法律规定传输至境外。这种模式兼顾国内国际双方利益，能够使数据得到最充分的利用，但这一模式往往不适用于敏感和关键数据。二是，对可访问的数据本地存储模式，指的是本国产生的数据只能在本国存储和处理，但境外机构可以进行访问。这一模式也能够在一定程度上实现双方利益的兼顾，同时保障数据存储安全，但是也存在操作成本较高的问题。三是，对绝对的数据本地存储模式，这是最为严格的一种数据本地化模式，不仅数据存储在本地，也禁止一切境外访问和传输。这一模式强调绝对的数据安全，往往会忽视数据跨境流动对经济和科技的推动作用。①

　　而印度则是对不同数据实行了分级分类的管控方式，② 对不同种类、不同级别的数据设置了差异化的本地化要求。首先，对于个人数据，于2022 年已撤回的旧版《个人数据保护法案》中对个人数据的本地化要求均采取了分级差异化要求。在 2018 年版中，规定对一般的个人数据只需在本地留存副本，同时国家有权对部分一般个人数据进行本地化豁免；对敏感个人数据，除了留存副本也不具有任何豁免的机会；而对于经政府认定的关键个人数据，则是要求存储于印度服务器，境外只能在印度服务器对这些数据进行处理。③ 而在 2019 年版中，对个人数据的本地化已放宽了部分要求，只对敏感个人数据作出了本地留存副本再向境外传输的规定，删除了对一般个人数据的副本留存规定；而对关键个人数据

---

① 卜学民. 论数据本地化模式的反思与制度构建［J］. 情报理论与实践，2021，44（12）：80-87，79.

② 胡文华，孔华锋. 印度数据本地化与跨境流动立法实践研究［J］. 计算机应用与软件，2019，36（8）：306-310.

③ 详情参见:《2018 个人数据保护法案》第 40 条第 1 款。

则是仍然只允许在印度境内进行处理。① 其次，对非个人数据，在《关于非个人数据治理框架的专家委员会报告》中也进行了分级处理。对敏感非个人数据，允许向境外传输，但需要确保持续存储在境内；对关键非个人数据，规定只能在印度境内进行存储和处理；而对普通非个人数据则没有对流动和存储作出额外限制。最后，对于其他类型的数据，如电子处方、电子支付信息等，也均设定了不同的本地化标准，将具体在下文进行介绍。

　　由于印度长期以来并没有一部完整的数据治理法规，因此数据本地化政策也分散在各部门的不同文件中。2018 年 4 月，印度储备银行推出一项政策，要求所有支付系统提供商只能将所有的印度境内支付交易记录储存在印度国内，而跨境交易中的国内部分的副本可以存储在国外。② 电信部门也要求本地存储和处理用户信息，并禁止转让与用户或用户信息有关的会计信息。③ 同年颁布的《电子药房规则草案》中规定电子药房门户网站必须在印度建立，并应保持生成的数据本地化。规则草案明确规定，通过电子药房门户生成或镜像的数据绝不应以任何方式在印度境外发送或存储。 2019 年，由印度工业及国内贸易促进部发布的《电子商务政策框架草案》中也对数据本地化作出了规定，并指出，将采取措施，通过建立便利的数据基础设施，使国内数据存储具有经济吸引力，发展印度国内数据存储的能力并激励国内数据存储。除此以外，上文提到的印度对个人数据及非个人数据的治理文件中也分散地规定了数据的本地化要求。

---

① 详情参见：《2019 个人数据保护法案》第 33 条第 1 款。

② PRAVIN SAWANT. RBI-Storage of Payment System Data [EB/OL]. （2019-06-27）[2023-06-30]. https://www.linkedin.com/pulse/rbi-storage-payment-system-data-pravin-sawant?trk=articles_directory.

③ 戴永红，陈思齐. 印度数据本地化：网络利益边疆的碰撞与机遇 [J]. 南亚研究季刊，2022（2）：93-112，159.

二、探索印度特色数据治理框架

欧盟建立的 GDPR 以"最严监管范本"[①] 一经出台便引起全球范围的广泛关注，而严格的数据跨境流动限制措施也为面对着数据殖民主义的各国提供了有益参考。与之相反，美国以强大的数字经济实力和拥有众多全球性跨国平台企业大力推动全球性数据流动的发展，希望通过跨境数据流动为经济进一步增长提供更多原料。而印度作为发展中国家，既面临着数据殖民主义的危机，需要构建本国有力的数据治理框架，让数据价值为本国所享；又面临着经济增长的需求，需要通过数据为本国创造财富价值。因此，印度需要构建其独特的数据治理范式，以实现对个人数据提供有力保护的同时利用数据为印度的经济增长提供支持。

美欧之间对数据跨境流动的分歧主要在于价值取向和经济实力上的差异。首先，虽然美欧均意识到数字经济全球化趋势的深入需要数据跨境流动为其赋能，双方也具有强烈的合作意愿，[②] 但双方在价值取向上存在的差异也使双方在规制路径上难以统一。欧洲的隐私概念建立在人格尊严的基础上，而美国的隐私权基础却是建立在个人自由之上。[③] 因此，对欧洲来说，建立在人格尊严之上的隐私权具有至高无上的地位，数据跨境流动的首要前提就是确保个人信息受到充分的保护，而对美国来说，数据跨境流动则是强调数据主体的自由选择。[④] 同时由于美国拥有全球多个超大体量的平台企业，在全球数据市场中往往扮演着"数据利用者"的角色，可以通过

[①] 赵璐. GDPR 或称美欧谈判重要筹码 [N]. 国际金融报，2019-5-13（4）.

[②] 美欧在《隐私盾协议》失效后，虽然尚未建立起新的数据跨境流动框架，但美欧仍希望并积极寻求加强数字技术领域的合作的方式，如 2023 年 1 月双方签订的《人工智能促进公共利益行政协议》中，双方将在不共享数据的前提下共同构建通用人工智能模型。

[③] JAMES Q WHITMAN, The Two Western Cultures of Privacy: Dignity versus Liberty [J]. Yale Law Journal, 2004, 113（6）：1151-1222.

[④] 阙天舒，王子玥. 美欧跨境数据流动治理范式及中国的进路 [J]. 国际关系研究，2021（6）：76-96，155.

相对低廉的价格获取全球数据强化自身在全球互联网产业的优势。基于此，美国和欧盟形成了完全不同的数据治理范式，欧盟更强调通过严格的数据跨境流动规则实现对数据主体权利的保护，而美国则强调通过数据的自由流动实现数据本身的市场价值和经济利益。①

与欧盟和美国的出发点不同，印度更关注通过数据实现自身的经济增长，但同时不能沦为数据强国和科技巨头的"数据殖民地"。因此，正如印度所认识到的一般，印度不同于欧盟，后者在实现"数据富裕"之前就已实现了"经济富裕"，②在欧盟的严格监管体系之下，中小企业纷纷抱怨 GDPR 损害了他们的中短期盈利能力，因此，印度需要建立一个鼓励商业发展合经济增长的框架。③同时，印度也与美国不同，其数字经济虽然发展迅速，但在全球的互联网巨头中并不具有明显优势，如果贸然采取自由的数据跨境流动政策，如采取 APEC CBPR 中的最低限度保护方式进行数据共享，印度将在很大程度上沦为数据原料的供应方，不仅在全球数字经济的竞争中处于劣势，还会使本国国民的数据安全处于泄露的高风险之中。

因此，印度在数据治理框架的搭建过程中，结合自身需求及现实处境，探索出一条具有印度特色的数据治理路径。具体而言，首先，印度在对数据的权属划分采取了"数据信托"模式。这一模式建立在"追求自由、公平和共同的公共利益"④之上。为实现数据主体对数据的"自由、公平"，印度认为需要构建一个框架使个人对其数据的权利得到充分的尊重，同时缓解个人与数据处理者之间的议价能力失衡的问题。因此，印度在确认必须

① 阙天舒，王子玥. 美欧跨境数据流动治理范式及中国的进路［J］. 国际关系研究，2021（6）：76-96，155.

②③　NITI Aayog.Data Empowerment And Protection Architecture-Draft for Discussion［R］. India：NITI Aayog，2020.

④　Committee of Experts under the Chairmanship of Justice B.N. Srikrishna.A Free and Fair Digital Economy Protecting Privacy，Empowering Indians［R］. India：India Ministry of Electronics & Information Technology，2018.

将个人认定为"数据主体"的基础上，为有效解决个人行权困难的问题，构建了数据信托制度，这一制度同时为控制、处理数据的一方附加了对数据主体的信义义务，有效确保数据使用的每一步都符合数据主体的利益。其次，为保障印度的大规模人口都能够对其数据的使用和共享作出有效同意，印度基于其本土的数字基础设施构建经验建立了数据赋权保护架构，通过搭建一个透明且具有互操作性的平台辅助个人做出有效且具体的同意意思表示。最后，对数据本地化和跨境流动问题，印度也在逐步探索能够为其带来最大化利益的路径，因此在印度的立法过程中，也可以观察到印度在这一问题上的权衡和考量。

三、以技术实现数据赋权——构建实施"数据赋权保护架构"[①]

数据赋权保护架构（DEPA）是由印度政府智库转型中印度国家研究院（NITI Aayog）于 2020 年 8 月发布的一个技术法律解决方案，使用基于同意的电子框架，将数据主体置于数据共享的中心位置，使其拥有更大的控制权。该框架利用"同意经理人"这一中介机构促进数据共享的同意，使同意流和数据流分离，并且设置了双盲数据共享环境以保护个人信息安全。这一数据架构使用本土的技术法律机制进行数据治理，也是印度数据治理方式的核心特征。

（一）DEPA 的构建背景

面对着"数据殖民主义"对印度数据资源的掠夺，印度对各国以及跨国大型科技企业对数据的激烈追逐而形成"数据帝国"[②]的担忧逐步加重。

---

① 该架构是一个技术法律框架，用于数据受托人之间统一的数据共享。该框架将把法律原则嵌入为 DEPA 开发的技术基础设施中，为困扰世界各国的数据监管挑战提供新的解决方案。例如，DEPA 支持和补充了目前全球众多数据保护法围绕的一套共同的隐私设计原则。

② 丁玮. 数据主义视角下美国跨境数据政策演进及我国的应对 [J]. 杭州师范大学学报（社会科学版），2021，43（1）：120-129.

同时，印度国内也面临着严重的数据安全问题，[①]印度人民在享受数字化生活带来的便利的同时，也在时刻担忧个人信息的泄露。无论是解决国内的个人信息保护问题还是国际的对抗数据殖民主义问题，印度都需要加快其数据治理框架的开发进程，实现数据主体对其个人数据的有效控制。[②]然而，印度的大部分人口在达到较高的经济水平之前就已经产生了大量的数据，而单纯借鉴这些已经实现"经济富裕"的发达国家的数据治理模式并无法应对印度特有的问题，更无法实现真正为印度数据主体赋权。[③]

对印度而言，当务之急在于为个人和小型企业等机构赋能，摆脱"数据殖民主义"，让印度人民真正掌握自己的数据，因此实现这些数据主体对其个人数据的真正控制至关重要。然而，虽然印度隐私法承认个人对其数据的绝对控制权，但由于目前尚无一部完整有效的法律对数据进行有效保护并对数据流通作出规制，导致目前印度的数据均被那些获取过数据的控制者掌控，形成"数据孤岛"，且现行的用户同意机制因过于宽泛而存在着失效风险，因此数据主体对其产生的数据的使用实际上几乎没有发言权。[④]

首先，数据孤岛的形成是全球在数据资源竞争之下普遍存在的问题。[⑤]

[①]　此前根据印度一家报社的调查发现，通过购买 WhatsApp 提供的一项服务，即可在印度的唯一身份识别机构网站上通过 Aadhaar 编码访问对应主体的个人信息，引起印度公众对个人数据的担忧。

[②]　PTI.India views its privacy seriously, data imperialism not acceptable: Ravi Shankar [EB/OL]. (2019-11-07) [2023-06-30]. https://ciso.economictimes. indiatimes.com/news/india-views-its-privacy-seriously-data-imperialism-not-acceptable-ravi-shankar-prasad/71951962.

[③]　NITI Aayog.Data Empowerment And Protection Architecture-Draft for Discussion [R]. India: NITI Aayog, 2020.

[④]　RAHUL MATTHAN, SHREYA RAMANN, Data Governance.Asian Alternatives-India's Approach to Data Governance [R]. USA: Carnegie Endowment for International Peace, 2022.

[⑤]　叶明，王岩. 人工智能时代数据孤岛破解法律制度研究 [J]. 大连理工大学学报（社会科学版），2019，40（5）：69-77.

数据孤岛产生最主要原因是在数据产业生态系统中数据生产者、数据控制者和数据使用者三方的生产关系结构失衡——数据控制者掌握着大量数据，这些数据一方面代表着其对数据的访问、使用和授权他人使用进行掌控的权力，另一方面代表着其具有了更强的核心资产和竞争力来源，因此占据着产业链顶端的数据控制者更倾向于构建壁垒，进而成为"数据垄断者"；同时，真正处于数据生产链源头的个人不仅面临着个人信息泄露的风险，还难以真正获得数据收益，被当作"透明人"排除在数据产业生态系统之外。[①] 但数据的可重复使用和非竞争性决定了其价值生产模式不同于其他生产资料，数据的流通和处理分析能够产生具有社会和经济价值的信息，进而帮助提高生产力、改进或创造新产品、新流程及新型组织方法。但数据孤岛将导致数据被分割并分块储存在不同主体手中，无法实现数据的互联互通、相互分享和整合利用，如果数据流通不畅，数据就不能实现真正的有效利用，其对数字经济的放大和叠加作用也无法得到充分发挥，[②] 无法为数字经济赋能，同时也成为制约技术优化升级的桎梏。而数据孤岛在印度的主要影响则是给个人以及小型企业对其数据的访问和利用附加了高昂的成本，特别是在金融领域，在印度经济中发挥着重要作用的中小微企业面临着难以从金融机构获得运营资金的问题。为有效解决数据孤岛的困境，就需要促进数据的有效流动，而明晰数据权属即为这一破解之法的基本前提。[③] 增强数据主体对数据移转与再利用行为的控制，能够使个人在积极参与中获得数据流动带来的便捷、高质量的服务，让数据主体真正成为数据共享和再利用的受益者。[④] 因此，建立 DEPA 这样一个更以用户为中心的数据治理技术机制，使数据生产者能够更有效地访问和使用数据并获取

[①] 周茂君，潘宁. 赋权与重构：区块链技术对数据孤岛的破解 [J]. 新闻与传播评论，2018，71（5）：58-67.

[②③] 叶明，王岩. 人工智能时代数据孤岛破解法律制度研究 [J]. 大连理工大学学报（社会科学版），2019，40（5）：69-77.

[④] 王锡锌. 个人信息可携权与数据治理的分配正义 [J]. 环球法律评论，2021，43（6）：5-22.

利益，将更有助于实现印度信贷获取的民主化，进而推动经济发展。①

其次，同意机制的失效也是当前数据治理中的重点问题之一，同意机制的失效导致数据主体失去数据的控制，在阻碍数据流通之上更突显出数据安全的问题。对印度而言，这一问题就更为严重，正如前文所述，印度的数据流动目的在于为数据主体赋权，使其能够更便捷地获取自身数据并用于各项服务中，特别是金融服务，而同意机制的失效一方面导致大量的用户数据的流动不受数据主体自身的控制，另一方面则使数据主体处于数据泄露的风险之中。知情同意原则向来是个人信息保护的"帝王条款"，旨在维护个人自主，使信息主体得以自治自决。② 但大数据时代数据的密集收集、频繁处理，以及多方共享加大了有效同意的获取难度和成本，③ 对数据控制者来说难以征求海量用户对每一项数据行为的同意，同意机制成为其获取及处理数据的阻碍；对数据主体来说，面临着许多企业未经同意即转让数据或事前征求宽泛的同意，进而导致失去对其个人数据控制的风险。这样的同意机制严重阻碍了印度的个人数据赋权目的的实现，并且印度认为，当前为数据治理提供范本的欧盟 GPDR 本质上是从预防损害的角度进行规制，并没有真正实现个人赋权，也无法让个体机构通过数据实现社会经济地位的提高。④ 当前的同意制度基本均属于一种"事前同意"的机制，服务提供者征求用户同意的时点被提前到其提供服务之前，并且往往涵盖多项同意内容，本质上是广泛且笼统的。⑤ 想让尽量多的主体能够实现对其个人数据的有效访问和利用，就需要建立"细颗粒度"的同意机制，打破原先以机构为中心的数据治理框架，让数据主体真正能够实现对其数据的掌控，做出真实有效的同意。

---

①④　NITI Aayog.Data Empowerment And Protection Architecture-Draft for Discussion［R］. India：NITI Aayog，2020.

②③　田野. 大数据时代知情同意原则的困境与出路——以生物资料库的个人信息保护为例［J］. 法制与社会发展，2018，24（6）：111-136.

⑤　DANIEL J SOLOVE, Privacy self-management and the consent dilemma［J］. Harvard Law Review，2013，126（7）：1880-1903.

面对以上问题，印度从各国数据治理中吸取经验教训，力图探索一条综合法律监管框架、正确的制度安排，以及包含数据保护和数据共享在内的强大技术架构的可发展数据治理框架，使其真正适应多样化的人口结构，实现安全、赋权、可扩展的数据治理。[①]DEPA 以现有的同意机制为基础，搭建了一个公开化的数据存储访问与共享平台，以技术为法律赋能，通过独立的第三方主体为个人和小企业提供更加便捷的方式以访问、控制和有选择地共享存储在多个机构中的个人数据，构建了以用户为核心的、具有可扩展性的数据访问及利用框架。让数据权利真正回归到生产数据的主体手中，可以在实现对个人隐私更好保护的同时使数据主体真正享受到数据所带来的利益，也有利于打破大型科技公司控制数据之下而形成的"数据孤岛"，促进数据的有效流动，同时，这一框架由于增强了数据主体对数据的控制，特别是对数据共享的控制，也能够在一定程度上对抗数据殖民主义带来的全球数据资源不平等问题。

（二）DEPA 的结构框架

DEPA 的构建以确认个人具有以易于理解的方式收集、分享和访问与他们有关的数据的权利为前提，为确保这些权利得到有效保护，这一框架基于印度人口的规模和多样性特征，创造性地建立了数据收集机构和同意收集机构区分开来的结构——通过独立的"同意经理人"为印度的全体公民提供多样化的"知情—同意"服务模式，以电子化的方式实现数据可携权，并且在一定程度上扩大了可携权的行使——传统的可携权使数据主体可以实现将其数据从 A 公司移植到 B 公司，但通过 DEPA 可以同时实现多对多的数据移植。[②]

"同意经理人"是为数据主体维护"电子同意表"的组织，具有以下特点：第一，"同意经理人"并不存储用户数据，只存储用户的授权同意信息；

---

① NITI Aayog.Data Empowerment And Protection Architecture-Draft for Discussion［R］. India：NITI Aayog, 2020.

② VIKAS KATHURIA. Data Empowerment and Protection Architecture：Concept and Assessment［R］. India：OBSERVER RESEARCH FOUNDATION，2021.

第二，其只负责启动数据的传输，无权对用户数据进行读取、存储和分析，数据由数据控制方通过 API 流向数据使用方；第三，市场上应当存在数家具有竞争关系的"同意经理人"，且各经理人之间信息互通，数据主体的账户也具有较强的可迁移性。[①]

根据 DEPA 的构建，首先，希望转移个人数据的数据主体可以在"同意经理人"处注册一个账户，并提交存有其数据的机构名单，"同意经理人"将创建与这些数据控制者的链接。[②] 当数据使用者需要使用数据时将向"数据经理人"发送请求，并附上一个标准化的"数字同意书"，集中记录了需要获取的数据的详细内容和请求细节，再由"同意经理人"发送给数据主体。在获取同意后，将向存有该主体数据的多个数据控制者发送请求，要求其将数据通过"同意经理人"传输给数据使用者，具体流程可见图 5.1。

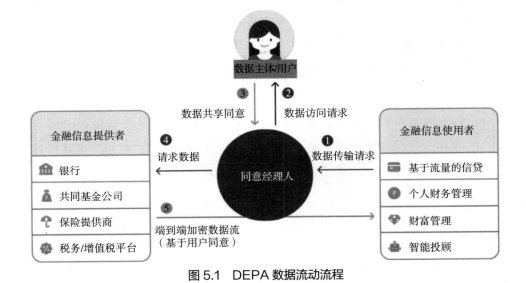

图 5.1　DEPA 数据流动流程

①　NITI Aayog.Data Empowerment And Protection Architecture-Draft for Discussion［R］．India：NITI Aayog，2020.

②　RAHUL MATTHAN，SHREYA RAMANN，Data Governance.Asian Alternatives-India's Approach to Data Governance［R］．USA：Carnegie Endowment for International Peace，2022.

在这一过程中，"同意经理人"不知道数据主体的数据内容，数据控制者不知道数据使用者的身份，且数据载传输过程中全程加密，只有特定的数据使用者才能够对这些数据解密，[①]实现了双盲环境的构建。

"数据经理人"这一独立第三方机构的加入，使同意和数据传输相分离——这也是 DEPA 的关键特征，也使用户对数据的收集和数据共享的同意相分离，数据主体对数据收集的同意并不意味着对数据共享的同意，对数据共享的同意需要通过"数据经理人"在不同场景下特别作出。[②]同时有助于用户真正了解到他们的数据是如何收集和处理的，提高了数据处理过程的透明性，更有利于个人信息的保护。[③]这一特点使用户对数据的控制增强，真正实现了数据赋权。而对数据保护，DEPA 则是将隐私保护这一理念嵌入技术架构的设计之中（privacy by design），确保隐私保护的理念渗入到从设计到整个架构运行的全周期，[④]并且嵌入到系统的设计、操作和管理中。[⑤]这一理念在 DEPA 中是通过对"数据经理人"的权限和功能设置实现的。"数据经理人"在整个数据共享的过程中只是起到了居中监督数据依照其数据主体的意志流动的作用，无权对这些数据进行访问，更无权存储。

由于需要对海量数据进行传输，同时沟通多方主体，为确保 DEPA 架构的顺利运行，需要构建一套技术支撑体系以实现细颗粒度用户同意的数字化实现。DEPA 在数据得到传输过程中使用了隐私增强技术（PETs），

①② VIKAS KATHURIA. Data Empowerment and Protection Architecture: Concept and Assessment［R］. India：OBSERVER RESEARCH FOUNDATION，2021.

③ NITI Aayog.Data Empowerment And Protection Architecture-Draft for Discussion［R］. India：NITI Aayog，2020.

④ ICO.Data protection by design and default［EB/OL］.（2023-05-19）［2023-6-30］. https://ico.org.uk/for-organisations/guide-to-data-protection/guide-to-the-general-data-protection-regulation-gdpr/accountability-and-governance/data-protection-by-design-and-default/.

⑤ European Union Agency for Cybersecurity.Privacy and security in personal data clouds-Final report［R］. European Network and Information Security Agency，2016.

以实现在保护数据的同时通过促进数据的顺畅流动来确保数据赋权。[①]因此，DEPA 在创建该基于同意的数据使用机制的同时，还提供了 3 个核心数字基础设施以实现数据保护，辅助数据治理。

第一，电子同意结构。DEPA 对数据主体同意的收集建立在 ORGANS 原则之上，因此建立了一个标准化的电子同意结构，是 DEPA 技术结构的关键基础。构建这样一个标准化、编码化的同意便于规范数据共享的同意流程，同时简化了数据主体对隐私政策理解过程，能够确保用户对其数据的共享时长和场景作出具体同意，且便于日后进行审计。[②]

ORGANS 原则：[③]

O- 开放标准（open standards），同意的作出必须遵循开放标准的原则；

R- 可撤销（revocable），用户在任何阶段都可以撤销所作出的同意；

G- 细颗粒度（granular），同意的作出必须是细颗粒度的，数据应当根据其特征具有更加精准的同意内容；

A- 可审计（auditable），所有的同意和数据流动都必须在印度电子和信息科技部的"同意日志模块"记录数字签名和日志，便于日后的审计；

N- 通知（notice），当创建或撤销同意以及数据被请求、发送或拒绝时，必须通过电子邮件、短信、应用内通知和其他通知机制通知用户并给予适当通知；

S- 安全设计（security by design），内部和外部的软件及系统必须重新进行设计，以确保其安全性。

第二，数据共享接口。使用标准化的 API 可以使数据控制者和数据使用者之间的数据进行加密的无缝传输。所有采用 DEPA API 的机构都可以向"数据管理人"提供数据，以实现数据的传输。同时，可以为数据

①　VIKAS KATHURIA. Data Empowerment and Protection Architecture：Concept and Assessment［R］. India：OBSERVER RESEARCH FOUNDATION，2021.

②③　NITI Aayog. Data Empowerment And Protection Architecture-Draft for Discussion［R］. India：NITI Aayog，2020.

主体建立一个平台，使其能够对多个数据控制者和使用者进行授权或取消授权。[①]

第三，数据保护及处理标准。DEPA 的构建和顺利运转还需要依赖与数据存储和处理相关的技术标准，根据规定，这些标准应当由即将组建的数据保护局进行设计并对其实施进行监管。[②]

印度基于其数字基础设施的建设经验，以技术为法律赋能，将法律嵌入技术，通过技术和法律的融合构建了独特的数据治理实践，不仅通过隐私设计实现对数据的保护，也通过精细化的数据电子同意机制为数据的流动构建了基础。不仅为我国，也为世界各国破除数据垄断问题提供了有益参考。

---

①② NITI Aayog. Data Empowerment And Protection Architecture-Draft for Discussion [R]. India：NITI Aayog, 2020.

第六章

其他经济体的数据主权
治理及其比对

第一节　英国的数据主权治理

一、立法实践

（一）《数据保护法》

1. 历史沿革背景

1984 年，英国议会通过首部《数据保护法》（*The Data Protection Act*），提出了个人数据保护的基础性原则，禁止数据主体未经注册持有个人数据，设立数据保护登记官。[①] 1998 年，英国颁布第二版《数据保护法》，赋予了公民获得自身信息和数据的合法权利，同时要求政府应在不违反国家安全、商业机密和个人隐私的情况下，将政府信息以电子化的形式予以公开。该法案在过去 20 多年英国数字领域的治理实践中发挥了重要作用，但是随着大数据等新兴技术的快速发展，海量的数据逐渐成为重要的生产要素，

---

① 李重照，黄璜. 英国政府数据治理的政策与治理结构［J］. 电子政务，2019（1）：20-31.

对个人数据的使用和保护提出了更高的要求。①

　　为使《数据保护法》更好地适用于数据处理数量不断增加的数字时代，确保英国为脱离欧盟做好准备，时隔 20 多年，英国数字、文化、媒体和体育部于 2017 年 8 月发布了《一个新数据保护法：我们计划的改革》。虽然早在 2016 年 6 月 23 日，英国已通过全民公投决定脱离欧盟，但在修法时，退出谈判仍未结束，英国仍然是欧盟的正式成员，需要继续执行和适用欧盟立法。

　　此外，即使正式脱离欧盟，为确保英国与美国和欧盟等关键市场之间的数据安全流动、发挥跨国际边界数据传输对经济的助推作用和维护数据保护制度的连续稳定性，英国决定继续采用欧盟层面的国际框架条款来支撑国内的数据保护法律。具体而言，包括《通用数据保护条例》《数据保护执法指令》（*Data Protection Law Enforcement Directive*）和《欧洲委员会关于在自动处理个人数据方面保护个人的公约》（*The Council of Europe Convention for the Protection of Individuals with regard to Automatic Processing of Personal Data*）三项国际文书。

　　如上所述，2018 年的《数据保护法》有 3 个主要目的：第一，将 GDPR 和《数据保护执法指令》纳入英国法律，以英国国内法执行欧盟数据保护的总体性立法；第二，废除作为英国主要数据保护立法的 1998 年《数据保护法》，用一个全面的、现代化的数据保护框架取代它；第三，确保英国和欧盟数据保护机制在脱欧后继续保持一致，允许英国继续与欧盟自由地交换个人数据。② 英国 2018 年版《数据保护法》的政策目标是使英国经济社会最大限度地从数据创新中获益，旨在打造一个安全可靠的网络空间，同时提升个人数据的保护水平。如在企业层面，新法案以推进企业数字化转型和促进数字经济发展为目标，帮助企业规范个人数据的使用，

---

　　① 梁正，吴培熠. 数据治理政策的国际比较：历史、特征与启示 [J]. 科技导报，2020，38（5）：36-41.

　　② 石贤泽. 英国脱欧与英欧数据保护关系的新构建 [J]. 欧洲研究，2019，37（2）：71-94，6-7.

以更好地保护企业的数据业务和声誉。[①]

2018 年版的《数据保护法》于 2021 年 1 月 1 日根据 2018 年的脱欧法案的规定进行了修订，以反映英国独立于欧盟的地位。其中，《数据保护法》2018 年颁布时第 2 部分第 3 章第 22 条的"GDPR 适用于本章适用的个人数据处理"条款内容被删除。人工非结构化数据处理和出于国家安全和国防目的的处理现在属于英国 GDPR 的规制范围。[②] 此外，《数据保护法》还保留了英国脱欧前欧盟所有的充分性决定，例如美国隐私盾计划。

2. 2018 年版《数据保护法》与英国 GDPR

2018 年版《数据保护法》与英国 GDPR 都是现行针对英国数据进行规范和保护的法规，前者的管辖范围包括但不限于后者。在适用范围方面，2018 年版《数据保护法》为了对通用数据（即全自动、半自动个人数据处理，以及形成或旨在形成用户画像的非自动个人数据处理）采取实质上相同的保护标准，将适用范围拓展到超越欧盟权限的范围，涵盖所有其他通用数据、执法数据和国家安全数据。具体包括通过立法扩大处理刑事定罪和个人犯罪数据的权利，使拥有官方权力的组织以外的组织能够处理刑事定罪或犯罪数据，采取了与处理特殊（即敏感）类别个人数据类似的方法。此外，该法案对《通用数据保护条例》进行了一些商定的修改，使之在学术研究、金融服务和儿童保护等领域为英国的利益服务。2018 年版《数据保护法》与英国 GDPR 并行适用并提供补充规定，如规定了豁免情形。该法还为执法当局制定了单独的数据保护规则，将数据保护扩展到国家安全和国防等其他领域，并规定了信息专员的职能和权力。

对 2018 年版《数据保护法》的运行，一是规定了 3 个独立的数据保护制度，适用于不同的情况并执行不同的功能。2018 年版《数据保护法》的

---

① 梁正，吴培熠. 数据治理政策的国际比较：历史、特征与启示 [J]. 科技导报，2020，38（5）：36-41.

② ICO.Overview-Data Protection and the EU [EB/OL].（2023-05-23）[2023-06-30]. https://ico.org.uk/for-organisations/data-protection-and-the-eu/overview-data-protection-and-the-eu/.

第 2 部分指一般处理，目的在于通过完成保留给成员国解释和实施的部分来补充《英国通用数据保护条例》。二是将 GDPR 要求应用于其范围之外的某些一般处理，具体包括适用于 GDPR 相同类型的处理和在 GDPR 范围之外的个人数据处理（主要为国家安全、执法和移民领域）。2018 年版《数据保护法》的第 3 部分指执法处理，即执法职能机构在出于执法目的进行处理时的单独数据保护制度，将《执法指令》的制度适用范围进一步扩展。2018 年版《数据保护法》的第 4 部分指情报服务处理，即情报部门处理个人数据适用的特定数据保护制度。

《英国通用数据保护条例》于 2021 年 1 月 1 日生效，基于欧盟的《通用数据保护条例》进行了一些修改，使其在英国环境下更有效地运行。即使在脱欧后，欧盟的《通用数据保护条例》作为英国 GDPR 仍然保留在英国法律中。它规定了除执法和情报机构，英国大多数个人数据处理的关键原则、权利和义务。在实践中，核心数据保护原则、权利和义务几乎没有变化。《英国通用数据保护条例》在序言增加了论述深度，有助于解释具有约束力的条款。但序言仍然具有与以前相同的地位：不具有法律约束力，只是有助于理解文章的含义。

具体到跨境数据流动方面，依据 2018 年版《数据保护法》第 3 部分第 5 章"将个人数据转移至第三国"第 73 条"个人数据传输的一般原则"的规定，原则上控制者不得将个人数据转移到第三国或国际组织，除非该第三国或国际组织获得了充分性认定。关于基于"数据保护充分性"这一原则同意数据跨境流动这一点，也体现了与 GDPR 保持一致。

（二）《英国数字战略》

1. 历史沿革背景

2017 年 3 月，英国政府出台第一版《英国数字战略》（*UK Digital Strategy*），旨在确保英国是启动和发展数字业务、试用新技术或进行高级研究的最佳场所，使英国数字行业保持世界领先地位。其数字战略的关键方面具体为：①数字基础设施；②数字技能；③使英国成为启动和发展数字业务的最佳地点；④帮助企业成为数字化企业；⑤使英国成为世界上最安全的在线生活和工作地点；⑥保持英国政府在为公民提供在线服务方面的世界领先地位等。

2020 年 9 月 9 日，英国数字、文化、媒体和体育部颁布新版《国家数据战略》，计划在离开欧盟后通过利用独立主权国家的优势，促进企业、政府、民间社会和个人更好地利用数据，并在国际层面影响全球数据共享和使用方法，推进负责任和有效地使用与共享数据。

2020 年版《国家数据战略》规定了五大优先领域：释放数据的经济价值、确保有利于增长和值得信赖的数据制度、提高政府对数据的使用效率进而改善公共服务、确保数据基础设施的安全性和弹性、支持数据的国际流动。与该战略"数据主权治理"最相关的为跨境数据流动部分，英国力图推广国内最佳实践，并与国际合作伙伴合作，确保数据不会受到国家边界和分散的监管制度的不适当限制，以便充分发挥其潜力。

具体而言，一是将确保个人数据在跨境移动时得到适当的保护。这既包括确保欧盟做出积极的充分性决定，允许个人数据继续从欧盟／欧洲经济区自由流动到英国，也包括实施独立的英国政府能力，对从英国转移的个人数据进行数据充分性评估。二是促进跨境数据流动，在全球范围内努力消除国际数据流动的不必要障碍，促进在贸易谈判中达成数据条款，并利用在世界贸易组织新独立的席位来影响数据贸易规则。此外，英国还将与二十国集团的合作伙伴合作，建立国家数据制度之间的互操作性，以最大限度地减少不同国家之间传输数据时的摩擦。三是推动数据标准和国际互操作性，现技术标准越来越多地表达了道德和社会价值观，以及行业最佳实践，英国将与各国合作制定符合英国国家利益和目标的共享标准。

2022 年 6 月 13 日，英国数字、文化、媒体和体育部颁布《英国数字战略》，侧重于数字基础、创意与知识产权、数字技能和人才、为数字畅通融资渠道、传播数字影响力和提升英国国家地位六大关键领域。2022 年 7 月 4 日，英国科技和数字经济部对前述《英国数字战略》进行了更新，新增加了"数字雇主的签证路线"。在数据跨境流动方面，其将促进全球数字贸易、促进数字出口，并努力确保新的自由贸易协定具有数字篇章（包括零关税数字贸易、跨境数据流和信任，以及知识产权和源代码保护）。

2. 2022年版《英国数字战略》

在2022年10月4日最新版的《英国数字战略》中，于以前各关键要点基础上，英国进一步丰富了关于全球层面数据治理的规划，将通过下列三方面事项来提高自身在全球数据治理中的地位。

一是在全球领导力层面，通过在传统多边论坛和通用人工智能伙伴关系、经合组织、七国集团和联合国等多方利益相关者组织中发挥领导作用，努力确保管理数字、数据和技术的国际规则以开放为核心，保留现有的多方利益相关者治理模式。为此，英国打算增加在全球数字技术标准机构中的正式代表权。

二是促进数字出口和进口投资。英国寻求在贸易协议中加入有关数字贸易的章节，其中包含关于免关税数字贸易、源代码保护和数据自由流动措施的条款。英国作为独立贸易国与日本、澳大利亚和新西兰签署了第一批重大贸易协议，这些交易直接有利于英国的数字经济。2022年，英国更进一步与新加坡签署了《数字经济协议》。根据这项极具创新性的贸易协议，英国和新加坡将探索促进各自数字身份制度之间兼容性和互操作性所需的机制，并减少跨境贸易中的摩擦，这是英国首个此类合作协议。此外，在制定有前瞻性的现代数字贸易规则方面，于英国担任七国集团主席期间，召集成员国就一套开创性的七国集团数字贸易原则达成一致。七国集团还同意，包括传输内容在内的电子传输应免除关税。与此同时，英国将继续注意保护国家安全的必要性，仅在敏感度较高的领域谨慎限制投资和贸易。

三是通过建立国际伙伴关系来助力实现优先事项。英国将与志同道合的国家就需要超国家合作的主题项目结成联盟，如高度复杂的研发项目、半导体供应链弹性和电信供应链多元化。英国还与志同道合的国家建立双边联盟，以实现共同的数字和技术雄心。如《英国与欧盟贸易合作协议》中的数字章节包含了前瞻性的数字贸易条款。2021年，英国首相约翰逊和美国总统拜登承诺发展英美技术伙伴关系，以加强英美在数据对话、改善数据的可访问性和流动性等领域的合作。英国还在加强与印太地区的数字和技术合作，其将继续在成功的基础上，就英国加入《跨太平洋伙伴关系全面与进步协定》进行谈判，进一步深化与亚太地区的关系，并建立一个全球国际协议网络，支持英国各地的生产力、就业和增长。

《英国数据战略》关注数据在整个经济体中的可用、可访问和可提供，同时保护人们的数据权利和私营企业的知识产权。不断明确数据资产管理的重心与方法，并以生命周期管理、价值管理和安全管理为主轴，营造基于数据驱动、数据赋能的政府数据资产战略管理新格局。① 此外《英国数字战略》的内容变革也体现了英国政府越发重视跨境数据流动的价值和国家间的合作治理。

3.《数据改革法案》

《数据改革法案》（*Data Reform Bill*）并不是一部真正意义上的法案，该法案首次出现在 2022 年 5 月 10 日议会开幕式的女王演讲中，是政府当年施政纲要的一部分。在女王演讲中，《数据改革法案》的篇幅仅为 2 页，概括了英国数据保护制度立法的改革方向。

具体而言，该法案的目的是利用英国脱欧的机会，建立一个新的有利于增长和值得信赖的英国数据保护框架，减轻企业负担，促进经济发展，帮助科学家创新，改善英国人民的生活。该法案的主要好处是通过减少英国企业面临的负担，设计一种更灵活、注重结果的数据保护方法来提高英国企业的竞争力和效率。

英国政府认为《英国通用数据保护条例》和 2018 年版《数据保护法》是非常复杂的立法，其中包含了过多的文书工作要求，给企业带来了负担，且对公民几乎没有好处。由于英国已经离开了欧盟，因此有机会改革数据保护框架。根据数字、文化、媒体和体育部的分析，此次改革将通过减轻各种规模企业的负担，在十年内为企业节省超过 10 亿英镑。②

---

① 夏义堃，管茜. 国外政府数据资产管理的主要做法与基本经验［J］. 信息资源管理学报，2022，12（6）：18-30.

② Prime Minister's Office. Queen's Speech 2022［EB/OL］.（2022-05-10）［2023-06-30］. https://www.gov.uk/government/speeches/queens-speech-2022.

根据 2022 年 6 月 17 日英国数字、文化、媒体和体育部的官方声明，此次数据法案改革的五大目标为减轻企业合规负担、保护消费者免受滋扰电话和不必要的 cookie 的侵害、实现 ICO 现代化、实现数据的创新使用及赋能国际贸易。

针对减轻企业合规负担这一目标，在实践中自从欧盟高度复杂的《通用数据保护条例》在英国实施以来，许多组织一直无法尽可能动态地使用数据。《数据改革法案》建议取消某些组织（如小型企业）拥有数据保护官并进行冗长评估的程序。在赋能国际贸易方面，英国致力于保持高数据保护标准并继续在志同道合的国家间自由流动个人数据。数据改革将支持英国政府与重要经济体建立新的数据伙伴关系的雄心，并能改善全球定位系统（GPS）导航等许多技术所依赖的国际数据传输问题。英国将继续与包括美国、澳大利亚、韩国和新加坡在内的优先国家达成数据充分性协议。①

4.《数据保护和数字信息法案》

2022 年 7 月 18 日，英国数字、文化、媒体和体育部向英国下议院提交了《数据保护和数字信息法案》（*The Data Protection and Digital Information Bill*）。该法案体现了《数据改革法案》中的相关理念，但由于首相换届等因素，后续流程被搁置。2023 年 3 月 8 日，英国科学、创新和技术部向下议院提交了《数据保护和数字信息（第 2 号）法案》。该法案的大部分内容与 2022 年 7 月 18 日在下议院提出的《数据保护和数字信息法案》相同。

在政府看来，当前《英国通用数据保护条例》和 2018《数据保护法》的一些规定给企业和消费者带来了障碍，以及不确定性和不必要的负担。现行立法规定了组织必须采取的一系列活动和控制措施，以被视为合规。在政府看来，这种方法可能倾向于"勾选方框"的合规制度，而不是鼓励采取积极和系统的做法。

---

① Department for Digital, Culture, Media & Sport and The Rt Hon Nadine Dorries MP. New data laws to boost British business, protect consumers and seize the benefits of Brexit[EB/OL]. (2022-06-17) [2023-06-30]. https://www.gov.uk/government/news/new-data-laws-to-boost-british-business-protect-consumers-and-seize-the-benefits-of-brexit.

最初的法案草案对《英国通用数据保护条例》、2018《数据保护法》和2003《隐私和电子通信条例》（*The Privacy and Electronic Communications Regulations*）进行了修订，旨在实现政府鼓励创新和负责任地减轻企业合规负担的既定目标，同时寻求保留英国在欧盟《通用数据保护条例》下的充分性地位。通过更新和简化英国的数据保护框架和信息专员办公室的作用，降低该行业的合规成本，并减少组织证明合规所需完成的文书工作量。在保护个人的数据权利的同时注重产生的社会、科学和经济效益。

该法案是在与行业、商业和消费者团体进行详细的共同设计后提出的。其在以下领域进行了修订：①将进行科学研究时的豁免范围扩大到包括作为商业活动进行的研究；②减少和简化对控制或处理低风险数据的组织的记录保存要求；③在法案生效前合法订立的转移机制在新制度下将继续有效，确保企业可以继续使用现有的国际数据转移机制，在已经遵守现行英国数据法的情况下，将个人数据转移到第三国；④建立提供数字验证服务的框架，使数字身份能够像纸质文件一样被信任地使用；⑤根据《隐私和电子通信条例》（PECR），增加骚扰电话和短信的罚款。

该法案简化了现行立法对数据处理组织的要求，还修改了豁免条款。在数据主体的请求被视为"无理取闹或过分"的情况下，相关组织可以使用该豁免款来收取合理费用或拒绝回应数据主体的要求。这一豁免条款允许在无意访问个人信息的情况下提出的请求比现有的"明显没有根据或过度"门槛更容易被拒绝或收费。

在管理机构方面，信息专员办公室（Information Commissioner's Office，ICO）的治理结构和权力也将进行改革，并移交给一个新的机构，即信息委员会。草案还将2017年《数字经济法》（Digital Economy Act，DEA）2017年第35条规定的数据共享权力扩大到企业，以更好地使有针对性的政府服务能够支持企业增长，提供联合公共服务，并减少数据共享的法律障碍。

在数据跨境流动、政府合作方面，该法案旨在为个人数据的国际传输提供一个更清晰、更稳定的框架，以促进国际贸易。改革后的数据保护测试将侧重于为数据主体提供的数据保护结果，而无论形式如何。此外，新法案将使新的国际警报数据共享协议能够迅速实施，从而尽早地为英国执法机构提供额外的权力。这些新协议将为英国和第三国之间共享执法数据设定参数，包括如何共享数据的技术规范。

本次尽管引入了一些关键条款的修改，但大多数只是反映了既定的原则或指导意见，并在现有治理要求的边缘引入了微小的修改，而没有进行彻底修改，即只有有限的实质性修改。在国际数据传输方面，该法案根据最初的法案草案对国际传输和英国的充分性评估方法进行了修订。英国数据和数字基础设施国务部长朱莉娅·洛佩斯指出，政府已就该法案的提案与欧盟委员会进行了接触，因此她相信英国将维持欧盟委员会的充分性认定（即允许数据自由流动）。但英国内部也有反对质疑的观点存在。负责数字、文化、媒体和体育部事务的影子部长露西·鲍威尔表示，该法案没有应对人工智能聊天机器人等技术发展带来的挑战，相反它调整了 GDPR 的边缘，并将使"本已密集的一套隐私规则变得更加复杂"。她担心可能会失去与欧盟的数据充分性认定和减少对公民的保护。

二、英国数据主权治理的特征与趋势

（一）维持与欧盟的强依赖关系

在 2020 年 1 月 31 日正式脱欧至 2020 年 12 月 31 日过渡期结束间的 2020 年版《国家数字战略》中，英国就明文提及要确保欧盟做出积极的充分性决定，允许个人数据继续从欧盟／欧洲经济区自由流动到英国。2021 年 6 月 28 日，欧盟批准了对《英国通用数据保护条例》和《执法指令》的充分性认定，有效期为 4 年（有效期截至 2025 年 6 月 27 日）。"充分性"是欧盟用来描述认为具有与欧盟"基本相同"数据保护水平的国家、地区、部门或组织的术语。这意味着在大多数情况下，数据可以继续从欧盟自由流向英国。出于英国移民控制目的的数据不包括在充分性认定中，也不属于 2018 年版《数据保护法》移民豁免范围内的数据。

这两项充分性认定包括在未来出现分歧时的强有力保障措施，如严格限制了持续时间的"日落条款"，相关决定将在生效 4 年后自动失效。在这 4 年里，委员会将继续监测英国的法律状况，如果英国偏离目前的保护水平，委员会可以随时进行干预。[①] 至于充分性认定的关键要素，主要是英国的数据保护系统仍然基于英国作为欧盟成员国时适用的相同规则。英国已将《通用数据保护条例》和《执法指令》的原则、权利和义务完全纳入英国脱欧后的法律体系。

如今，英欧新数据保护关系的内容之一是英国通过 2018 年版《数据保护法》持续执行《通用数据保护条例》和《执法指令》等欧盟核心数据保护规范；二是在跨境数据流动方面，英国获得"充分性决定 +"的定制模式，包括《通用数据保护条例》和《执法指令》下的双重充分性决定、英国对欧盟数据保护制度的适度参与。英欧新数据保护关系将呈现出欧盟的外部差异一体化特点：欧盟成员国身份的强政治化、英欧数据保护关系的强相互依赖，以及数据保护政策的弱政治化，意味着英国即便脱欧，在数据保护上仍将参与欧洲一体化。

即使《通用数据保护条例》等内容继续在英国适用，在法律实践方面，尽管英国政府建议将意义重大的欧盟法院判例法编入国内法律，赋予它们具有约束力的法律地位，但《退欧法令》明确英国保留修改任何源于欧盟的国内立法或保留法律的权利，欧盟法院的判例法不适用于脱欧后的英国，并且英国法院具有通过国内判例法推翻欧盟判例法的权力。欧盟层面的数据保护制度的相关决定也将不具有约束力，《通用数据保护条例》适用上的一致性会大打折扣。

在对欧关系上，英国希望在两个关键方面超越充分性框架：稳定性与透明度、监管合作。第一，在稳定性与透明度方面，英欧之间要建立一个

---

① ICO. ICO statement in response to the EU Commission's announcement on the approval of the UK's adequacy [EB/OL]. （2021-06）[2023-06-30]. https://ico.org.uk/about-the-ico/media-centre/news-and-blogs/2021/06/ico-statement-in-response-to-the-eu-commission-s-announcement-on-the-approval-of-the-uk-s-adequacy/.

清晰的、透明的框架来推动对话，将数据流动中断的风险最小化，支持英欧在个人数据保护上的稳定关系。第二，在监管合作方面，对进行数据保护立法的政治性的欧盟核心决策机构，脱欧后的英国是无法继续参与的。英国希望确保信息专员办公室与欧盟成员国数据保护管理机构、欧洲数据保护局之间继续合作。①

此外，因《英国通用数据保护条例》等法规给企业带来了沉重的文书工作等负担，立法缺乏明确性导致企业过度依赖通过"打钩"寻求个人同意来处理他们的个人数据以避免不合规。且无论单个组织的数据处理活动的相对风险如何，基本上都是采用一刀切的方法，给包括初创公司和规模扩大企业在内的小型企业带来了不成比例的负担。② 前述《数据改革法案》和《数据保护和数字信息法案》的改革都旨在利用英国脱欧的机会改革数据保护框架。在2020年版《国家数字战略》中，英国希望维持一个对普通公司来说不太繁重的数据制度，这个制度能够帮助创新者和企业家负责任、安全地使用数据，而不存在过度的监管不确定性或风险，从而推动整个经济的增长。预测现今的改革将在维持欧盟对其充分性认定的前提下简化立法、减轻各种模式企业的负担，从而提高英国企业的竞争力和效率。

（二）通过双边协议、多边组织等积极推动跨境数据流动

在2020年版《国家数据战略》中，英国将促进跨境数据流动作为优先领域，力图促进在贸易谈判中达成数据条款、在世界贸易组织中影响数据贸易规则、与二十国集团国家合作和推动数据标准和国际互操作性。在2022年版《英国数字战略》中，英国更是大篇幅增加了提高全球数据治理

---

① 石贤泽. 英国脱欧与英欧数据保护关系的新构建［J］. 欧洲研究，2019，37（2）：71-94，6-7.

② Department for Digital, Culture, Media & Sport. The Rt Hon dine Dorries. New data laws to boost British business, protect consumers and seize the benefits of Brexit［EB/OL］.（2022-06-17）［2023-06-30］. https://www.gov.uk/government/news/new-data-laws-to-boost-british-business-protect-consumers-and-seize-the-benefits-of-brexit.

地位的系统性计划措施，涉及的方面有通过联合国等多边论坛促进数据国际规则的开放、通过贸易协议促进数字出口和进口投资、构建双边联盟促进需要超国家合作项目的落实。英国在全球数据治理、推动跨境数据流动中有着极强的参与积极性，并试图成为独立于欧盟的另一强大领导者。

在双边关系层面，英国政府可以评估另一个国家、地区或国际组织是否提供了足够的数据保护。充分性评估可能包括一般处理或执法处理，或两者兼而有之。政府必须考虑一系列因素，确保向该国家、地区或国际组织发送个人数据不会破坏对公民的保护。一些国家的数据保护水平可能与英国大致相似，在此情况下，英国允许组织在愿意的情况下向该国家、地区或国际组织发送个人数据。

2022 年 11 月 23 日，英国信息专员办公室独立做出了第一个充分性认定，评估认定韩国在一般个人数据处理方面具有充分性。[①]英国支持相关政府进行充分性评估并制定法规，使个人数据能够在全球数字经济中自由流动。英国在国际上传输个人数据的一种方式是依靠英国国务卿制定的适当性法规。国务卿可以评估一个国家、地区、国际组织或一个国家或地区的特定部门，并决定其法律框架是否提供与英国类似的数据保护水平。《英国通用数据保护条例》第 45 条包含了国务卿在进行充分性评估时必须考虑的标准列表。根据相关立法以及与韩国个人信息保护委员会等代表的通信讨论，专员认为国务卿有理由认为大韩民国提供了足够水平的数据保护并制定了相关规定。此外，自条例生效之日起，国务卿必须每 4 年对大韩民国的数据保护水平进行一次审查，国务卿还需要持续监测该国家、地区或国际组织的发展情况。

在国际多边关系层面，2022 年 2 月 2 日英国国务卿向议会提交了《国际数据传输协议》(IDTA)、欧盟委员会国际数据传输标准合同条款的国际数据传输附录和一份规定过渡条款的文件。这些文件是根据 2018 年版《数

---

① ICO.Information Commissioner's Opinions on Adequacy [EB/OL]. (2023-05-23) [2023-06-30]. https://ico.org.uk/about-the-ico/what-we-do/information-commissioners-opinions-on-adequacy/.

据保护法》的第119A条发布的，在议会批准后于2022年3月21日生效。其规定在将个人数据从英国传输到英国充分性法规未涵盖的国家时，为个人数据提供适当的保护措施，体现了英国积极开展国家数据安全治理中支持数据跨境流动的探索。此外，相关文件还包括独立支持政府对第三国进行充分性评估的方法。

（三）国内以政府数据为抓手推动数据公开、流动

英国多年居于万维网基金会的"开放数据晴雨表"（Open Data Barometer, ODB）全球评估的榜首。其中，元数据标准的广泛应用对提升开放数据水平发挥了关键作用。[①] 英国是世界范围内开放政府数据运动的领跑者，其数据战略、政策法规、行动计划、平台和标准建设等一直是各国的典范。近年来，英国相继成立了开放标准委员会和数据标准局，加大了元数据领域开放标准的采纳、建设和推广力度，为数字经济时代实施新的国家数据战略和构建国际化的数据生态系统提供了有力保障。[②]

早期英国政府将绩效、透明和责任作为政府数据治理的重点任务，通过数据保护、数据开放和信息公开推动政府的透明度进程，让公众拥有更多的知情权，建立政府与公众之间的信任机制，监督提升政府工作的绩效和责任。2010年以后数据治理政策领域开始由内向外拓展，法案和政策的制定遵循国际通用标准和规则，加强数据基础设施建设，建立政府数据清单，全面提高数据质量，确保数据能够跨境流动和再利用，有效支撑数字经济的发展。[③] 2017年版《英国数字战略》的七大关键领域中，也明确提及要保持英国在为公民提供在线服务方面的世界领先地位。

信息时代，政府必须针对公共信息资源存储和处理进行有效管理。政

---

① World Wide Web Foundation, The Open Data Barometer [EB/OL].（2018-09-20）[2023-06-30]. https://opendatabarometer.org/?_year=2017&indicator=ODB.

② 翟军，翟玮，裴心童，等. 英国政府数据共享与开放的元数据标准建设及启示 [J]. 情报杂志，2021，40（4）：132-138，186.

③ 李重照，黄璜. 英国政府数据治理的政策与治理结构 [J]. 电子政务，2019（1）：20-31.

府云服务正是通过对原来分散数据中心的整合，实现了对存储空间和资源的更有效利用。2011 年，英国政府正式启动政府云（G-Cloud）战略，在高效的公共部门采购的推动下，致力于构建一个跨政府部门的共享的公共服务网络。G-Cloud 所提倡的最终云方案无须迎合政府对"数据位置、安全、数据恢复、可用性和可靠性"的需求，"可以在世界任何地方的任何服务器上运行"。一开始，G-Cloud 被定位为限于英国领土范围内的政府经营的私有云，其后伴随着国内数据中心整合战略进行推广。但自 2013 年起，英国政府要求所有政府部门在进行信息技术采购时，必须优先考虑云服务产品，以此来推行英国的"云优先"政策。① G-Cloud 的流程在 2014 年进行了简化，以减少英国政府的时间和成本，政府的安全分类方案从 6 个级别简化为 3 个级别：官方、机密和绝密。② 根据 2022 年 11 月最新版的 G-Cloud13，供应商可为政府提供的云服务包括以下 3 项：①用于处理和存储数据、运行软件或联网的平台或基础架构服务的云托管；②提供通常通过互联网或专用网络访问并托管在云中的云软件；③帮助设置和维护云软件或托管服务的云支持。③

　　此外，从出发点层面，英国政府强调公众作为数据使用者的重要地位，并以开放数据的质量及数据开放行为作为管理对象制定相应的规则规范。其中，在重视物理基础设施建设的前提下，英国政府强调建设、使用和改进基础设施所需的技术、技能与素养，关联物理实体与技能素养。英国政府大数据治理政策以"提升市民数据能力"作为政策的核心理念，在强调基础数据、基础设施与人的可联接性的同时，强调大数据资源开发与利用

---

① 胡水晶，李伟. 政府公共云服务中的数据主权及其保障策略探讨［J］. 情报杂志，2013，32（9）：157-162.

② Microsoft.United Kingdom Government-Cloud（G-Cloud）［EB/OL］.（2024-02-02）［2024-08-12］. https://learn.microsoft.com/en-us/compliance/regulatory/offering-g-cloud-uk.

③ Crown Commercial Service.G-Cloud 13［EB/OL］.（2022-09-11）［2023-06-30］. https://www.crowncommercial.gov.uk/agreements/RM1557.13.

能力的培育。①

在实际经验层面，英国提出创建数据信托基金，主张实施可信且经过验证的数据治理框架，②以确保数据交换是互利和安全的，核心是在数据共享利用中培养数字信任。③英国对国内政府数据的开放态度、促进政府数据跨境流动的经验也有助于其在国际数据跨境流动中发挥建设作用。

第二节　日本的数据主权治理

一、立法实践

（一）《个人信息保护法》

日本的《个人信息保护法》自 2003 年通过以来，根据 2015 年的补充规定第 12 条，委员会应当根据个人信息保护的政策、技术、行业等的实际情况，听取各领域人士的意见对 3 年发展进行具体研究并进行必要的修改。即《个人信息保护法》原则上应当 3 年一修改。自此，《个人信息保护法》历经 2017 年、2020 年和 2021 年 3 次修改。

2003 年版《个人信息保护法》在通过时以《关于行政机关持有的个人信息保护法》《关于独立行政法人等持有的个人信息保护法》《信息公开及个人信息保护审查会成立法》《关于实施个人信息保护法相关的法制配套法》4 部法律作为配套。日本对民营机构除制定、实施了具有普遍指导作

---

① 宋懿，安小米，马广惠. 美英澳政府大数据治理能力研究——基于大数据政策的内容分析［J］. 情报资料工作，2018（1）：12-20.

② Department for Business, Energy & Industrial Strategy.Independent report Executive summary［EB/OL］. （2017-10-15）［2023-06-30］. https://www.gov.uk/government/publications/growing-the-artificial-intelligence-industry-in-the-uk/executive-summary.

③ 夏义堃，管茜. 国外政府数据资产管理的主要做法与基本经验［J］. 信息资源管理学报，2022，12（6）：18-30.

用的《个人信息保护法》，还在政府主管部门的指导下，对个人信息收集、利用比较集中的金融、通信、医疗等领域制定强化的行业指针和部门规章，其要求的保护水平远高于《个人信息保护法》。①

鉴于日本法律体系改革深受美国影响（美国在数据保护的国内立法上坚持数据自由流动和行业自律原则，政府对数据流动做到尽量不干预或少干预），日本也继承了这一原则，初期对跨境数据流动并无相关规定。②2015年的"棱镜门事件"推动了日本就跨境数据流动治理出台一系列规制政策。修订后的《个人信息保护法》，主要存在4方面的亮点：一是明确"主体同意原则"；二是设置"白名单"制度；三是设立"个人信息保护委员会"（PIPC）作为独立监管机构，制定向境外传输数据的规则和指南；四是对处理个人信息的经营者委托国外主体管理数据，或将数据传输给境外关联公司过程中产生的数据跨境流动监管问题提出解决方案。③

在2020年修法中，对跨境数据流动，要求①将处理与日本国内的人的个人信息等的外国经营者作为处罚被担保征收的对象；②在向外国的第三方提供个人数据时，要求提供经营者的个人信息处理方式等内容。④

在2021年的修法中，根据内阁官方的专家组报告，修订要点包括：①将《个人信息保护法》《行政机关个人信息保护法》《独立行政法人个人信息保护法》3部法律整合为《个人信息保护法》一部法律，规定关于地方公共团体个人信息保护制度的全国通用规则，并由个人信息保护委员会统一监管；②统一医疗与学术领域个人信息保护的规定，公立医院及大学等机构的规则同样适用于民办医院、大学等机构，不再分别进行规范；

---

① 池建新. 日韩个人信息保护制度的比较与分析［J］. 情报杂志，2016，35（12）：63-68.

② 张晓磊. 日本跨境数据流动治理问题研究［J］. 日本学刊，2020（4）：85-108

③ 傅盈盈. 数字经济视野下跨境数据流动法律监管制度研究及对我国的启示——以日本为例［J］. 经济研究导刊，2021（33）：125-129.

④ 個人情報保護委員会.「個人情報の保護に関する法律等の一部を改正する法律」の公布について［EB/OL］. (2020-06-12)[2023-6-30]. https://www.ppc.go.jp/news/press/2020/200612/.

③关于学术研究的排除适用的细节性规定；④明确行政机关处理信息的规则。[①] 自颁布后依据条款不同分阶段生效，最终于2023年4月1日全面生效。

依据该法第1条，立法目的为：确保行政机关事务和业务的适当并顺利运行，同时考虑个人信息的有用性，包括适当和有效地使用个人信息有助于创造新的产业，实现有活力的经济社会和富裕的人民生活等，保护个人权利和利益。努力实现在个人信息保护与个人信息的适当有效使用之间取得平衡。

在国内层面，为了促进个人信息等的适当和有效使用，该法引入了假名化信息和匿名化信息两种类型，希望有关企业可以积极利用。依据法规定义，"假名化信息"，是指对个人信息进行加工而获得的有关个人的信息，根据个人信息的分类，如若不采取特定措施与其他信息进行对照的，则无法识别特定的个人。"匿名化信息"是指，按照个人信息的分类，为使其不能采取各项措施来识别特定个人，而进行加工得到的与个人相关却不可能复原到个人的信息。从定义可知，假名化信息的识别性介于个人信息和匿名信息之间，豁免的信息种类更加多元多样化。

在数据信息跨境流动方面，依据法案的第28条，个人信息处理者向境外（个人信息保护委员会条例所规定的具有个人信息保护相关制度的外国，是指在保护个人权利利益方面与日本处于同等水平的，已建立个人信息保护制度的国家或地区）第三方提供个人数据的，必须事先获得数据主体的同意。在取得本人的同意时，必须根据个人信息保护委员会规则的规定，事先向其提供有关外国个人信息保护的制度、第三方所采取的个人信息保护措施，以及其他可供其参考的信息。同时，应采取必要的措施以确保第三方继续实施相应的措施，且必须应数据主体要求向其提供有关该必要措施的信息。综上可知，日本存在的数据跨境流动"白名单制度"体现了类欧盟的"充分性认定"。在具体的国别名单中，有已经对日本做出充分性认

---

① CAS. 個人情報保護制度の見直しに関するタスクフォース—個人情報保護制度の見直しに関する最終報告（概要）[R]. Japan：CAS，2020.

定的欧盟委员会、英国等组织与国家。

在配套规则方面，日本个人信息保护委员会制定了适用于所有业务活动的《个人信息保护法指南》以及与指南相关的问答。此外，对于金融、医疗、信息通信等相关特定业务领域，应与相关部委和机构合作，根据个人信息等使用的性质和方法，以及各业务法等纪律的特殊性，制定指南和其他规定作为必要的纪律。[①]

2021年1月，日本发布了《跨境数据流动指南》，进一步细化和完善跨境数据流动的相关规则和注意事项等。另外，日本还通过采取现代信息技术（如区块链、AI、5G技术等）措施加强监管，确保跨境数据流动过程中的数据安全。[②]

在国际数据治理的层面，日本个人信息保护委员旨在建立和维护一个框架，作为促进国际统一的个人信息相关制度的方法，以便和拥有与日本同等的个人信息保护制度的国家和地区在保护个人权益（包括隐私）方面相互促进个人数据的顺利转移。个人信息保护委员会作为对法律具有执行权的组织，有权根据该法第6条采取必要措施，从确保妥善处理从国外转移的个人信息等的角度，弥合日本与有关国家之间的制度和业务差异。必要时，个人信息保护委员会有权进一步保护个人信息，包括为国内个人信息处理经营者等制定更具可执行性的规则，以补充和超越法律和基于法律的内阁命令（例如，关于需要特别注意的个人信息和保留个人数据的定义的规则）所规定的纪律。此外，个人信息保护委员还在推进企业认证制度，并收集和提供海外系统的信息，以便每个实体（例如跨境传输数据的各个经营者）都可以选择适合其政策和业务的转移机制。[③]

---

① 个人新报保护委员会. 個人情报の保護に関する基本方針［EB/OL］.（2022-04-01）［2023-06-30］. https://www.ppc.go.jp/personalinfo/legal/fundamental_policy/.

② 邓灵斌. 日本跨境数据流动规制新方案及中国路径——基于"数据安全保障"视角的分析［J］. 情报资料工作，2022，43（1）：52-60.

③ 个人新报保护委员会. 個人情报の保護に関する基本方針［EB/OL］.（2022-04-01）［2023-06-30］. https://www.ppc.go.jp/personalinfo/legal/fundamental_policy/.

（二）《全面与进步跨太平洋伙伴关系协定》

2017 年 1 月 23 日美国退出《跨太平洋伙伴关系协定》（TPP）后，日本接替美国成为《全面与进步跨太平洋伙伴关系协定》（CPTPP）主导国，实质上沿袭了美国在 TPP 中设置的一系列跨境数据流动规则。CPTPP 几乎复制了美国主导的 TPP 相关内容，与《美墨加贸易协定》（USMCA）电子商务章节内容也几乎一致。此外，CPTPP 条款内容在一定程度上体现了尊重各国国内监管目标的理念，更易被缔约国接受，如尊重个人隐私保护、允许对数字产品征收国内税、国家公共安全例外等，有助于解决亚太地区数字治理碎片化、欠缺共识和协调性的问题。① CPTPP 的数字贸易条款覆盖面较广，并且强调允许数据跨境自由流动、禁止数据本地化、数字产品非歧视待遇、保护包括源代码在内的知识产权 4 方面的主张，为数字产品和服务的跨境流动提供更详细的规定。②

在电子商务方面，CPTPP 第 14 章中制定了许多高水准的规则，其中第 14.11 条和第 14.12 条对跨境数据的转移和保存做出了规定。CPTPP 第 14.11 条第 1 项明确，各缔约国都有制定各自跨境数据监管制度的权利；第 2 项则规定各缔约国都应当允许数据在为开展经营业务时可以在各国之间流动。该条款也为缔约国保留了一定的裁量空间，即若是为了实现合法的公共政策目的，可做出同第 2 项条款不相符合的措施，但该措施不可构成任意或不合理的歧视或对贸易进行变相限制，也不可对数据传输进行超出实现目的所需限度的限制。

CPTPP 第 14.12 条对计算机设施的设置作出规定。第 1 项规定各缔约国都可对计算机设施的使用设置各自的监管要求，包括通信安全性和机密性要求；第 2 项规定任何缔约方不得将在该缔约方领土内使用或设置计算设施作为在其领土内开展业务的条件。同 CPTPP 第 14.11 条相同，若是为

---

① 张雪春，曾园园. 日本数字贸易现状及中日数字贸易关系展望［J］. 金融理论与实践，2023（2）：1-8.

② 施锦芳，隋霄. 日本数字贸易规则构建的动因及路径研究［J］. 现代日本经济，2022，41（4）：69-81.

了实现合法的公共政策目的，可做出同第 2 项条款不符合的措施，但该措施不可构成任意或不合理的歧视或对贸易进行变相限制，也不可对数据传输进行超出实现目的所需限度的限制。①

可见，CPTPP 的基本理念是鼓励跨境数据自由流动，原则上禁止各缔约国做出数据本地化的要求。在第 14 章"电子商务"条款中规定："任何缔约方不得要求所涵盖的人在该缔约方领土内将使用或设置计算设施作为在其领土内开展业务的条件。"CPTPP 继承了美国的跨境数据传输理念，考虑更多的是电子商务的发展需求。也许是为了兼顾保障人权的需要，CPTPP 设置了公共政策一般例外条款，但条文中对"什么样的公共政策目的是合法公共政策目的"没有做出列举性的说明。在发生纠纷时，对争议措施的合法性、正当性的判断可能会变得困难，导致公共政策一般例外条款被滥用的局面，在适用时需要适用目的解释、体系解释等各种方法来进行判断。②

（三）《日美数字贸易协定》

《日美数字贸易协定》（USJDTA）（2019 年 10 月签署）是首个以数字贸易命名的协定，USJDTA 在 CPTPP 条款的基础上为金融服务开辟了数据传输通道，不仅禁止强制上交源代码、算法、秘钥，而且支持对非敏感政府数据开放电子准入（E-Access）。但与美国主导的 TPP、USMCA 相比，USJDTA 强化了对数字知识产权的保护力度，同时为保障政府执法能力做出了例外规定。③

对比日美签订的数字贸易协定与 CPTPP 中有关数字贸易的条款，会发现这些条款几乎无差别。比如两类条款都对跨境数字产品贸易免征关税，保证跨境数据自由流动，禁止数据本地化规制，禁止要求公开计算机源代码、（人工智能）算法等。因此，可以说，《日美数字贸易协定》的签订意味着日美已经就此前 TPP 中的跨境数据流动规则条款达成了一致，对日本来

---

①②　傅盈盈. 数字经济视野下跨境数据流动法律监管制度研究及对我国的启示——以日本为例 [J]. 经济研究导刊，2021（33）：125-129.

③　张雪春，曾园园. 日本数字贸易现状及中日数字贸易关系展望 [J]. 金融理论与实践，2023（2）：1-8.

说，这是对 CPTPP 的一个有益补充。①

USJDTA 的高水平规则雄心勃勃，不仅将数字贸易规则的适用范围扩展至金融服务领域，还引入计算机交互服务等创新性议题，并在促进跨境数据自由流动、降低数据管理限制、倡导信息共享上达到新的高度。同时，该协议对两国在数字经济领域处于世界领先地位的科技创新企业设定了更优惠的条款，尤其是 USJDTA 相比 CPTPP 增加了反对数字产品跨境交易国内税以及加密 ICT 产品的规定，进一步增强日美"公司利益优先"的色彩。②

（四）《日欧经济伙伴关系协定》（EPA）

2019 年 1 月 23 日，欧盟正式通过有关日本的充分性决定。日本同时通过了同样的决定，建立起全球最大的安全、自由的数据传输区域。2 月 1 日，《日欧经济关系协定》（EPA）正式生效。实际上，为了获得欧盟充分性决定，日本在监管体系上做了一系列妥协。日本于 2015 年大幅修改了《个人信息保护法》，加强了个人信息保护，为与欧盟数据保护体系的融合打下了基础。日本还将采取其他保障措施，例如扩大敏感数据的范围、促进个人权利的行使、对从日本传输至第三国的欧洲数据提供更高水平的保护。此外，日本同意在数据保护委员会下建立一套争议解决机制，确保能够有效解决欧洲人有关日本执法部门和国家安全机关访问其数据的投诉。③

日欧自贸协定（2019 年）关于数字贸易的规则集中于服务贸易、投资自由化和电子商务章节（第八章），涵盖了 CPTPP 数字贸易规则的商品贸易、原产地规则、服务贸易、电子商务等主要内容，主要区别在于，日欧协定未将数据自由传输作为约束性条款。此外，日本在 2019 年欧盟与日本 EPA 的基础上又与欧盟签署了《数字伙伴协定》。具体目标是稳定商业预

---

① 张晓磊. 日本跨境数据流动治理问题研究［J］. 日本学刊，2020（4）：85-108.

② 施锦芳，隋霄. 日本数字贸易规则构建的动因及路径研究［J］. 现代日本经济，2022，41（4）：69-81.

③ 李墨丝. 欧美日跨境数据流动规则的博弈与合作［J］. 国际贸易，2021（2）：82-88.

期和合法性，为进行跨境数字交易的消费者营造安全的在线环境，消除不公正的贸易壁垒，防止歧视线上、线下活动。[①]

至于双方交流合作不充分的地方，一方面，日欧 EPA 涵盖的议题相对较少，未包含计算机设施位置、网络安全监管、交互式计算机服务等敏感议题，还在跨境数据流动、隐私例外等方面设立一个审查条款，承诺在日欧 EPA 生效后的 3 年内重新对是否纳入这些议题进行讨论。另一方面，日本在日欧 EPA 中采取了一定的保障措施以维护国内市场。该法规规定非特殊情况下，日本境内的数据持有者向境外传输个人信息等数据时，必须获得信息所有者的许可，从而保障了日本与欧盟之间的数据流动性，有效弥合两个数据保护体系间的差异，并创建了覆盖极广的数据流动安全区域。日欧 EPA 还保障了日本政府出于执法和国家安全目的获取数据的权力，充分满足政府执政需要。[②]

（五）《区域全面经济伙伴关系协定》

2020 年 11 月 15 日，东盟 10 国和中国、日本、韩国、澳大利亚、新西兰共 15 个亚太国家正式签署了《区域全面经济伙伴关系协定》（RCEP）。RCEP 成员国经济发展水平差异较大，其数字市场的发展程度、基础设施状况、支持和监管制度，以及数字治理的理想目标也各不相同，存在严重的"数字鸿沟"。2020 年，RCEP 的达成作为"黏合剂"统筹了亚太 15 国的数字市场和监管规则。作为迄今全球最大的贸易协定，RCEP 在第 12 章设置了电子商务章节并涵盖诸多数字贸易规则条款，成为数字贸易规则的新生力量，也是发展中国家向高水平规则体系迈出的重要一步。

因此，谈判的结果是基于各成员国的态度和谈判能力的最大公约数，更具包容性与普惠性，主要表现为 3 方面。一是重点推动数字贸易便利化和改善电子商务环境。二是保障政府权力以维护国内数字安全。三是条款

---

① 张雪春，曾园园. 日本数字贸易现状及中日数字贸易关系展望［J］. 金融理论与实践，2023（2）：1-8.

② 施锦芳，隋霄. 日本数字贸易规则构建的动因及路径研究［J］. 现代日本经济，2022，41（4）：69-81.

设定温和。RCEP 在少许具有争议的议题上没有设置明确的规则条款，如源代码、数字产品非歧视待遇等。针对条款履行中的问题，RCEP 电子商务章节排除了对争端解决的求助，鼓励各方进行真诚和平的磋商而非使用国家争端解决机制。①

RCEP 中有关跨境数据流动的条款主要是第 12 章第 14 条和第 15 条。同 CPTPP 一样，RCEP 第 12 章第 14 条和第 15 条也存在一般例外条款，明确缔约国为实现正当的公共政策可以采取必要措施来限制跨境数据流动或实施数据本地化，但不能构成任意或不合理的歧视或限制贸易自由。与CPTPP 不同的是，RCEP 中规定，为实现公共政策采取措施的必要性由措施实施国自行判断，其他各缔约国不可对该措施有异议。可见，相比CPTPP，RCEP 对数据跨境自由流动采取的态度更为谨慎，缔约国可以随时采取措施，叫停跨境数据自由流动或者要求他国信息处理者实施数据本地化。②

二、日本数据主权治理的特征与趋势

（一）在欧盟与美国之间制衡，谋求跨境数据流动规则主导权

目前，跨境数据流动还未形成一套统一的全球治理规则，欧洲与美国的跨境数据流动治理政策并行发展，相互影响，在协商和妥协中构成了全球跨境数据治理的两大主流范式。日本政策推进起步晚但效率高；政策方向沿着国内立法及修法——双多边国际协议——推广全球理念与规则的路线进行。在完成国内跨境数据流动相关法律制度的建设之后，日本也像欧美国家一样开始在双多边交涉中增加关于跨境数据流动规则的谈判，以弥补日本在该方面的短板，实现日本与其他国家和地区之间规范

---

① 施锦芳，隋霄. 日本数字贸易规则构建的动因及路径研究［J］. 现代日本经济，2022，41（4）：69-81.

② 傅盈盈. 数字经济视野下跨境数据流动法律监管制度研究及对我国的启示——以日本为例［J］. 经济研究导刊，2021（33）：125-129.

的跨境数据流动。

欧美对隐私保护的基本理念不同且商业利益也不同。美国拥有先进的数字科技，因此希望减少对数据流动的限制从而进一步增强其市场竞争力。而欧盟和日本则因为缺少互联网巨头，所以希望通过自己固有的制定制度的优势来为数字经济和贸易发展赢得生机。

美欧两大阵营的分歧导致在跨境数据流动治理上长期没有形成一个普遍的理念共识，日本正是瞄准这一目标，一方面与美国积极洽谈《数字贸易协定》；另一方面拉拢欧盟商讨美、日、欧"跨境数据流动圈"，争取美国与欧盟的双方支持，将跨境数据流动治理的日本理念逐步融入双边、多边规制乃至 G20 这样的国际峰会中。[①]

此外，因为日本的国内制度是在受到欧美双边或多边跨境数据流动协议的影响下逐步建立起来的，与欧美的内生性制度成长特性相比，日本的跨境数据流动制度更多地具有外生性。也正是因为这种特性，日本在跨境数据流动治理上才具有较大的可塑性和发展弹性。日本的优势既表现在推进跨境数据流动治理的高效上，同时基于日本对欧美国家治理经验的综合性吸收，日本在国际社会中的软实力也成为其试图主导全球跨境数据流动规则制定的重要基础。[②]

尽管日本少有大型的互联网数据企业，但其制造业具有固有的巨大优势。就日本的利益需求而言，数据流动对传统行业有重要价值，通过数据的收集、整理、共享、开放、流动和应用，可以总结规律、深度发掘数据的价值，从而巩固其高端制造业的地位。

（二）倡导"可信数据自由流动（DFFT）"的治理理念

随着国内法律的完善和上述双多边贸易协议对跨境数据流动规则的逐步确定，日本开始将视野进一步向跨境数据流动全球规则拓展。2019 年 1 月 9 日，日、美、欧三方贸易部长举行会谈并发表共同声明，确认对尽快

---

① 陈海彬，王诺亚. 日本跨境数据流动治理研究 [J]. 情报理论与实践，2021，44（12）：197-204.

② 张晓磊. 日本跨境数据流动治理问题研究 [J]. 日本学刊，2020（4）：85-108.

启动世界贸易组织（WTO）关于电子商务谈判的支持，以期在尽可能多的WTO成员参与下达成高标准协议，并期待在日本担任二十国集团（G20）轮值主席国期间，于 G20 部长级会议就贸易和数字经济方面达成进一步合作共识。① 这次会谈及声明为日本推动全球数据治理确定了总基调，即日本倡导的全球数据治理理念及规则是建立在日、美、欧跨境数据自由流动圈基础之上的。

在 2019 年 1 月 23 日世界经济论坛年会的演讲中，谈及了由于各国之间的相互不信任，以及受隐私、安全性、访问数据和产业政策等目标影响，各国限制数据跨境流动的国内政策越来越多，导致全球数据治理规则支离破碎甚至相互矛盾，难以对数据治理采取统一的适当行动。② 安倍晋三提议在 WTO 框架下启动数据治理"大阪轨道"，提出可信数据自由流动（Data Free Flow with Trust）倡议，并宣称大阪 G20 峰会将启动全球数据治理讨论。日本提出的可信数据自由流动，一方面是要"严格保护个人数据、数据包含的知识产权、国家安全情报等"；另方面是要"促进健康、工业、交通及其他领域有用的、非个人、匿名数据的自由流动"，使可信数据自由流动在数据驱动型经济中占据首要位置。③ 世界经济论坛报告（2020）也基于"大阪模式"的核心理念构建了 DFFT 的框架。

可信数据自由流动是日本主推的倡议，并通过 G20 机制得到了美国和

---

① The Office of the United States Trade Representatives.Joint Statement of the Trilateral Meeting of the Trade Ministers of the European Union, Japan and the United States [EB/OL]. (2020-01-14) [2023-06-30]. https://ustr.gov/about-us/policy-offices/press-office/press-releases/2020/january/joint-statement-trilateral-meeting-trade-ministers-japan-united-states-and-european-union.

② World Economic Forum.Data Free Flow with Trust (DFFT): Paths Towards Free and Trusted Data Flows [EB/OL]. (2020-06-10) [2023-06-30]. https://www.weforum.org/whitepapers/data-free-flow-with-trust-dfft-paths-towards-free-and-trusted-data-flows.

③ 李墨丝. 欧美日跨境数据流动规则的博弈与合作 [J]. 国际贸易，2021（2）：82-88.

欧盟的认可。2019 年 6 月 9 日，在日本茨城 G20 贸易与数字经济会议上，日本主导通过了部长声明，对 DFFT 理念进行了阐释，认为 DFFT 理念中的信任是包括政府、社会、国际组织、学界和企业等所有利益攸关方的互信，这种互信的基础是共同的价值观，以及平等、公平、透明和负责任等基本原则，数据自由流动的基础是尊重各国国内以及双多边的国际数据法律框架。① DFFT 理念可分为两个部分，一是倡导数据自由开放流动，这是治理跨境数据的前提，表明日本有意打破全球数据流动壁垒与数据过度的主权保护，倡导全球数据自由流动；二是建立安全基础上的数据信任，这是跨境数据流动治理规则建立的依据，表明日本积极倡导建立全球数据流动的规则。②

在 2019 年 6 月 29 日 G20 峰会上，日本主导通过了 G20 大阪峰会首脑宣言，内容指出：“努力实现包容、可持续、安全、可靠和创新的社会。”“国家和国际法律框架都需要得到尊重，促进不同框架的互操作性，并肯定数据在发展中的作用。”③ 宣言内容强调了国家间的尊重与信任关系。

日本实现可信数据自由流动倡议的机制是大阪轨道，其致力于数字经济国际规则制定，尤其是数据流动和电子商务规则，包括 WTO 电子商务联合声明谈判。实际上，大阪轨道是为了实现可信数据自由流动、释放跨境数据流动带来的好处所需的全球治理的统称。因此，大阪轨道不依赖单一的合作论坛，而是依靠国际贸易、法律法规、技术以及其他治理领域，包括多边、区域，诸边或双边各个层面适用于政府、企业或用户的约束性和

①　李墨丝. 欧美日跨境数据流动规则的博弈与合作 [J]. 国际贸易，2021（2）：82-88.

②　陈海彬，王诺亚. 日本跨境数据流动治理研究 [J]. 情报理论与实践，2021，44（12）：197-204.

③　NHK.G20 大阪宣言」全文｜注目の発言集｜NHK 政治マガジン [EB/OL]. （2019-06-29）[2023-06-30]. https://www.nhk.or.jp/politics/articles/statement/19400.html.

非约束性规则。与 CDPR 和 CBPR 体系相比，可信数据自由流动倡议不是具体的法律机制，仅仅是推动多方合作的概念框架。

此外，可信数据自由流动倡议最大的问题在于缺乏具体细节。可信数据自由流动的核心是信任，但是对于什么是信任，每个国家重视的要素存在差异，因为各自数据治理的基本理念不同，特别是美欧之间差异很大。要想针对所谓信任的具体细节达成共识，还有很长的路要走。①

（三）推动双边、多边贸易条约的缔结

日本在数字贸易规则制定中呈现出条款全面翔实、先进性及开放度高的特点，并以广泛缔约对象形成了数字贸易网络，同时吸纳欧盟、美国和东盟数字贸易规则的经验，走在全球数字贸易规则制定的前列。日本希望以 EPA/FTA 数字贸易规则赋能数字产业，并将其视为助推国内数字化转型不可或缺的部分。

近年，日本签署了大量的 EPA/FTA，其中部分内容与数字贸易规则相关。2002 年起日新 EPA、日菲 EPA、日泰 EPA 中的无纸化贸易章节条款相对单一，侧重推动贸易文件的电子化以及信息交流的数字化，从而以数字手段提升贸易便利化水平。

2009 年，日本的数字贸易规则制定出现重大转变，在与瑞士达成的 EPA 中首次引入无纸化贸易以外的条款，形成了独立的电子商务章节。此后与澳大利亚签订的 EPA 同样采用电子商务章节形式，但是规制有所放松。日瑞 EPA 和日澳 EPA 的数字贸易条款类似，主要集中于对电子传输免征关税、电子认证及电子签名等贸易促进条款和保护在线消费者、个人信息等隐私保护条款，重在维护信息安全，优化数字交易环境。

此外，近年来，日本积极倡导 WTO 中的新电子商务倡议，巩固数字贸易的国际规则制定权。2021 年 12 月，WTO 电子商务联合声明倡议（JSI）成员国声明表示，谈判组已就开放政府数据、电子合同、透明度、无纸化

---

① 李墨丝. 欧美日跨境数据流动规则的博弈与合作 [J]. 国际贸易，2021（2）：82-88.

交易、开放互联网接入等8方面取得实质性进展，并对电子传输关税、跨境数据流动、数据本地化、源代码、电子交易框架、网络安全和电子发票等内容进行了提案合并，相关沟通有待后续进一步加强。①

日本通过与美国、欧盟、RECP成员等多发展层次国家缔结各有侧重的数字、电子商务协议，有利于推动日本与其他国家或地区的数据互认、互通，为制造业赋能，在减少数据流动摩擦上仍具有重要意义。

第三节　韩国的数据主权治理

一、立法实践

（一）《个人信息保护法》

1. 法律的初始框架

颁布《个人信息保护法》以前，韩国的个人信息保护法制为"二元化立法体系"，指的是针对公共部门和民间部门分别制定个人信息保护的相关法律，即公共部门和民间部门适用不同的个人信息保护法律。《公共机关个人信息保护法》将个人信息的范围仅限定为公共机关以电脑处理的个人信息，排除了公共机关手记处理的个人信息。另外，受《公共机关个人信息保护法》所规制的公共机关是有限的。同时，该法第22条规定，民营部门也应照此制定相应的个人信息保护措施，政府主管部门领导负有提醒、劝告的责任。② 民间领域没有个人信息保护的一般立法，只有遗传信息、信用信息领域关于个人信息保护的个别立法，需要保护的其他领域没有相应

---

① 邓灵斌. 日本跨境数据流动规制新方案及中国路径——基于"数据安全保障"视角的分析 [J]. 情报资料工作，2022，43（1）：52-60.

② 池建新. 日韩个人信息保护制度的比较与分析 [J]. 情报杂志，2016，35（12）：63-68.

的个人信息保护法律。①

《个人信息保护法》历经 8 年讨论，于 2011 年 3 月由韩国国会决议通过。该法作为个人信息领域的一般性法律规定来完善对个人信息的有效保护，同时也是整合了对公共部门与私人部门法律规制框架。《公共机关个人信息保护法》被相应废止。

2. 为争取欧盟充分性认定，三次修订《个人信息保护法》

大数据产业的迅速发展，需要韩国国内配套法律制度的支撑。因此，2018 年 11 月韩国国会正式提出《个人信息保护法》《信息通信网法》和《信用信息法》"数据三法"修正案，并最终于 2020 年 1 月 9 日通过。此次修订在大数据产业发展促使数据行业发生深刻变化和相关法规体系调整完善的背景下进行的，历时 1 年多，引起了韩国各界的高度关注和广泛参与。

从 2020 年起，韩国频频修订《个人信息保护法》。韩国在加入 APEC 跨境隐私规则体系（CBPR）之后，便开始进行欧盟充分性认定审查申请程序。但欧盟认为韩国的个人信息保护监督机构并不充分独立，《个人信息保护法》也不完善，两次中断了审查程序。韩国为了确保能够通过欧盟的审查，对韩国个人信息保护三大立法进行修订。

2020 年 2 月 4 日，韩国对《信息通信网络的利用促进与信息保护》《个人信息保护法》《信用信息的利用与保护法》等个人信息保护相关法律作出大范围修订，对法律条款进行整合，将个人信息保护相关规定内容统一由《个人信息保护法》规定，并修订完善现行制度，解决有关监管人员混乱、重复监管等问题。例如，《个人信息保护法》重新界定"个人信息"概念，引入"假名信息"和"假名处理"概念；将个人信息保护委员会升级为国务总理所属的中央行政机关，将现行规定的行政安全部和广播通信委员会关于保护个人信息的职能移交给个人信息保护委员会。

上述提及的"假名信息"是指在没有追加信息的情况下，无法识别出

---

① 康贞花. 韩国《个人信息保护法》的主要特色及对中国的立法启示 [J]. 延边大学学报（社会科学版），2012，45（4）：66-72.

特定个人的信息。"假名信息"的识别性介于个人信息和匿名信息之间，也被称为信息的"灰色地带"。目前，这一概念已被美国、欧盟和日本等国家和经济体采用。由于"假名信息"可以在未经信息主体同意情况下用于统计编制、科学研究以及公益目的，因此被认为是在信息保护和信息使用之间的一个较适当的平衡。①

如基于《个人信息保护法》对"假名信息"做出的通用性规定，制定了新的方法和标准，以减少混乱，并安全地使用数据。即未经信息主体同意，假名信息可用于开发基于数据的新技术、产品和服务，包括工业目的的科学研究、市场调查、商业目的的统计和公益记录保存。《信用信息法》对信用信息业使用"假名信息"及安全保障机制等做出了针对性的规定。一是进一步明确了应用范围。在未经信息主体授权的情况下，除了政府部门统计分析，商业性的市场调查也可使用"假名信息"；科学研究目的则进一步明确为技术开发和实证、基础研究、应用研究及民间投资研究等。二是对信用信息公司开展"假名信息"相关附属业务进行规范。②

但仅仅过了1个月，韩国又再一次修订了《个人信息保护法》，新增化名处理方式，进一步完善个人信息保护委员会的机构设置，加强其作为个人信息保护控制塔的功能，明确对与信息和通信服务提供商的个人信息处理等有关的特殊情况适用该法的特殊规定。

3. 体现开放数据跨境流动特性的2021年版修正案

2023年3月7日，韩国国务会议审议通过了2021年9月起提交的《个人信息保护法》修正案，各制度从公布之日起于6个月至2年后开始实施。该修正案将引领数据经济时代，实现基于信任的数字大转变。

在2021年1月6日的《个人信息保护法部分修改法案》立法预告声明中，个人信息保护委员表示为了积极应对新技术的变化，制定了合理的视频信息处理标准，并试图按照国际标准修改跨境数据流动等向国外转移信

---

①② 宋慧中，吴丰光. 韩国《信用信息使用及保护法》修订的背景、内容及对我国的启示［J］. 征信，2020，38（11）：70-73.

息的法规。如第 28 条第 8 项考虑到随着在线电子商务等业务的扩大，个人信息的跨境流动正在增多，有必要将个人信息的跨境转移要求多样化，使其符合国际标准。而第 28 条第 9 项法条设立某些情形下的停止令，如果有违反法律的情形，则通过强制停止命令，保护国民的个人信息安全。

韩国个人信息保护委员会认为，当前法律规定个人信息向境外转移前，需经过信息主体的同意，引发了企业合规负担。但同时，只要获得信息主体的同意，就可以不受限制地转移个人信息，甚至将个人信息转移至保护水平薄弱的地区，会引发个人信息泄露等安全风险。为促进与国际规则的接轨，推动数字经济发展，修正案为个人信息跨境流动设置了多样化的途径，包括基于国际条约、协定、认证达到本法规定的个人信息保护水平的国家或地区，为签订或者履行合同需要等，还特别增加了当违反规定将个人信息转移到国外，或者个人信息没有得到有效保护时，个人信息保护委员会有权中止个人信息继续向境外转移。个人信息处理者在接到转移中止命令后，可以在 7 日内向个人信息保护委员会提出异议。此外，如果任何国家或者地区在个人信息保护方面对韩国采取歧视性的禁止、限制或者其他类似措施，韩国可以根据实际情况对该国家或者地区对等采取措施。

2023 年版《个人信息保护法》修正案中的第 28 条第 8 款确定了个人信息可跨境流动、向国外转移的情形，具体有：①取得了数据主体的单独同意；②法律、条约或国际协定中有特殊规定；③为与信息主体签订和履行合同而需要委托保管个人信息已披露或告知相关事项；④收到个人信息的人获得个人信息保护认证等保护委员会规定的认证且已经采取保障主体权利的必要措施；⑤保护委员会承认，个人信息转让的国家或国际组织的隐私保护框架、信息主体权利保障范围、损害救济程序等与本法规定的个人信息保护水平基本相当（即充分性认定）。

2023《个人信息保护法》修正案中的第 28 条第 8 款列明了命令停止个人信息向国外转移的触发情形，具体有：①个人信息处理者违反第 28 条第 8 款第 1 款、第 4 款或第 5 款（即未取得数据主体的单独同意、收到个人信息的人未获得个人信息保护认证等保护委员会规定的认证且已经采取保障主体权利的必要措施或信息转让的目的国不具有与本法相当的个人信息保护水平）；②接收个人信息的国家或国际组织未根据本法对个人信息进行适当保护，给信息主体造成或可能遭受重大损害的。

个人信息保护委员会主席高学洙在官方声明中指出，在数字化转型加速的环境下，本次修订旨在保障国民的权利，进行了合理的监管改革，消除法律不确定性，为数据经济时代的企业和行业的发展奠定基础。

在数据跨境流动方面，为使其符合全球标准，并引领国际隐私规范。本次的修正案修改了相关制度。首先，因跨境数据转移的需求变得多样化，修订是为提高与全球常规规范的一致性。其次，也提供了在向违反法律或数据保护程度较低的国家／地区或公司进行跨境转移时下令停止转移的判断依据。最后，根据国际立法趋势，将对个人的刑罚处罚规定改为以经济制裁为主，将罚款上限提高到总销售额的 3%，并排除在计算罚款金额时与违法行为无关的销售额（由企业承担举证责任）。[①]

4. 新法案的松绑规定

修订后的《个人信息保护法》对未经同意处理个人信息的要求进行了一些放宽，具体为：现行法律规定为在"不可避免"的情况下，未经同意可以收集和使用个人信息。在修订案第 15 条第 1 款第 4 项中删除了"不可避免"这一要求，以便与信息主体签订和履行合同。据了解，此举是为了消除过分依赖信息主体正式事先同意的不合理现象。

此外，现行法律规定为在"不能得到信息主体或其法定代理人的同意，明确规定为生命、身体、财产利益需要时"等在未经同意的情况下，可以在个人信息的目的之外使用。修正案第 18 条第 2 款第 3 项删除了"不能得到同意时"这一条件。这仅限于为了保护国民的生命等紧急情况，放宽了个人信息处理条件。

---

① 고학수, 위원장 . 「개인정보 보호법」개정 관련 주요 내용 브리핑［EB/OL］.（2023-03-07）［2023-06-30］. https://korea.kr/news/policyBriefingView.do?newsId=156556158.

（二）《信用信息使用和保护法》

《个人信息保护法》《信用信息使用和保护法》和《促进信息与通信网络使用的信息保护法案》三部法律合称韩国的"数据三法"，但事实上在《个人信息保护法》正式施行以前，在不同的特殊领域中已经有了相当一部分特殊规制法案。《信用信息使用与保护法》旨在规范治理个人信用信息，后述的《促进信息与通信网络使用的信息保护法案》则旨在治理信息与通信服务领域的个人信息。

立法的转变源于大数据产业的发展使韩国信用信息业发生了深刻变化。一方面，作为韩国国内唯一指定的综合信用信息集中机关——韩国信用信息院，除了集中管理金融机构掌握的信用信息，从 2016 年开始，业务范围扩展至匿名信息的加工、分析和调查等大数据业务。另一方面，获得韩国金融委员会许可的信用咨询公司也都在积极拓宽数据维度，利用多种非金融信息提高对信息主体信用状况评价的全面性和及时性。[①] 相关数据治理的需求和难度也在增加。

由于个人信息包含个人信用信息，为避免与《个人信息保护法》相关规定重复而导致监管冲突，《信用信息使用和保护法》对个人信用信息的收集和处理、主体权益保护以及监管措施等方面做出规定，理顺了信息保护法规体系。将《信息通信网络利用促进和信息保护法》中关于个人信息保护的规定整合至《个人信息保护法》，并对相关法规类似或冲突的内容进行梳理和完善，进一步厘清相关法规之间的监管边界。[②]

在 2020 年 1 月 9 日《信用信息使用和保护法》修正案中，明确了大数据分析和使用的法律依据，修改了与《个人信息保护法》类似或重复的条款，旨在理清个人信息保护治理思路，解决有关监管人员混乱、重复监管等问题从而达到欧盟认定标准。修正案引入了新的个人信息自决权，改进信息使用同意制度，要求信用信息主体对自动化评估进行解释等。此外前

---

①② 宋慧中，吴丰光. 韩国《信用信息使用及保护法》修订的背景、内容及对我国的启示 [J]. 征信，2020，38（11）：70-73.

述"假名信息"制度也被同步引进。

修订后的《信用信息使用和保护法》进一步细化了机构和业务分类。根据不同公司和业务类别，《信用信息使用和保护法》适当放宽了部分公司（业务）类型的准入条件，为推动信用信息业发展创造了条件。

（三）《信息通信网络利用促进和信息保护法》

在 2020 年 1 月 9 日《信息通信网络法》修正案中，删订与个人信息相关的其他法规的类似和重叠条款，并改进协调性。具体亮点为：①个人信息保护相关事项将移交《个人信息保护法》；②变更为在线个人信息保护相关法规和监督主体为"个人信息保护委员会"；③将《信息通信网络法》规定的个人信息保护相关事项移交《个人信息保护法》；④将之前分别由广播通信委员会和行政安全部负责的线上和线下个人信息保护监管职能整合至个人信息保护委员会，并将其升格为中央行政机关。

在本次法案改革后，《信用信息使用和保护法》和《信息通信网络利用促进和信息保护法》在数据治理的跨境数据流动规制方面逐渐边缘化，数据治理规则已经集中在《个人数据保护法》中，后续也将维持这一倾向。

出于获得欧盟充分性认定的内在动机，上述个人信息保护相关的一系列修订法案对数据隐私保护的严格程度在向欧盟的《通用数据保护条例》（GDPR）看齐，相关法案赋予韩国个人信息保护委员会对数据信息的流动更为独立且高强度的执行权力。

二、韩国数据主权治理的特征与趋势

（一）维持美国、欧盟的数据合作联系，尤其是向欧盟模式靠近

虽然韩国在跨境数据流动和数据保护的系统规制于 2011 年才开始，发力比较晚，但却通过与欧盟以及美国等体系发达国家的交流和标准认定等方面的实践迅速在体系和理念上迎头赶上，逐步建构了适合自身实际情况的个人信息保护制度。

韩国早期基本与美国及其盟国在跨境数据流动、数据保护等问题上达

成一致。2012年，美国和韩国签署《美韩自由贸易协定》，就双方应避免对电子信息跨境流动设限达成一致。2017年，韩国加入亚太经合组织（APEC）跨境隐私规则体系（CBPR），此后在该体系提供的最低限度的数据保护的前提下，促进其与成员国之间的数据交流，减少数据流动阻碍，以助力韩国数字经济的贸易和发展。

此外，在韩国对外贸易协定框架下，韩国通过一系列双边、多边贸易协定谈判，与其他国家达成了一些数据跨境流动的规定。自2003年与智利签署第一个自由贸易协定以来，韩国目前签署的多数自由贸易协定都有数据跨境流动和数据本地化的相关条款。尤其是在韩欧和韩美自由贸易协定中，韩国表示对其监管制度进行修改，在允许跨境转移金融数据信息的同时，解决诸如保护消费者敏感信息等问题。

相较于美国，韩国与欧盟的利益需求更为相似。由于美国有众多优秀数字科技企业，因此希望减少对数据流动的限制从而进一步增强市场竞争力。而欧盟和韩国则因为缺少互联网巨头，所以希望加强数据权利的保护从而稳健推动其制造业等的发展。在2023年的《个人信息保护法修正案》最新的条款中引入了排除自动化决策等权利（第37条第2项），即针对国民生命身体财产等有重大影响的自动化决策等，将引入拒绝、反对、解释要求权。举例而言，新设了在对国民的权利和义务有重大影响的情况下，包括利用人工智能进行招聘面试、确定福利受益人资格等，国民拒绝或要求对自动决策进行解释的权利。此外，在违法处罚的条款中，韩国采用的是按总销售额的3%，此比例标准类型与欧盟的规定相同。韩国规定与欧盟逐渐趋同也是因为韩国为了得到欧盟的充分性认定。

（二）减少数据本地化要求，给数据治理松绑

早期韩国的数据保护法律不仅参考了国际文件，还参考了欧盟等国家的法律。但与经合组织的《个人信息跨境流动及私隐保护指南》、欧洲理事会的《关于个人数据自动处理的个人保护公约》，以及欧盟的《通用数据保护条例》不同的是，韩国《个人信息保护法》并没有明确提及个人信息的使用或跨境流动，而是更倾向于个人信息保护，因而被称为"亚洲最严厉

的数据隐私法"。① 此外，在支持数据自由流动以保证数字经济持续发展的情况下，韩国也通过修改境内法案和双边协议的方式，逐步加强对跨境数据传输的控制，在一定程度上实施数据本地化策略，以防范国家及企业、公民安全受到威胁，加强对数据的保护。

目前现行有效的为 2020 年 8 月 5 日完成修订的《个人信息保护法》。其中的第 39 条第 12 款要求信息通信服务提供商等要向国外提供或处理委托保管信息的，必须征得用户的同意。此外，还应事先将转移的个人信息项目、转移国家 / 地区、转移日期和转移方式等事项通知用户。现行法规的例外情形少且告知义务重，体现了该版法案对数据权利的保护，以及对数据跨境流动的限制。韩国国内现行相关法规对个人信息使用的限制过于严格，导致韩国在大数据技术和应用水平上仍处于初级阶段，有必要合理放宽个人信息使用的限制，从而为培育和发展大数据产业创造可能的空间。

个人隐私和数据保护是韩国控制跨境数据流动的主要驱动力，因而韩国一直被列为数据本地化要求最多的国家。然而，随着数字化转型的需要，韩国的数据保护和跨境数据流动政策也在不断演变，以期平衡个人数据的使用和内部数据保护，并促进数据跨境流动和数字经济的增长。韩国既需要加强国内的数据保护，也需要在限制数据本地化要求的情况下允许数据跨境自由流动。②

如根据韩国与欧盟自由贸易协定和韩国与美国自由贸易协定，韩国表示打算对其监管制度进行修改，从而采取允许跨境转移金融信息的方法，同时解决消费者敏感信息的保护、禁止未经授权重复使用敏感信息，使金融监管机构获取金融服务供应商处理此类信息有关的记录的能力，以及对技术设施位置的要求。根据韩美自由贸易协定，各方认识到信息自由流动在促进贸易方面的重要性，因此，必须努力避免对电子信息跨境流动施加

---

① GREENLEAF G, PARK W.Korea's New Act：Asia's Toughest Data Privacy Law［R］. Privacy Laws & Business International Report，2012.

② 郑乐锋. 韩国数据治理方式：世界在线率最高国家如何打造第三条道路（译文）［J］. 信息安全与通信保密，2021（12）：45-53.

或维持不必要的障碍。这种电子信息跨境自由流动的"努力"义务，尽管没有直接约束力，但原则上必须是各方承诺不施加数据本地化要求。①

上述理念的转变体现在 2023 年版《个人信息保护法》系列修正案中，具体表现为在前述的跨境数据流动中增加征得同意外的例外情形、新增"假名信息"这一适用信息种类，以及放宽"征求同意"等规定要求。

第四节　各经济体的数据治理理念对比

一、共同点

（一）国内层面，皆注重对企业数据合规要求的适当松绑

英国、日本和韩国的立法很大程度上都受到了欧盟 GDPR 的影响，而 GDPR 个体赋权的思路在实践中被认为增加了许多形式上的文书负担，因此各国根据国情陆续提出了豁免等减负改良方，以更好地平衡个人权利保护和数据经济效益之间的关系。

英国认为《英国通用数据保护条例》和 2018 年版《数据保护法》这两部具有浓厚欧盟色彩的法律倾向于"勾选方框"的合规制度，而不是鼓励采取积极和系统的做法，导致许多组织一直无法尽可能动态地使用数据。因此，英国在脱欧后希望利用独立主权国家的优势，促进企业、政府、民间社会更好地利用数据，减轻企业负担，促进科技创新，释放数据的经济价值。具体到法律规定层面，《数据保护和数字信息法案》等最新草案减少和简化对控制或处理低风险数据的组织的记录保存要求。还修改了针对数据主体请求的豁免条款，在数据主体的请求被视为"无理取闹或过分"的

① EVAN A. FEIGENBAUM, MICHAEL R. NELSON.The Korean Way With Data: How the World's Most Wired Country Is Forging a Third Way［EB/OL］.（2021-08-17）［2023-06-30］. https://carnegieendowment.org/2021/08/17/korean-way-with-data-how-world-s-most-wired-country-is-forging-third-way-pub-85161.

情况下，相关组织可以使用该豁免条款来收取合理费用或拒绝回应数据主体的要求，试图进一步压缩企业的数据合规负担。此外，英国还在考虑取消某些组织（如小型企业）拥有数据保护官并进行冗长影响评估的需要。

在英国政府主导的开放政府数据层面，相继成立开放标准委员会和数据标准局，加大了元数据领域开放标准的采纳、建设和推广力度。并在2010年以后进一步拓展数据治理政策领域，建立政府数据清单，全面提高数据质量，确保数据能够跨境流动和再利用，有效支撑数字经济的发展。政府通过数据质量建设和提升公民数据能力等方面来进一步助力企业在数据领域获得进一步的发展。

日本的《个人信息保护法》在立法目的部分即标明其既保护个人的权利和利益，同时也考虑个人信息的有用性，适当和有效地使用个人信息有助于创造新的产业，实现有活力的经济社会。具体到法规层面，如统一了医疗与学术领域个人信息保护的规定，国立公立医院及大学等机构的规则同样适用于民办医院、大学等机构，不再分别进行规范，从而进一步消除了差别歧视的数据适用规定。另外，为了促进个人信息等的适当和有效使用，引入了假名化信息和匿名化信息两种类型，希望有关企业可以积极利用。值得注意的是，日本在法规制定方面尤其重视相关技术行业团体等的观点和建议，许多标准和法律规定都是与业界人士进行深度讨论后制定的，并在法律中专门规定了此类团体的权利和义务，对企业的数据关切进行了回应。

韩国为获得欧盟的充分性认定进行了将个人信息保护委员会职权独立强化等法案改革，但其也在官方声明中指出，在数字化转型加速的环境下，法案修订旨在进行合理的监管改革，消除法律不确定性，为企业减负。在修订后的《个人信息保护法》对企业数据合规进行了适度松绑，如对未经同意处理个人信息的要求进行了一些放宽，删除了在"不可避免"的情况下，未经同意可以收集和使用个人信息的"不可避免"这一要求，以便与信息主体签订和履行合同，消除过分依赖信息主体正式事先同意的不合理现象。

此外，在数据跨境流动方面，韩国早期并没有明确提及个人信息的使用或跨境流动而是更倾向于个人信息保护，并在一定程度上实施数据本地化策略。由于相关法规对个人信息使用的限制过于严格，导致韩国在大数据技术和应用水平上处于初级阶段。个人隐私和数据保护是韩国控制跨境数据流动的主要驱动力，但随着数字化转型的需要，韩国试图重新平衡个人数据的使用和内部数据保护，并促进数据跨境流动和数字经济的增长。此后，韩国积极推动《个人信息保护法》的修订，并在与欧盟、美国等双边自由贸易协定中约定进一步放开跨境数据流动。在最新的《个人信息保护法》中，韩国列举新增了"白名单制度"以外的其他豁免认定制度，并在细化认定标准，提高了可操作性。

（二）国际层面，皆注重与其他国家联系合作，促进数据的跨境流动

在全球化时代，数据的传输联系变得更加紧密，经济和数据的全球性更加突出，顺畅的数据流动有利于本国企业进行国际化贸易从而获得效率等方面的竞争优势。在国际层面，各国也在试图拓宽数据传输安全区范围，以欧盟为代表的"充分性认定"便是其中的一种形式。在双边和多边层面，各国也通过缔结双边条约和区域协定等方式试图为本国企业谋求更有利的竞争地位。

英国在正式脱欧前的规则制定上就注意到了这点，因此为确保美国和欧盟等关键市场之间的数据安全流动、发挥跨国际边界数据传输对经济的助推作用和维护数据保护制度的连续稳定性，英国决定继续采用欧盟层面的国际框架条款来支撑国内的数据保护法律。在对欧关系上，英国希望将数据流动中断的风险最小化、支持英国与欧盟在个人数据保护上的稳定关系，并希望确保 ICO 与欧盟成员国数据保护管理机构、欧洲数据保护局之间继续合作。

在主观能动性方面，英国争取与国际合作伙伴合作，确保数据不会受到国家边界和分散的监管制度的不适当限制，以便充分发挥其潜力。具体而言，其取得并努力维持从欧盟处获得的"充分性认定"，并在双边和多边贸易谈判中促成达成免关税数字贸易、源代码保护和数据自由流动措施的数据条款。英国与二十国集团的合作伙伴合作，试图建立国家数据制度之间的互操作性，以最大限度地减少不同国家之间传输数据时的摩擦。英国还试图改善 GPS 导航等许多技术所依赖的国际数据传输问题、促进达成国际警报数据等数据共享协议。

日本在国际数据治理的层面，试图在建立和维护一个促进国际统一的个人信息相关制度的框架，以便与拥有与日本同等的个人信息保护制度的国家和地区在保护个人权益（包括隐私）方面相互促进个人数据的顺利转移，具体体现为日本存在的数据跨境流动"白名单制度"。基于"信任的数据自由流动（DFFT）"的理念，日本还在推进企业认证制度，通过收集和提供海外系统的信息，以便选择适合其政策和业务的转移机制。在双边和多边层面，日本接替美国参与主导制定了 CPTPP 中的数据条款，并在 USJDTA、EPA 和 RCEP 条约中依据相关国的特点不同，在数据跨境自由流动、禁止数据本地化、数字产品非歧视待遇等方面分别达成了共识。

韩国近年加入 APEC 跨境隐私规则体系（CBPR），在该体系提供的最低限度的数据保护的前提下，减少数据流动阻碍，以助力韩国数字经济的贸易和发展。后续又进一步修改法律获得了欧盟的充分性认定，在《个人信息保护法部分》最新修改法案中，个人信息保护委员表示试图按照国际标准修改跨境数据流动等向国外转移信息的法规，将个人信息的跨境转移要求多样化。多样化的途径包括基于国际条约、协定、认证达到本法规定的个人信息保护水平的国家或地区，为签订或者履行合同需要等，体现了韩国对数据跨境流动的开放包容态度。

二、不同点

英国、日本和韩国的立法具有很浓厚的欧盟色彩，但即便如此，因国家的经济体量、在国际组织论坛中的话语权不同，对数据主权规则制定的策略也稍有不同。对比而言，英国和日本更有在国际层面主导数据规则制定的野心，而韩国则更偏向于积极追随美国和欧盟此两大类数据治理规则的范式。

英国在官方声明中，明确提及希望在国际层面影响全球数据共享和使用方法，推进负责任和有效地使用和共享数据。英国在《英国数字战略》中表明将在全球范围内努力消除国际数据流动的不必要障碍，促进在贸易谈判中达成数据条款，并利用在世界贸易组织新独立的席位来影响数据贸易规则。在具体的途径上，英国希望在传统多边论坛和通用人工智能伙伴关系、经合组织、七国集团和联合国等多方利益相关者组织中发挥领导作用。其努力确保管理数字、数据和技术的国际规则以开放为核心，保留现有的多方利益相关者治理模式。比如在英国担任七国集团主席期间，召集成员国就一套开创性的七国集团数字贸易原则达成一致。为此，英国打算增加其在全球数字技术标准机构中的正式代表权。从上述英国提高全球数据治理地位的系统性计划措施可知，英国在全球数据治理、推动跨境数据流动中有着极强的参与积极性，并试图成为独立的强大领导者。

日本早期立法从模仿欧洲与美国的跨境数据流动治理政策发家，后续沿着国内立法及修法——双多边国际协议——推广全球理念与规则的路线进行。日本一方面与美国积极洽谈《数字贸易协定》；另一方面拉拢欧盟商讨美日欧"跨境数据流动圈"，争取美国与欧盟的双方支持，将跨境数据流动治理的"可信数据自由流动（DFFT）"日本理念通过 G20 机制得到美国和欧盟的认可，逐步融入双边、多边规制中。日本在数字贸易规则制定中呈现出条款全面翔实、先进性及开放度高的特点，并以广泛缔约对象形成了数字贸易网络；同时吸纳欧盟、美国和东盟数字贸易规则的经验，走在全球数字贸易规则制定的前列。

韩国早期立法也是通过模仿欧盟，以及美国的数据保护体系和理念起步的，体现为早期基本与美国及其盟国保持在跨境数据流动、数据保护等问题上的一致。后续为获得欧盟的充分性认定，也在管理组织机构和个体赋权的路径上趋同于欧盟 GDPR 体系。此外，虽然韩国也通过一系列双边、多边贸易协定谈判，与其他国家达成了一些数据跨境流动的规定，但无论从规则制定主导权还是从官方的态度来说，并没有展示积极的主导意愿，目前主要还是继续参与欧盟和美国此类主流数据治理政策国家的双边或多边协议来为本国企业的跨境数据转让谋求竞争优势。

第七章

中国数据主权治理的发轫与演变

第一节　缘起与脉络

一、中国数据主权治理发展历史

早在 20 世纪 90 年代，就有研究开始关注数据跨境流动行为对国家主权的影响，以及数据、信息、网络和国家主权间的联系。当时的观点认为，数据跨境流动建立在信息技术和数据资源的基础之上，各国因技术水平的不同而在数据跨境流动中处于不同地位，因而数据跨境流动对一国主权——经济主权、文化主权、信息主权——产生影响的深刻程度也存在差异。[①] 同时，当时还存在一种辩证性的观点，认为虽然互联网对国家政治主权、经济主权、文化主权和信息主权产生一定程度的侵蚀，但是任何事物都是具有双面性，互联网在冲击国家主权的同时也从意识、监督、沟通等层面一定程度上强化了国家主权。[②] 总而言之，数据跨境流动对一国主

[①]　程卫东. 跨境数据流动对国家主权的影响与对策 [J]. 法学杂志, 1998（2）: 23-24.

[②]　张淑钿, 林瑞鑫. 论互联网对国家主权的侵蚀和强化 [J]. 科技与法律, 2005（1）: 9-13.

权会产生影响的认知是较为统一的。但是，当时对采取数据、网络控制措施的程度存在摇摆之态。有观点主张，主权国家的政府职责就是全面、准确地调整信息资源共享中政治的、法律的、经济的、管理的若干准则，可以制定信息安全法、计算机安全法、数据保护法、电子凭证法、信息犯罪法、网上知识产权法等以保证法律的前瞻性。① 有观点则认为，基于信息空间无主管、无疆界、无警察的特征，主权国家为了防止网络中的本国数据被窃取、污染、篡改、毁坏，具有毋庸置疑的信息控制权，但是由于我国信息技术相对落后，因此在信息控制权这一问题上，在思想深处恐怕还是有分歧的。②

20 世纪 90 年代的法律法规中也体现了一些数据、信息"控制"的思想。1994 年，国务院颁布的《计算机信息系统安全保护条例》第四条规定"计算机信息系统的安全保护工作，重点维护国家事务、经济建设、国防建设、尖端科学技术等重要领域的计算机信息系统的安全。"③ 可见，当时已经将信息安全和"国家事务""国防建设"等涉及国家主权的议题联系起来。同时，该条例提出了"等级保护"的思想，这和自 2017 年施行的《网络安全法》和自 2021 年施行的《数据安全法》中的"分级分类"治理思想一脉相承。④1996 年 2 月 1 日，中华人民共和国国务院令第 195 号《计算机信息网络国际联网管理暂行规定》"计算机信息网络直接进行国际联网，必须使用邮电部国家公用电信网提供的国际出入口信道。任何单位和个人不得自行建立或者使用其他信道进行国际联网""新建互联网络，必须报经国务院批准"。⑤ 无论是"必须使用邮电部国家公用电信网"，

---

① 丁小文. 国家主权与信息依附问题 [J]. 江海学刊，1998（4）：38-42.

② 汤啸天. 信息网络空间——当代法学的新视野 [J]. 华东政法学院学报，1999（6）：3-8.

③ 1994 年 2 月 18 日中华人民共和国国务院令第 147 号发布，根据 2011 年 1 月 8 日《国务院关于废止和修改部分行政法规的决定》修订。

④《计算机信息系统安全保护条例》第 9 条：计算机信息系统实行安全等级保护。安全等级的划分标准和安全等级保护的具体办法，由公安部会同有关部门制定。

⑤ 1996 年 2 月 1 日中华人民共和国国务院令第 195 号发布，根据 1997 年 5 月 20 日《国务院关于修改〈中华人民共和国计算机信息网络国际联网管理暂行规定〉的决定》修正。

还是"必须报经国务院批准"，都体现出国家对信息流动的控制。1997年12月16日公安部令第33号《计算机信息网络国际联网安全保护管理办法》"不得利用国际联网危害国家安全、泄露国家秘密，不得侵犯国家的、社会的、集体的利益和公民的合法权益，不得从事违法犯罪活动"。①根据该条规定，蕴含着网络使用不当、错误可能会威胁到国家利益的含义。

到了21世纪初期，有观点已经认识到我国在信息安全、数据保护方面的法律实际上处于真空状态，要加快相关立法，对数据出境条件和国家采取的控制措施进行明确，从而为我国的信息主权安全提供强制性、严密性和稳定性的保障。②相比20世纪90年代，在这一阶段的相关立法中，国家对信息网络的控制呈现强化趋势，不仅对信息系统、信息数据业务开展加强了控制，对涉及国家安全的信息内容也加强了监督管理。2000年通过的《全国人民代表大会常务委员会关于维护互联网安全的决定》中，对"侵入国家事务、国防建设、尖端科学技术领域的计算机信息系统""用互联网造谣、诽谤或者发表、传播其他有害信息，煽动颠覆国家政权、推翻社会主义制度，或者煽动分裂国家、破坏国家统一""通过互联网窃取、泄露国家秘密、情报或者军事秘密"等行为，规定构成犯罪的，依照刑法有关规定追究刑事责任。2000年9月颁布的《中华人民共和国电信条例》中，"国务院信息产业主管部门审查经营基础电信业务的申请时，应当考虑国家安全、电信网络安全、电信资源可持续利用、环境保护和电信市场的竞争状况等因素"。③2000年9月颁布的《互联网信息服务管理办法》第18条第2款："新闻、出版、教育、卫生、药品监督管理、工商行政管理和公安、国家安全等有关主管部门，在各自职

---

① 1997年12月30日公安部令第33号发布，根据2011年1月8日《国务院关于废止和修改部分行政法规的决定》修订。

② 彭前卫. 面向信息网络空间的国家主权探析［J］. 情报杂志，2002（5）：98-100.

③ 详情参见：中华人民共和国国务院令第291号《中华人民共和国电信条例》第12条。

责范围内依法对互联网信息内容实施监督管理。"[①] 可以发现，这一阶段虽然法律也彰显了国家在维护信息安全、网络安全方面具有控制权，但是整体上立法层级较低，信息、网络和"主权"的联系不甚明了，对"数据"的规定较少，且控制手段聚焦于境内活动。直至 2015 年通过的《国家安全法》中，"数据"和"国家主权"之间的关系才在法律层面予以明确。《中华人民共和国国家安全法》（简称《国家安全法》）规定了要"实现网络和信息核心技术、关键基础设施和重要领域信息系统及数据的安全可控""维护国家网络空间主权、安全和发展利益""对影响或者可能影响国家安全的外商投资、特定物项和关键技术、网络信息技术产品和服务、涉及国家安全事项的建设项目，以及其他重大事项和活动，进行国家安全审查，有效预防和化解国家安全风险"。[②] 在这部法律的逻辑中，"数据的安全可控"和"维护国家网络空间主权、安全和发展利益"画上了等号，"数据"在国家安全中的独占地位开始显现，"数据主权"初具雏形。

以《国家安全法》为阶段性标志，随着数据在国家安全中的重要程度提升，此后颁布的几部法律中，均强调了对部分数据的控制。2016 年 11 月通过的《中华人民共和国网络安全法》（简称《网络安全法》）中，将数据泄露情形下可能严重危害国家安全、国计民生、公共利益的认定为"关键信息基础设施"，对"关键信息基础设施"实行重点保护，要求数据本地

---

① 2000 年 9 月 25 日中华人民共和国国务院令第 292 号公布，根据 2011 年 1 月 8 日《国务院关于废止和修改部分行政法规的决定》修订。

② 《中华人民共和国国家安全法》第 25 条：国家建设网络与信息安全保障体系，提升网络与信息安全保护能力，加强网络和信息技术的创新研究和开发应用，实现网络和信息核心技术、关键基础设施和重要领域信息系统及数据的安全可控；加强网络管理，防范、制止和依法惩治网络攻击、网络入侵、网络窃密、散布违法有害信息等网络违法犯罪行为，维护国家网络空间主权、安全和发展利益。

第 59 条：国家建立国家安全审查和监管的制度和机制，对影响或者可能影响国家安全的外商投资、特定物项和关键技术、网络信息技术产品和服务、涉及国家安全事项的建设项目，以及其他重大事项和活动，进行国家安全审查，有效预防和化解国家安全风险。

化存储，采购网络产品和服务部分情形需要进行国家安全审查，数据跨境必须进行安全评估。^①2019 年 10 月通过的《中华人民共和国密码法》衔接了《网络安全法》对于关键信息基础设施的运营者采购涉及商用密码的网络产品和服务，可能影响国家安全应进行安全审查的规定。^②2020 年 4 月颁布的《网络安全审查办法》中，再次强调了对关键信息基础设施运营者开展数据处理活动，影响或者可能影响国家安全的，应当进行网络安全审查；同时，明确了网络安全审查重点评估的国家安全风险因素，包括核心数据、重要数据或者大量个人信息被窃取、泄露、毁损以及非法利用、非法出境、被外国政府影响、控制、恶意利用等风险。^③2021 年 6 月通过的《中华人民共和国数据安全法》（简称《数据安全法》）作为数据基本法，明确了立法目的在于"维护国家主权、安全和发展利益"，表明"数据主权"已然确立。^④ 同时，《数据安全法》对在中华人民共和国境外开展数据处理活动，损害中华人民共和国国家安全、公共利益或者公民、组织合法权益的，规定了我国依法追究法律责任的权利。^⑤ 和前述法律相比，在数据方面的控制程度进一步扩大，数据主权的作用领域随之扩大。

　　综上，在我国数据主权的发展历史中，从最初理论研究对于加强"信息控制权"的摇摆不定，到理论和立法实践基本达成统一认识而重视弥补数据领域空白立法，行政法规、部门规章层面对数据、信息控制的程度逐渐加强，再到法律层面确立数据和国家安全间的关系，在这整个理论和制度发展历程中，数据背后国家主权的身影从摇摆到坚定，从模糊到清晰。

---

① 详情参见:《中华人民共和国网络安全法》第 31 条、第 35 条、第 37 条。

② 详情参见:《中华人民共和国密码法》第 27 条第 2 款。

③ 2022 年《网络安全审查办法》进行了修订，于 2022 年 2 月 15 日起实施新法。2020 年 4 月 13 日公布的《网络安全审查办法》（国家互联网信息办公室、国家发展和改革委员会、工业和信息化部、公安部、国家安全部、财政部、商务部、中国人民银行、国家市场监督管理总局、国家广播电视总局、国家保密局、国家密码管理局令第 6 号）同时废止。

④ 详情参见:《中华人民共和国数据安全法》第 1 条。

⑤ 详情参见:《中华人民共和国数据安全法》第 2 条第 2 款。

数据主权发展的背后离不开技术的推动，马克思主义强调经济基础决定上层建筑，认为法律是上层建筑的一个部分，技术发展在先，法律发展在后，但从辩证的角度来看，技术同法律是一个互动和互补的演进过程。[①] 随着数字化的推进，2023年2月国家发布《数字中国建设整体布局规划》，推动我国经济、政治、文化、社会、生态文明建设各领域数字化发展。可以预想到，未来数据在我国发展中的作用将更为凸显，提高数据主权理论研究水平，探索数据主权实践路径是一个时代课题。

二、中国数据主权治理的实践

数据主权是国家主权的一个侧面，因此对数据主权治理的理解受到国家主权含义的影响。国家主权体现的是国家之独立自主，一般认为包括对内的最高统治权和对外的独立权、平等权。[②-④] 但是必须说明的是，主权概念本身在多样性的应用（如政治主权、经济主权、文化主权等）中出现了复杂的形态（如所有权、管理权、使用权等）。[⑤] 因此，对数据主权的理解，一方面受国家主权基本内涵的影响，另一方面也受到具体实践的作用。现阶段，数据实践中备受关注的是数据安全、数据跨境流动等话题，这在《数据安全法》中也有所体现。[⑥] 因此，结合内外主权和数据安全、数据跨

---

① 许成钢. 法律、执法与金融监管——介绍"法律的不完备性"理论［J］. 经济社会体制比较，2001（5）：1-12.

② 陈星. 论网络空间主权的理论基础与中国方案［J］. 甘肃社会科学，2022（3）：113-121.

③ 徐伟功. 论次级经济制裁之阻断立法［J］. 法商研究，2021（2）：187-200.

④ 刘莲莲. 国家海外利益保护机制论析［J］. 世界经济与政治，2017（10）：126-153.

⑤ 王逸舟. 国家安全研究的理论与现实：几点思考［J］. 国际安全研究，2023，41（2）：3-22，157.

⑥ 《数据安全法》第十一条：国家积极开展数据安全治理、数据开发利用等领域的国际交流与合作，参与数据安全相关国际规则和标准的制定，促进数据跨境安全、自由流动。

境，对现阶段数据主权治理的理解，可以从保护权、控制权和参与权等三方面展开。①

（一）数据保护权

当前，保护数据成了国家安全中的重要议题。② 基于数据保护的现实紧迫性，数据保护权应运而生，意指国家对于管辖范围内的数据进行保护的权力。③ 除了现实需求，数据保护权本身也具有深厚的国际法理论基础。国际公约《联合国宪章》中最为核心的原则之一便是国家主权原则，自保权是其中最重要的内容，概因一切国家均有生存、自由和发展的权利，为实现此目的，国家有权根据本国国情采取必要之措施来维护自身生存及独立。④ 延伸到数据领域，当数据安全状态威胁到了一国国家生存及独立发展时，国家就有权采取自我保护措施以维护数据安全状态。

既已论证数据保护权之正当性及必要性，数据保护权的作用范围及其实现途径就成了具有实践意义的重要问题。就数据保护权的效力范围而言，基于国际法的基本原则，很大程度上取决于管辖范围。管辖是国家对领土及国民行使主权的具体表现，是一个包含不同侧面的丰富概念：在国际法中，管辖可以分为依国籍的属人管辖、依领土的属地管辖、保护一国及国民利益的保护性管辖，以及维护人类共同利益的普遍性管辖；在国内，管辖可以分为立法、行政和司法管辖。⑤ 前者构成了国家管辖权范围，后者则是国家行使管辖权的具体表现，两者之间存在密切联系。现阶段，数据管辖可以分为数据存储地模式和数据控制者模式两类。数据存储地模式是以数据实际存储的位置来确定管辖范围。数据控制者模式则是通过控制数据

---

①③ 王玫黎，陈雨. 中国数据主权的法律意涵与体系构建 [J]. 情报杂志，2022，41（6）：92-98.

② 中国信息通信研究院. 全球数字治理白皮书（2022 年）[R/OL].（2023-01-10）[2023-06-30]. http://www.caict.ac.cn/kxyj/qwfb/bps/202301/t20230110_413920.htm.

④ 周鲠生. 国际法大纲 [M]. 北京：中国方正出版社，2004：57.

⑤ 王铁崖. 国际法 [M]. 北京：法律出版社，1995：125.

服务提供者来控制出境的数据。① 数据存储地管辖模式显然具有深厚的属地管辖理论基础，而数据控制者管辖模式则更多带有属人管辖理论血缘。在各类管辖中，属地管辖是国家管辖的基础，国家对其领土内的人、事、物具有完全的、排他的管辖权，优于其他类型的管辖。因此，以数据存储地管辖作为数据管辖的基础较为符合国际法的一般做法。我国也是如此，《数据安全法》以规制境内数据处理活动为一般原则，以规制境外数据处理活动为特殊规定。② 需要注意的是，属地管辖中的"境内"和"境外"之"领土"并非单纯是由自然地理位置划定的空间，而更多是法律秩序所作用的一个规范性空间。③ 因此，属地管辖并非固定的、不变的，其边缘具有一定的灵活性。当一个案件、事物并非局限于一国境内时，存在属地管辖的主观延伸适用、客观延伸适用和以效果为基础的延伸适用。④ 美国采取的就是以效果为基础的管辖延伸机制，即只要行为的效果及于美国就可主张管辖权，也即通常所称的"长臂管辖权"。⑤ 这种向外扩张的路径难免和其他国家的利益产生冲突，政治、经济和法律等方面均有冲突案例，各国通过在政治上采取抵制措施、法律上规定应对美国取证的阻却立法、经济上减少对美国产品和技术的依赖等手段阻止美国管辖权的对外扩张。⑥ "长臂管辖权"对我国也产生了重大影响，在中美贸易战中，美国以"长臂管辖权"作为主要制裁工具，将中国企业列入实体清单以遏制中国产业发展。⑦

---

① 梁坤. 基于数据主权的国家刑事取证管辖模式 [J]. 法学研究, 2019, 41 (2): 188-208.

② 详情参见:《数据安全法》第二条: 在中华人民共和国境内开展数据处理活动及其安全监管, 适用本法。在中华人民共和国境外开展数据处理活动, 损害中华人民共和国国家安全、公共利益或者公民、组织合法权益的, 依法追究法律责任。

③ 凯尔森. 国际法原理 [M]. 北京: 华夏出版社, 1989: 173.

④ 王铁崖. 国际法 [M]. 北京: 法律出版社, 1995: 127.

⑤ 肖永平. "长臂管辖权"的法理分析与对策研究 [J]. 中国法学, 2019 (6): 39-65.

⑥ 李庆明. 论美国域外管辖: 概念、实践及中国因应 [J]. 国际法研究, 2019 (3): 3-23.

⑦ 沈伟. 中美贸易摩擦中的法律战——从不可靠实体清单制度到阻断办法 [J]. 比较法研究, 2021 (1): 180-200.

综上而言，无论管辖模式、管辖行使具体方式如何，数据保护权的作用范围仍然可以区分为境内管辖和境外管辖，数据保护权的具体行使方式相应地也可以分为基于境内管辖的对内保护和基于境外的外部防御。就境内保护而言，出于相互尊重他国主权和独立的国家主权原则，各国为了保卫自己的生存和安全、维护主权和独立，有权采取国际法允许的一切措施进行自我保护。① 特别是，当国际法对国家可采取之措施没有另外规定、限制时，原则上各国有权采取任何措施调整领土范围内所能调整的所有事项。② 因此，国家在境内行使数据保护权的手段十分自由。具体到我国数据保护权的治理上，我国于 2021 年颁布的《数据安全法》是一个典型治理方案。根据《数据安全法》，保护数据不仅是"维护国家主权、安全和发展利益"的体现，同时还是"规范数据处理活动""促进数据开发利用""保护个人、组织的合法权益"的重要方式，可见数据保护是一个涉及政治、经济、安全、个人权益的复杂属性之事物。③《数据安全法》第二条第一款规定了该法在境内的具体作用对象，即境内数据处理活动及其安全监管。④ 从这条的规定来看，境内数据保护主要从规范数据处理行为和开展安全监管两方面展开。同时，《数据安全法》将数据开发利用和产业发展视为了促进数据安全的手段，因此国家大数据战略等规划在广泛意义上也属于数据保护权的行使形式。综合而言，数据保护权在境内行使主要体现为三方面内容：制定和实施数据发展规划、规范数据处理行为、建立数据安全监管制度。可见，数据保护权的行使措施十分丰富，法律手段、政治手段、经济手段都是数据保护权行使之手段，这也和数据保护之复杂属性相呼应。

就境外保护而言，《数据安全法》第二条第二款规定"在中华人民共

---

① 王铁崖. 国际法［M］. 北京：法律出版社，1995：121.

② 凯尔森. 国际法原理［M］. 北京：华夏出版社，1989：202.

③ 详情参见：《数据安全法》第一条：为了规范数据处理活动，保障数据安全，促进数据开发利用，保护个人、组织的合法权益，维护国家主权、安全和发展利益，制定本法。

④ 详情参见:《数据安全法》第二条：在中华人民共和国境内开展数据处理活动及其安全监管，适用本法。

和国境外开展数据处理活动，损害中华人民共和国国家安全、公共利益或者公民、组织合法权益的，依法追究法律责任。"一方面，这种针对境外行为的规定是国家主权之自保权的体现，国家有抵御外来侵犯之绝对权利。当境外数据处理行为危害到本国国家之安全时，本国对境外数据威胁行为采取防御、处置措施是国家主权作用的当然结果。另一方面，这种境外保护也是管辖权的体现，具有属地管辖、保护性管辖的内涵。在针对境外的数据保护方式上，《数据安全法》既建立了国家直接保护机制，也建立了通过数据处理者的间接保护机制。在直接保护机制方面，主要包括：①第二十一条规定，国家根据数据在社会发展中的重要程度以及数据对国家安全的影响程度建立数据分类分级制度，并对重要数据实施重点保护和更为严格的管理制度；②第二十二条规定，国家建立集中统一、高效权威的数据安全风险评估、报告、信息共享、监测预警机制；③第二十三条规定，国家建立数据安全应急处置机制；④第二十四条规定，国家建立数据安全审查制度；⑤第二十五条规定，国家对与维护国家安全和利益、履行国际义务相关的属于管制物项的数据依法实施出口管制。这些制度都是由国家直接建立并主导运行的，是国家直接行使数据保护权的表现。对比之下，《数据安全法》要求数据处理者建立数据安全管理制度、开展数据培训、采取必要保护措施、配合国家机关侦查数据犯罪等数据安全保护义务，则是通过对数据处理保护者施以义务的方式来间接保护数据开发、利用和安全。

（二）数据控制权

"控制"（possession）一词在布莱克法律大词典中，指某人可以对某物持续控制（control）并排除（exclusion）其他一切的独占性权力，同时也具有领土的意义。[①] "control"指通过管理或政策手段控制个人或实体的直接或间接的权力，意味着权力行使或施加影响。[②] 可见，"控制"意味着独占性、排他性、持续性的影响力。数据控制权（data possession）就意味

---

①② GARNER B A. Black's Law Dictionary：9th Edition [M]. New York：West Group, 2009：1281.

着国家有权独占性、排他性、持续性地影响数据。数据控制权具有重要的战略地位，例如美国政府就认为大数据是"未来的新石油"，一国所占有的数据规模及其开发、运用能力将成为综合国力中的重要部分，因此数据控制权就成了国家发展中的焦点问题。[①] 需要注意的是，数据控制权和数据保护权存在一定的重叠空间。有学者将"信息控制权"区分为广义和狭义两种，前者指国家对其有管辖权的信息采取保护措施以保证信息秘密性、真实性和完整性，后者指国家防止信息网络中的本国数据被窃取、篡改、毁坏和抵御外来有害信息对本国的侵蚀和破坏作用。[②] 类似地，有学者将"数据控制权"定义为一国对本国数据采取保护措施，以免数据遭受被篡改、伪造、毁损、窃取、泄露等危险，从而保障数据的真实性、完整性和保密性。[③] 在上述定义中，数据控制权和采取一定保护措施的行动联系起来，以保护为目的之控制和数据保护权的范围就存在重叠。对比而言，数据保护权和数据控制权在境内行使的差异并不大，都是主动采取措施控制数据风险，从而保护数据安全。两者的差异更多体现在对境外数据和数据处理行为的影响力上。数据保护权更多是采取防御性、消极的措施，因此对境外数据处理行为的影响力相对较小。相反，数据控制权更多具有主动性。从法律的角度来看，由于数据跨越边境意味着潜在的直接和／或间接控制的丧失。因此，数据控制权集中体现在数据跨境环节。

虽然数据控制权的重点在于数据跨境环节，但是我国数据控制权的作用主体主要还是境内主体。根据《数据安全法》第二条，国家控制在境内开展数据处理活动的主体行为——无论主体具有何种性质。对境外数据处理主体，则只针对可能影响国家安全、公共利益或者公民、组织合法权益

---

① 程学旗，靳小龙，王元卓，等. 大数据系统和分析技术综述［J］. 软件学报，2014，25（9）：889-1908.

② 任明艳. 互联网背景下国家信息主权问题研究［J］. 河北法学，2007（6）：71-74，94.

③ 齐爱民，盘佳. 数据权、数据主权的确立与大数据保护的基本原则［J］. 苏州大学学报（哲学社会科学版），2015（1）：64-70.

的行为。可见，数据控制权实际上受到威斯特伐利亚主权和内部主权强调国家对领土范围内事务的控制权的深厚影响，而且"possession"一词本身具有领土意义就反映了控制权和领土的密切关系。目前，在网络和国际法的研究中，2013年发行的《关于可适用于网络战的国际法的塔林手册》（以下简称《塔林手册》）是代表性研究成果。《塔林手册》将"主权"和网络基础设施联系起来，认为一国有主权控制领土内的网络基础设施，因此针对一国网络基础设施的行为可能被视为侵犯他国主权。实际上，从领土视角解读《塔林手册》，并没有突破传统领土定义，其以网络基础设施来界定网络主权仍旧是通过特定物来界定主权范围，只不过是对传统领土和其上主权的变相强调。① 数据和网络基础设施是存在一定联系的，根据2023年1月发布的《上海市信息基础设施管理办法》第二条第一款，信息基础设施包括数据感知、传输、存储和运算等信息服务设备、线路和其他配套设施。如果将数据理解为是依托于信息基础设施而存在的事物，那么当以信息基础设施主张的网络主权确立时，依托于信息基础设施的数据主权之正当性也可以明确，国家对信息基础设施的控制机制也可以作为数据控制权的基础。

根据目前实践，各国控制数据跨境的方式多样，中国的数据跨境安全评估、印度的数据本地化存储、美国的"数据控制者"标准、欧盟的"充分性认定"等是国家控制权的不同表现。其中，数据本地化针对的数据存储环节，要求数据存储在本国境内。根据数据本地化控制程度，可以将数据本地化存储分为三类：第一是数据本地备份模式，即数据在境内备份后可以传输到境外；第二是可访问的数据本地化模式，即数据在境内存储，不可向境外传输，但境外可以远程访问；第三是绝对的数据本地化模式，即数据在境内存储，不可向境外传输，拒绝境外访问数据。② 印度是数据本

---

① 朱莉欣.《塔林网络战国际法手册》的网络主权观评介［J］. 河北法学, 2014, 32（10）：130-135.

② 卜学民. 论数据本地化模式的反思与制度构建［J］. 情报理论与实践, 2021, 44（12）：80-87, 79.

地化的代表国家，其坚持本地化的原因在于，印度人口众多，数据资源储备丰富，通过数据本地化可以实现数据资本的原始积累，进而实现数据价值的本地化。①2023年，印度财政部长尼尔马拉·西塔拉曼表示印度将建立"数据大使馆"，通过为他国和商业数字数据提供"豁免权"扩大印度数据存储基础设施的投资和发展。可见，印度不仅强调本国数据的本地化存储，也致力于吸纳他国数据存储于印度境内。相比于数据本地化将重点放在"数据"这一客体身上，美国的"数据控制者"标准则将重点放在数据主体身上，即只要一个数据控制者受到美国控制，那么无论数据存储在何处都受到美国政府的控制。美国的"数据控制者"标准旨在提高域外执法的效率，但是实质上也起到了扩张美国数据主权管辖范围，提升美国对数据流通控制能力的效果，因此美国方案在保护美国利益的同时也引起了新一轮主权冲突。②欧盟鼓励内部的数据自由流动，但是却限制个人数据转移到欧盟境外，采取了"充分性认定""适当保障措施"或"例外豁免情形"等手段控制个人数据的流动性。对于非个人数据，欧盟则推出《非个人数据在欧盟境内自由流动框架条例》《数据治理法案》《数据法案》等多项法律文件破除数据本地化限制，消除境内数据流动的障碍，增加成员国间获取数据的便利性。但是，无论是针对个人数据抑或是非个人数据，欧盟"内外有别"的控制机制并没有改变，对非个人数据向欧盟境外的流动依然秉持着数据安全和数据主权理念。③相比于印度聚焦于客体控制、美国聚焦于主体控制，欧盟的控制手段要更为丰富，区分不同场景设置多样化的控制机制。我国在数据控制方面起步较晚，尚未有专门立法，《网络安全法》《数据安全法》《数据出境安全评估办法》《个人信息出境标准合同办法》等

---

① 胡文华，孔华锋. 印度数据本地化与跨境流动立法实践研究［J］. 计算机应用与软件，2019，36（8）：306-310.

② 孔庆江，于华溢. 数据立法域外适用现象及中国因应策略［J］. 法学杂志，2020，41（8）：76-88.

③ 黄钰. 欧盟非个人数据跨境流动监管模式研究［J］. 情报杂志，2022，41（12）：111-118.

法律法规共同组成了数据控制权法律体系。在具体控制措施上，我国既采取了数据本地化存储的控制措施，例如《网络安全法》第三十七条规定关键信息基础设施的运营者的数据本地化存储义务；也采取了数据出境评估的数据控制手段，例如《数据安全法》第三十一条规定了关键信息基础设施运营者和其他数据处理者的出境管理办法。综合来看，数据控制权的具体形态在一定程度上受各国政治、经济等主客观因素影响。但是，无论具体控制形态如何，本质上都是国家控制力的体现。

（三）数据参与权

数据参与权是指，各国无论贫富强弱，均有参与和决定数据、个人信息、网络等数据国际议题的权利。数据参与权的背后是《联合国宪章》国家主权平等基本原则的体现。国家主权平等原则建立于各国是国际社会中平等成员的理念之上，强调国家不分大小、强弱、人口、贫富等条件都享有平等地位、平等权利。在主权平等原则下，各国有权参与国际社会中的事务和活动。网络治理和数据治理也是国际社会事务之一，因此各国都有权通过国际网络治理机制和平台，平等参与各类网络、数据国际事务和国际活动。同时，数据参与权也是"人类命运共同体"理念的反映。人类命运共同体理念意蕴丰富，核心内容是建设一个"持久和平、普遍安全、共同繁荣、开放包容、清洁美丽"的世界，是对人类美好生活追求的期待和向往。[①] 具体包括，在政治领域要相互尊重、相互信任、以和平方式化解分歧和解决争议；在经济领域诚实守信、合作共赢、共同发展；在文化领域开放包容、互学互鉴，尊重世界文明的多样性；在安全领域积极应对传统和非传统安全威胁；在生态领域共同面对全球能源与环境挑战。在"人类命运共同体"理念下，各国应以"共商共建共享"为原则，以包容互鉴、合作共赢为方式，以和谐共存、共同利益为目标，可以从政治、经济、文化、安全等方面商讨网络空间和数据治理事务。

---

① 习近平. 决胜全面建成小康社会 夺取新时代中国特色社会主义伟大胜利——在中国共产党第十九次全国代表大会上的报告 [M]. 北京：人民出版社，2017：58-62.

　　数据参与权的必要性在于，数据问题是一个无法依靠单个国家解决并取得满意效果的问题。同时，数据问题已经发展成一个涉及各民族国家共同利益的问题。当面对这么一个涉及多方共同利益同时又无法靠一国单独行动的问题，合作成了一个可行且明智的选择，因为合作带来的收益将超越单独行动的收益。① 但是需要注意到，虽然各国在国际法原则和理论上享有平等地位，但在实践中国家间是存在一些现实差距的，这种国家间差异往往影响到法律原则和理论上的平等地位之实现。具体到数据领域，各国在网络、信息、数据技术和制度实力上的差异，可能影响弱国在参与网络和数据事务时主权平等的实现，强国则可能基于其实力而形成"数据霸权""网络霸权"。因此，强调数据参与权，特别是平等地位下的参与权也是落实国家发展权的路径。联合国《发展权利宣言》第一条指出："发展权利是一项不可剥夺的人权，由于这种权利，每个人和所有各国人民均有权参与、促进并享受经济、社会、文化和政治发展，在这种发展中，所有人权和基本自由都能获得充分实现。"数据领域也是如此，各国应努力促进数据主权平等，开展数据治理合作，构建互利、合作的数据经济秩序，并遵守和实现数据领域之人权。

　　数据参与权在我国立法中已有体现。《网络安全法》第七条规定："国家积极开展网络空间治理、网络技术研发和标准制定、打击网络违法犯罪等方面的国际交流与合作，推动构建和平、安全、开放、合作的网络空间，建立多边、民主、透明的网络治理体系。"《数据安全法》第十一条规定："国家积极开展数据安全治理、数据开发利用等领域的国际交流与合作，参与数据安全相关国际规则和标准的制定，促进数据跨境安全、自由流动。"《个人信息保护法》第十二条规定："国家积极参与个人信息保护国际规则的制定，促进个人信息保护方面的国际交流与合作，推动与其他国家、地区、国际组织之间的个人信息保护规则、标准等互认。"

---

　　① 詹姆斯·多尔蒂.争论中的国际关系理论 [M].北京：世界知识出版社，2003：541.

　　根据上述立法，我国数据参与权的具体表现主要有 3 种：第一，数据治理参与权。治理参与权指国家可以在平等基础上参与网络空间治理、数据安全治理事务。《网络安全法》中规定"国家积极开展网络空间治理"，《数据安全法》中规定"国家积极开展数据安全治理"，这些都是治理参与权的体现。治理参与权既是国家主权平等原则的体现，也是当代发展的应有之义。在互联网时代下，互联互通的网络属性客观上使各国间的联系更为密切，共联共享产生了共治需求。同时，人类面临网络安全和数据安全方面的共同挑战，也需要合作应对安全问题。第二，数据规则、标准制定参与权。《网络安全法》中指出国家积极开展标准制定。《数据安全法》中规定国家"参与数据安全相关国际规则和标准的制定"。《个人信息保护法》不仅指出"国家积极参与个人信息保护国际规则的制定"，还提出要"推动与其他国家、地区、国际组织之间的个人信息保护规则、标准等互认"。这些都是数据规则、标准制定参与权的体现。第二次世界大战以后，随着联合国、世界贸易组织等国际机制的建立，交流和合作成了主旋律，参与国际性事务的权利成了国家主权最重要的外部权利。① 国际规则不仅左右各国间利益分配，而且决定一国在国际社会所能扮演的角色，并对其国际行为合法性进行评判。因此，参与国际规则制定对于一国来说十分重要。我国应当在倡导"人类命运共同体"理念下，积极参与数据国际规则、标准的制定，推动公平、合理、可持续发展的数据国际规则的实现。第三，数据发展参与权。《网络安全法》中提出国家积极开展网络技术研发。《数据安全法》中指出国家积极开展数据开发利用的国际交流与合作。一方面，数据发展参与权是国家发展权的应然之意，国家可以选择如何开展数字技术研究、如何建立健全自己的数据产业来满足自身发展的需求。另一方面，强调数据发展参与权也是遏制"数据霸权"，缓解"数字鸿沟"的机制。联合国贸易机构贸发会议（UNCTAD）发布的《2019 年数字经济报告》

---

　　①　ADDIS ADENO. The Thin State in Thick Globalism：Sovereignty in the Information Age [J]. Vanderbilt Law Review, 2004 (37)：1-107.

（*Digital Economy Report 2019*）指出，虽然技术可以成为一个很好的平衡因素——例如，增强连通性、金融普惠、贸易和公共服务获取——但未被连通的民众可能因此进一步边缘化，尤其是某些民众取得的进展正在放缓甚至逆转，"数据鸿沟"成了当代国际不平等发展的重要问题。因此，各国接入和访问互联网，享有数据技术带来的福利，参与数字技术研发，参与数据开发利用等实践活动是缩小"数据鸿沟"，实现国家和个人发展权的重要途径。

三、中国数据主权治理的制度谱系

现阶段和中国数据主权议题密切相关的制度主要包括《网络安全法》《数据安全法》《个人信息保护法》《关键信息基础设施安全保护条例》《数据出境安全评估办法》《个人信息出境标准合同办法》等，这几部法律在制度目的、规制对象、规制范围等层面相互补充、相互呼应，搭建起了中国数据主权制度的基本框架。

从制度目的来看，几部法律主要立法目的存在差异，但是彼此之间也存在联系和补充。《网络安全法》和《关键信息基础设施安全保护条例》都关注的是"网络安全"，也即通过采取必要措施保障网络稳定可靠运行、网络数据的完整性、保密性、可用性。[①]《数据安全法》和《数据出境安全评估办法》关注的焦点是"数据安全"，也即通过采取必要措施，确保数据处于有效保护、合法利用、持续安全的状态。[②]《个人信息保护法》和《个人信息出境标准合同办法》关注的焦点都是个人信息权益。6 部法律围绕"网络""数据""个人信息"3 个领域展开。其中，《数据出境安全评估办法》的制度谱系脉络最为清晰，其明确说明了是根据《中华人民共和国网络安全法》《中华人民共和国数据安全法》《中华人民共和国个人信息保护法》

---

① 详情参见:《网络安全法》第七十六条第二款。
② 详情参见:《数据安全法》第三条第三款。

等法律法规制定的，基于上下位法衔接环节将 3 个领域联系了起来。① 在数据出境这一数据主权集中体现的问题上，《数据出境安全评估办法》将 3 部互联网基本法汇聚一堂，呈现出"合"的关系，如表 7.1 所示。

表 7.1　6 部互联网立法的制度目的

法律法规	制度目的
《网络安全法》	保障网络安全，维护网络空间主权和国家安全、社会公共利益，保护公民、法人和其他组织的合法权益，促进经济社会信息化健康发展
《数据安全法》	规范数据处理活动，保障数据安全，促进数据开发利用，保护个人、组织的合法权益，维护国家主权、安全和发展利益
《个人信息保护法》	保护个人信息权益，规范个人信息处理活动，促进个人信息合理利用
《关键信息基础设施安全保护条例》	保障关键信息基础设施安全，维护网络安全
《数据出境安全评估办法》	规范数据出境活动，保护个人信息权益，维护国家安全和社会公共利益，促进数据跨境安全、自由流动
《个人信息出境标准合同办法》	保护个人信息权益，规范个人信息出境活动

　　从规制对象层面来看，《网络安全法》和《关键信息基础设施安全保护条例》关注的是网络运营者；《数据安全法》和《数据出境安全评估办法》关注了数据处理者和关键信息基础设施运营者；《个人信息保护法》和《个人信息出境标准合同办法》关注了个人信息处理者。规制对象层面联系较为明显的是"数据"和"网络"两者的协同，"个人信息"制度领域和其他两者的谱系关系相对不是很清晰。从规制范围层面来看，《网络安全法》明确了其调整网络数据和个人信息，《数据出境安全评估办法》明确了调整重要数据和个人信息。可以发现，基于规制范围的交叉，"网络""数据"领域和"个人信息"领域产生了交叠和汇聚点。综合制度目的、规制对象、规制范围 3 个维度来看，当前"网络""数据""个人信息"3 个互联网制度领域的联系性在《数据出境安全评估办法》这部法规中最为凸显，数据出境

---

①　详情参见:《数据出境安全评估办法》第一条。

活动在中国数据主权治理实践中十分活跃，因此最终呈现出的数据主权治理制度谱系实际上是中国互联网立法的汇流，如表 7.2 所示。

表 7.2　六部互联网立法的规制对象和规制范围

法律法规	规制对象	规制范围
《网络安全法》	网络运营者（指网络的所有者、管理者和网络服务提供者）	网络数据（指通过网络收集、存储、传输、处理和产生的各种电子数据） 个人信息（指以电子或者其他方式记录的能够单独或者与其他信息结合识别自然人个人身份的各种信息，包括但不限于自然人的姓名、出生日期、身份证件号码、个人生物识别信息、住址、电话号码等）
《数据安全法》	数据处理者、关键信息基础设施运营者	数据（指任何以电子或者其他方式对信息的记录）
《个人信息保护法》	个人信息处理者（指在个人信息处理活动中自主决定处理目的、处理方式的组织、个人）	个人信息（以电子或者其他方式记录的与已识别或者可识别的自然人有关的各种信息，不包括匿名化处理后的信息）
《关键信息基础设施安全保护条例》	关键信息基础设施运营者	关键信息基础设施（指公共通信和信息服务、能源、交通、水利、金融、公共服务、电子政务、国防科技工业等重要行业和领域的，以及其他一旦遭到破坏、丧失功能或者数据泄露，可能严重危害国家安全、国计民生、公共利益的重要网络设施、信息系统等）
《数据出境安全评估办法》	数据处理者、关键信息基础设施运营者	重要数据（指一旦遭到篡改、破坏、泄露或者非法获取、非法利用等，可能危害国家安全、经济运行、社会稳定、公共健康和安全等的数据） 个人信息
《个人信息出境标准合同办法》	个人信息处理者	个人信息

（一）《网络安全法》

《网络安全法》自 2017 年 6 月 1 日起施行，其中第一条采取了"网络空间主权"的用词，明确了《网络安全法》制定目的之一是为了维护网络空间主权。习近平总书记指出，《联合国宪章》确立的主权平等原则是当代国际关系的基本准则，覆盖国与国交往各个领域，其原则和精神也应该适用于网络空间。因此，我国对网络和数据领域之国家主权持赞同态度。

在明确主权问题上的态度后,《网络安全法》的诸多规定体现了保护权和参与权的主权身影。《网络安全法》第二条是国家保护权的综合规定,规定了在境内建设、运营、维护和使用网络,以及网络安全的监督管理受到《网络安全法》的规制。根据此条,国内涉网络全流程事项几乎都在国家保护、控制范围内,这是国家主权对内的至高体现。保护权的具体内容集中体现于第五条中,规定了国家保护网络安全的 3 个面向。

第一,国家可以采取措施监测、防御、处置境内外网络安全风险和威胁。《网络安全法》中明确了"网络安全"的含义,即"通过采取必要措施,防范对网络的攻击、侵入、干扰、破坏和非法使用以及意外事故,使网络处于稳定可靠运行的状态,以及保障网络数据的完整性、保密性、可用性的能力"。根据此定义,"网络安全"既包括"网络"——"由计算机或者其他信息终端及相关设备组成的按照一定的规则和程序对信息进行收集、存储、传输、交换、处理的系统"的安全,也包括"网络数据"——"通过网络收集、存储、传输、处理和产生的各种电子数据"的安全。[①] 可见,数据安全是网络安全的内在体现。至于"风险"和"威胁",它们所指向的都是一种可能性。可能性有程度之分,《网络安全法》并未明确其针对的风险可能性程度,不过根据网络安全所追求的目的是使网络处于稳定可靠运行的状态,任何影响网络稳定可靠运行状态的风险都可能成为规制对象。虽然"稳定可靠运行"是比较原则性的描述,但是其开放、弹性的范围也可以使法律更好地应对网络技术实践的变化。此外,根据"必要措施"之规定,风险可能性程度和措施必要性关联,实际上体现"分级分类"的思想。

第二,《网络安全法》强调了"关键信息基础设施"安全,国家可以采取措施保护关键信息基础设施免受攻击、侵入、干扰和破坏。《网络安全法》并没有明确"关键信息基础设施"的含义,但是第三十一条从风险严重程度——"一旦遭到破坏、丧失功能或者数据泄露,可能严重危害国家

---

① 详情参见:《网络安全法》第七十六条。

安全、国计民生、公共利益"——划定了关键信息基础设施的可能范围。在规定处置网络安全风险基础上，对关键信息基础设施的强调既是对网络安全高风险的重视，也是网络安全等级保护制度的体现。第七十五条规定，若境外机构、组织、个人从事危害境内关键信息基础设施的活动，造成严重后果的，我国将依法追究法律责任，采取冻结财产或者其他必要的制裁措施。可见，关键信息基础设施的管辖范围更大，存在属地管辖的延伸适用。

第三，国家可以依法惩治网络违法犯罪活动。在原则性规定网络安全保护、重点强调关键信息基础设施保护时，还强调了针对"网络违法犯罪活动"的保护面。犯罪活动在所有违法行为中危害性最大。由《中华人民共和国刑法》的任务就可知，和犯罪作斗争，是"保卫国家安全，保卫人民民主专政的政权和社会主义制度，保护国有财产和劳动群众集体所有的财产，保护公民私人所有的财产，保护公民的人身权利、民主权利和其他权利，维护社会秩序、经济秩序，保障社会主义建设事业的顺利进行"。可见，犯罪和国家安全具有高度联系，因此《网络安全法》规定了打击网络范围活动，是以法律武器保卫国家安全、网络安全的直接体现。

另一方面，参与权体现在《网络安全法》第七条中，主要有3方面内容：第一，参与网络治理，即国家可以积极开展网络空间治理交流合作，并建立多边、民主、透明治理体系。第二，参与网络技术研发和标准制定。技术在网络活动中占据重要地位，积极参与技术研发、标准制定并且保证参与机会平等是缩小"技术鸿沟"的体现。第三，参与打击网络违法犯罪活动。

（二）《数据安全法》

2021年6月通过的《数据安全法》中并没有出现"数据主权"的明确表述，但是《数据安全法》的立法目的——维护国家主权、安全和发展利益——使数据和国家主权联系了起来。因此，虽然我国立法并没有直接采取"数据主权"的表述，但是显然宣告了数据和国家主权之间存在联系的立场。甚至，相比《网络安全法》，数据和国家安全的关系得到更多直接强调。一方面，在统筹机构上，国家数据安全工作由中央国家安全领导机构负责，体现了数据安全和国家安全的直接关系，说明数据安全属于国家安全工作一部分。另一方面，《数据安全法》强调了"总体国家安全观"的保护理念，数据安全和国家安全的密切关系进一步彰显，而这是《网络安全法》所不曾规定的。在"总体国家安全观"思想的影响下，《数据安全法》在具体保护措施上的规定和《网络安全法》同中有异。相同方面在于《数据安全法》和《网络安全法》都体现了分级分类治理思想，建立了监测、预警、信息通报、应急处置机制、安全审查等制度。[①] 两者之间的差异在于《数据安全法》所规定的保护措施内涵更为丰富、扩张。以分级分类制度为例，《数据安全法》丰富了《网络安全法》等级保护制度的内涵。《网络安全法》第二十一条明确了国家实行网络安全等级保护制度，要求网络运营者按照网络安全等级保护制度的要求，例如采取数据分类、重要数据备份和加密等措施防止网络数据泄露或者被窃取、篡改。《数据安全法》第二十一条在延续《网络安全法》第二十一条中的"数据分类"制度基础上，进一步明确了分级分类的判断标准，即以数据重要程度和危害程度为标准进行分级分类保护，若是关系国家安全、经济命脉、重要民生、重大公共利益的国家核心数据更需严格管理。以安全审查制度为例，《数据安全法》则扩张了《网络安全法》的保护范围。《网络安全法》第三十五条规定了安全审查制度，但是针对的是关键信息基础设施的运营者采购网络产品和服务的情形。[②] 相比之下，《数据安全法》所规定的安全审查制度针对的是影响或者可能影响国家安全的数据处理活动，保护范围更广。

相比《网络安全法》，《数据安全法》在保护权、控制权和参与权 3 方

---

① 详情参见：《网络安全法》第五十一条、第五十三条、第三十五条；《数据安全法》第二十二条、第二十三条、第二十四条。

② 详情参见：《网络安全法》第三十五条：关键信息基础设施的运营者采购网络产品和服务，可能影响国家安全的，应当通过国家网信部门会同国务院有关部门组织的国家安全审查。

面均有规定，并在《网络安全法》基础上进一步丰富了内容。第一，在保护权的规定上，《数据安全法》的规定更为集中。其一，对管辖范围进行了统一规定。《数据安全法》第二条对境内和境外数据安全保护进行了统一规定，一方面明确境内开展数据处理活动及其安全监管属于本法调整范围，这是国家对内至高主权、属地管辖的集中体现；另一方面，对境外数据处理活动，若其损害了国家安全、利益或者公民、组织合法权益则可依法追究责任，针对损害国家安全、利益的境外数据处理活动一定程度上是属地管辖的延伸适用，针对公民、组织合法利益则更多呈现保护性管辖的特征。其二，《数据安全法》在保护机构的设置上也更统一。《网络安全法》第八条中只明确了负责网络安全工作和监督管理工作的机构，《数据安全法》在延续了《网络安全法》中机构设置的基础上，第五条明确了国家数据安全决策协调、政策制定、工作协调机制等数据安全工作由中央国家安全领导机构负责，机构运作的统一性、体系性更强。第二，在国家控制权上，《数据安全法》具有比《网络安全法》更为丰富的内容。《网络安全法》中，第三十七条集中体现了国家控制权，一方面要求关键信息基础设施运营者进行数据本地化存储，另一方面彰显了国家通过安全评估手段控制数据出境的权力。[1]《数据安全法》延续了《网络安全法》关于关键信息基础设施运营者的数据出境规定，同时对关键信息基础设施运营者以外主体的数据出境活动控制进行了明确。[2]也即，《数据安全法》完善了《网络安全法》控制单一主体的不足之处。此外，《数据安全法》增加了对外国司法或执法机构请求获取数据、数据出口两种情形的规定，这是《网络安全法》所未曾

---

[1]　详情参见:《网络安全法》第三十七条：关键信息基础设施的运营者在中华人民共和国境内运营中收集和产生的个人信息和重要数据应当在境内存储。因业务需要，确需向境外提供的，应当按照国家网信部门会同国务院有关部门制定的办法进行安全评估；法律、行政法规另有规定的，依照其规定。

[2]　详情参见:《数据安全法》第三十一条：关键信息基础设施的运营者在中华人民共和国境内运营中收集和产生的重要数据的出境安全管理，适用《中华人民共和国网络安全法》的规定；其他数据处理者在中华人民共和国境内运营中收集和产生的重要数据的出境安全管理办法，由国家网信部门会同国务院有关部门制定。

规定的。《数据安全法》第三十六条明确了国家对于境内存储数据的控制权，规定非经主管机关批准境内组织、个人不得向外国司法或执法机构提供数据，主管机关批准与否则综合条约、协定、平等互惠原则等决定。[①]结合数据跨境的其他规定，无论是境内主体主动要求出境，抑或是境外请求获取数据，都属于国家控制范围。此外，《数据安全法》第二十五条还宣告了国家对数据出口的控制权，即针对涉及国家安全利益、履行国际义务相关的数据予以出口控制。[②]综上而言，《数据安全法》明确了数据处理者数据出境、外国司法和执法机构申请数据、数据出口等情形下的国家控制权，几乎涵盖了目前主要的数据跨境场景，构建了较为完善的数据控制权体系。第三，在参与权上，《数据安全法》规定和《网络安全法》类似，都强调了参与治理、参与开发利用、参与规则制定等几个面向。但是，《数据安全法》强调了促进数据跨境安全和自由流动的参与态度，这是不同于《网络安全法》的地方，也是数据自身特殊性的表现。[③]

（三）《个人信息保护法》

2021年8月通过的《个人信息保护法》延续了《网络安全法》和《数据安全法》的部分规定，例如关键信息基础设施运营者的本地化存储义务和出境安全评估、[④]外国司法或执法机构获取境内数据需要经过主管部门批

---

① 详情参见:《数据安全法》第三十六条：中华人民共和国主管机关根据有关法律和中华人民共和国缔结或者参加的国际条约、协定，或者按照平等互惠原则，处理外国司法或者执法机构关于提供数据的请求。非经中华人民共和国主管机关批准，境内的组织、个人不得向外国司法或者执法机构提供存储于中华人民共和国境内的数据。

② 详情参见:《数据安全法》第二十五条：国家对与维护国家安全和利益、履行国际义务相关的属于管制物项的数据依法实施出口管制。

③ 详情参见:《数据安全法》第十一条：国家积极开展数据安全治理、数据开发利用等领域的国际交流与合作，参与数据安全相关国际规则和标准的制定，促进数据跨境安全、自由流动。

④ 详情参见:《个人信息保护法》第四十条：关键信息基础设施运营者和处理个人信息达到国家网信部门规定数量的个人信息处理者，应当将在中华人民共和国境内收集和产生的个人信息存储在境内。确需向境外提供的，应当通过国家网信部门组织的安全评估；法律、行政法规和国家网信部门规定可以不进行安全评估的，从其规定。

准。① 但是,《个人信息保护法》所规定的国家控制权范围有所扩大。根据《个人信息保护法》第三条第二款,当在境外以向境内自然人提供产品或者服务为目的,分析、评估境内自然人的行为时,属于《个人信息保护法》的规制范围。此外,第三条第二款还规定了兜底条款,即"法律、行政法规规定的其他情形",这意味着《个人信息保护法》以外的其他法律、行政法规可以对境外个人信息处理行为进行规定,将其纳入到中国法律控制范围内。对比《数据安全法》和《个人信息保护法》在控制权上的规定,《个人信息保护法》更为主动地对境外个人信息处理行为进行了控制。

在保护权上,《个人信息保护法》的规定也更为丰富。一方面,第四十二条增加了限制或者禁止个人信息提供清单,即境外组织、个人若侵害境内公民个人信息将被采取管制措施。另一方面,针对外国对中国的歧视性措施,第四十三条规定了我国可以根据具体情形采取对等措施。此外,在保护程度上的规定也更为明确,第三十八条第三款规定境外个人信息接收方需要达到我国法律规定的保护水平。

在参与权上,相比《网络安全法》《数据安全法》,《个人信息保护法》并没有增加新的内容,第十二条强调了国家积极参与国际规则制定以及互认。不过,需要注意的是,针对个人信息跨境的情形,第三十八条第二款规定了若我国缔结或参与的条约、协定中有规定的,可以按照规定执行。这是《网络安全法》《数据安全法》所未规定的,凸显了国际合作、国家互认在个人信息跨境中的作用,侧面强调了参与个人信息国际规则制定的必要性。现阶段,我国申请加入的涉个人信息、数据的条约、协定包括《全面与进步跨太平洋伙伴关系协定》(CPTPP)、《数字经济伙伴关系协定》(DEPA)和《区域全面经济伙伴关系协定》(RCEP)。CPTPP第14.1条

---

① 详情参见:《个人信息保护法》第四十一条:中华人民共和国主管机关根据有关法律和中华人民共和国缔结或者参加的国际条约、协定,或者按照平等互惠原则,处理外国司法或者执法机构关于提供存储于境内个人信息的请求。非经中华人民共和国主管机关批准,个人信息处理者不得向外国司法或者执法机构提供存储于中华人民共和国境内的个人信息。

明确了"个人信息"的定义，认为"个人信息指关于已识别或可识别的自然人的任何信息，包括数据"。第14.8条规定了个人信息保护的原则，包括认识到个人信息保护的重要性、采用或维持保护个人信息的法律框架、促进保护非歧视，以及促进各体制间的兼容性。其中，在采用和维持法律框架下，CPTPP注明了法律范围涵盖"全面保护隐私、个人信息或个人数据的法律、涵盖隐私的特定部门法律或规定执行由企业作出与隐私相关的自愿承诺的法律。"第14.11条则明确了"每一缔约方应允许通过电子方式跨境传输信息，包括个人信息"。因此，无论是宽泛的个人信息定义，还是应当允许跨境传输的坚决表述，都显示了CPTTP构建了开放水平相对较高的个人信息跨境机制。DEPA和CPTPP的规定较为一致，也强调了个人信息保护的重要性、采用或维持保护个人信息的法律框架、促进保护非歧视，以及促进各体制间的兼容性。但是在内容上更为细化，明确了健全的保护个人信息法律框架所依据的原则、促进规则兼容性的具体措施、数据保护可信任标志的建立。相比之下，RCEP在个人信息跨境范围和开放程度上相对较低，RCEP第十五条规定"一缔约方不得阻止涵盖的人为进行商业行为而通过电子方式跨境传输信息"。RECP将信息跨境限定在了"商业行为"场景，排除了CPTPP中的"个人信息"，保留了以保护个人信息为由限制信息跨境的可能性。[①]可以发现，各条约、协定在个人信息跨境流动上的开放范围、程度上存在一定差异，《个人信息保护法》在和条约、协定的对接问题上还有待细化。

（四）《关键信息基础设施安全保护条例》

2021年7月发布的《关键信息基础设施安全保护条例》（以下简称《保护条例》）重点保障关键信息基础设施安全，集中体现了数据保护权，这和《数据出境安全评估办法》和《个人信息出境标准合同办法》侧重数据控制权存在差异。虽然保护权和控制权存在差异，但是两者在落实中都体现了

---

① 沈俊翔. 数字经济时代个人信息跨境保护的机制研究——兼论 CPTPP 视野下人民法院参与全球数据治理的新型路径 [J]. 法律适用，2022（6）：174-184.

一定的分级分类思想。《保护条例》本身就是对信息基础设施进行"关键信息基础设施"和"非关键信息基础设施"分级分类的结果。同时，"关键信息基础设施"的认定上也遵循了分级分类思想，根据第九条，关键信息基础设施的认定可以结合信息系统对本行业、本领域的重要程度、风险程度、关联性影响等方面予以认定，区分行业、领域分别认定显然也是分级分类的一种体现。[①]

在保护权落实的具体措施上，《保护条例》和《数据出境安全评估办法》以及《个人信息出境标准合同办法》所采取的控制手段相同，即采取了直接保护和间接保护相结合的协同保护路径（表7.3）。[②]直接保护方面，国家可以采取监测、防御、处置等措施保护本国免受境内外网络安全风险和威胁、保护关键信息基础设施的安全，并可惩治相关的违法犯罪活动。[③]在间接保护上，国家要求运营者采取保护措施以保障关键信息基础设施的安全，维护数据的完整性、保密性和可用性。[④]

---

① 详情参见：《关键信息基础设施安全保护条例》第九条：保护工作部门结合本行业、本领域实际，制定关键信息基础设施认定规则，并报国务院公安部门备案。制定认定规则应当主要考虑下列因素：（一）网络设施、信息系统等对于本行业、本领域关键核心业务的重要程度；（二）网络设施、信息系统等一旦遭到破坏、丧失功能或者数据泄露可能带来的危害程度；（三）对其他行业和领域的关联性影响。

② 详情参见：《关键信息基础设施安全保护条例》第四条：关键信息基础设施安全保护坚持综合协调、分工负责、依法保护，强化和落实关键信息基础设施运营者（以下简称运营者）主体责任，充分发挥政府及社会各方面的作用，共同保护关键信息基础设施安全。

③ 详情参见：《关键信息基础设施安全保护条例》第五条：国家对关键信息基础设施实行重点保护，采取措施，监测、防御、处置来源于中华人民共和国境内外的网络安全风险和威胁，保护关键信息基础设施免受攻击、侵入、干扰和破坏，依法惩治危害关键信息基础设施安全的违法犯罪活动。任何个人和组织不得实施非法侵入、干扰、破坏关键信息基础设施的活动，不得危害关键信息基础设施安全。

④ 详情参见：《关键信息基础设施安全保护条例》第六条：运营者依照本条例和有关法律、行政法规的规定以及国家标准的强制性要求，在网络安全等级保护的基础上，采取技术保护措施和其他必要措施，应对网络安全事件，防范网络攻击和违法犯罪活动，保障关键信息基础设施安全稳定运行，维护数据的完整性、保密性和可用性。

表 7.3 《关键信息基础设施安全保护条例》中的直接保护机制和间接保护机制

国家直接保护	运营者间接保护
保护工作部门应当制定本行业、本领域关键信息基础设施安全规划，明确保护目标、基本要求、工作任务、具体措施	建立健全网络安全保护制度和责任制，保障人力、财力、物力投入
国家网信部门统筹协调有关部门建立网络安全信息共享机制，及时汇总、研判、共享、发布网络安全威胁、漏洞、事件等信息	设置专门安全管理机构，并对专门安全管理机构负责人和关键岗位人员进行安全背景审查
保护工作部门应当建立健全本行业、本领域的关键信息基础设施网络安全监测预警制度	保障专门安全管理机构的运行经费、配备相应的人员
建立健全本行业、本领域的网络安全事件应急预案	自行或者委托网络安全服务机构对关键信息基础设施每年至少进行一次网络安全检测和风险评估，对发现的安全问题及时整改，并按照保护工作部门要求报送情况
定期组织开展本行业、本领域关键信息基础设施网络安全检查检测	关键信息基础设施发生重大网络安全事件或者发现重大网络安全威胁时，运营者应当按照有关规定向保护工作部门、公安机关报告
国家采取措施，优先保障能源、电信等关键信息基础设施安全运行	优先采购安全可信的网络产品和服务；采购网络产品和服务可能影响国家安全的，应当按照国家网络安全规定通过安全审查
公安机关、国家安全机关依据各自职责依法加强关键信息基础设施安全保卫，防范打击针对和利用关键信息基础设施实施的违法犯罪活动	运营者发生合并、分立、解散等情况，应当及时报告保护工作部门，并按照保护工作部门的要求对关键信息基础设施进行处置，确保安全
国家制定和完善关键信息基础设施安全标准，指导、规范关键信息基础设施安全保护工作	
国家采取措施，鼓励网络安全专门人才从事关键信息基础设施安全保护工作；将运营者安全管理人员、安全技术人员培训纳入国家继续教育体系	
国家支持关键信息基础设施安全防护技术创新和产业发展，组织力量实施关键信息基础设施安全技术攻关	
国家加强网络安全服务机构建设和管理，制定管理要求并加强监督指导，不断提升服务机构能力水平，充分发挥其在关键信息基础设施安全保护中的作用	
国家加强网络安全军民融合，军地协同保护关键信息基础设施安全	

对比《保护条例》中的直接保护措施和间接保护措施（表7.3），针对关键信息基础设施的保护整体上以国家直接保护为主，国家围绕规划、信息共享、监测预警、应急预案、保障运行、打击犯罪、制定标准、完善教育、技术创新、服务机构建设、军民融合等方面均进行了规定，基本涵盖了关键信息基础设施安全、发展的各方面，构建了完善的直接保护体系。这体现了关键信息基础设施在国家安全的重要战略地位。

（五）《数据出境安全评估办法》

2022年7月发布的《数据出境安全评估办法》是落实《网络安全法》《数据安全法》《个人信息保护法》有关数据出境规定的重要举措。根据《个人信息保护法》第三十八条、第四十条的规定，"关键信息基础设施运营者"和"处理个人信息达到国家网信部门规定数量的个人信息处理者"这两类主体的数据跨境应当通过国家网信部门组织的安全评估。《数据出境安全评估办法》则明确了"规定数量"。因此，其是数据控制权体系在实践中的细化规则。从内容上看，《数据出境安全评估办法》所针对的是数据处理者向境外提供重要数据和个人信息的情形，因此主要涉及数据主权中的数据控制权。在控制机制上，根据第三条事前评估和持续监督相结合的控制思路，《数据出境安全评估办法》体现了国家对重要数据、大规模个人信息，以及敏感个人信息流动环节的全程、全面控制权。同时，《数据出境安全评估办法》所控制的对象是重要数据和大规模个人信息，非重要数据则不属于该法的控制范围，因此《数据出境安全评估办法》所体现的国家控制权实质上也是一种分级分类的控制权。

从控制权的视角来看，《数据出境安全评估办法》构建了自评估和安全评估相结合的制度，一定程度上提升了控制的精度、准度和效率。如表7.4所示，一方面，数据处理者的自评估和国家安全评估的内容具有很大的相似性，筑造了双方对于数据安全评估的认知基础，有助于数据处理者和监管部门之间的理解和解释，消除了信息差，提高了数据控制的效率。另一方面，数据处理者的自评估和国家部门的安全评估也存在差异性内容，例如安全评估增加了对"遵守中国法律、行政法规、部门规章情况"的评估，这使国家部门在数据处理者自评估的基础上，能够基于国家需要，更全面地控制数据出境。

表 7.4 《数据出境安全评估办法》中的自评估、安全评估、重新评估

自评估	安全评估	重新评估
数据出境和境外接收方处理数据的目的、范围、方式等的合法性、正当性、必要性	数据出境的目的、范围、方式等的合法性、正当性、必要性	向境外提供数据的目的、方式、范围、种类和境外接收方处理数据的用途、方式发生变化影响出境数据安全的，或者延长个人信息和重要数据境外保存期限的
出境数据的规模、范围、种类、敏感程度，数据出境可能对国家安全、公共利益、个人或者组织合法权益带来的风险	出境数据的规模、范围、种类、敏感程度，出境中和出境后遭到篡改、破坏、泄露、丢失、转移或者被非法获取、非法利用等的风险	
境外接收方承诺承担的责任义务，以及履行责任义务的管理和技术措施、能力等能否保障出境数据的安全	境外接收方所在国家或者地区的数据安全保护政策法规和网络安全环境对出境数据安全的影响；境外接收方的数据保护水平是否达到中华人民共和国法律、行政法规的规定和强制性国家标准的要求	境外接收方所在国家或者地区数据安全保护政策法规和网络安全环境发生变化，以及发生其他不可抗力情形、数据处理者或者境外接收方实际控制权发生变化、数据处理者与境外接收方法律文件变更等影响出境数据安全的
数据出境中和出境后遭到篡改、破坏、泄露、丢失、转移或者被非法获取、非法利用等的风险，个人信息权益维护的渠道是否通畅等	数据安全和个人信息权益是否能够得到充分有效保障	
与境外接收方拟订立的数据出境相关合同或者其他具有法律效力的文件等（以下统称法律文件）是否充分约定了数据安全保护责任义务	数据处理者与境外接收方拟订立的法律文件中是否充分约定了数据安全保护责任义务	
其他可能影响数据出境安全的事项	国家网信部门认为需要评估的其他事项	出现影响出境数据安全的其他情形
	遵守中国法律、行政法规、部门规章情况	

除了对于数据出境前的控制，《数据出境安全评估办法》对于数据出境后的状态也进行了一定程度的控制。一方面，规定了数据安全评估结果的有

效期为 2 年，有效期届满后数据处理者需重新申报评估，这有助于国家对数据出境状态的定期掌控。另一方面，规定了评估结果有效期内数据处理者应当重新申请评估的情形，涵盖了数据本身状态的变化和数据流转环境的变化，实际上是对数据在境外动态变化的控制。不过，这种控制方式并非是直接的控制方式，而是通过施加数据处理者再评估义务的间接控制。相比之下，第十七条要求网信部门监督出境数据的安全状态，对不符合《数据出境安全评估办法》规定的应终止数据出境活动则体现了国家直接控制，构建了出境后持续监督的机制。

（六）《个人信息出境标准合同办法》

2023 年 2 月发布的《个人信息出境标准合同办法》是落实《个人信息保护法》有关个人信息出境规定的重要举措。根据《个人信息保护法》第三十八条的规定，个人信息处理者进行个人信息跨境可以通过"按照国家网信部门制定的标准合同与境外接收方订立合同，约定双方的权利和义务"的方式进行。《个人信息出境标准合同办法》则明确了哪些个人信息处理者可以通过标准合同的方式进行个人信息跨境。《个人信息出境标准合同办法》和《数据出境安全评估办法》类似，针对的都是出境活动，是数据主权在实践中的细化规则，集中体现了国家对数据、个人信息的控制权。

不同于《数据出境安全评估办法》采取数据安全评估作为控制途径，《个人信息出境标准合同办法》主要采取了"个人信息保护影响评估 + 标准合同"的控制手段。[①] 两者之间的共同之处都是采取了评估控制手段，并且控制内容基本相同，如表 7.5 所示。相比之下，《个人信息出境标准合同办法》增加了标准合同的控制手段，并明确了标准合同由国家网信部门制定，规定个人信息处理者和境外接受者缔结的条款不得和标准合同相冲突，且

---

① 　详情参见：《个人信息出境标准合同办法》第七条：个人信息处理者应当在标准合同生效之日起 10 个工作日内向所在地省级网信部门备案。备案应当提交以下材料：ⓐ标准合同；ⓑ个人信息保护影响评估报告。个人信息处理者应当对所备案材料的真实性负责。

必须在标准合同生效后才可以开展个人信息出境活动。[①] 可见,《个人信息出境标准合同办法》通过规定标准合同内容、强制适用标准合同、明确标准合同效力等措施强化了对于个人信息出境的控制程度。

表 7.5 《个人信息出境标准合同办法》和《数据出境安全评估办法》自评估对比

《个人信息出境标准合同办法》自评估	《数据出境安全评估办法》自评估
个人信息处理者和境外接收方处理个人信息的目的、范围、方式等的合法性、正当性、必要性	数据出境和境外接收方处理数据的目的、范围、方式等的合法性、正当性、必要性
出境个人信息的规模、范围、种类、敏感程度,个人信息出境可能对个人信息权益带来的风险	出境数据的规模、范围、种类、敏感程度,数据出境可能对国家安全、公共利益、个人或者组织合法权益带来的风险
境外接收方承诺承担的义务,以及履行义务的管理和技术措施、能力等能否保障出境个人信息的安全	境外接收方承诺承担的责任义务,以及履行责任义务的管理和技术措施、能力等能否保障出境数据的安全
个人信息出境后遭到篡改、破坏、泄露、丢失、非法利用等的风险,个人信息权益维护的渠道是否通畅等	数据出境中和出境后遭到篡改、破坏、泄露、丢失、转移或者被非法获取、非法利用等的风险,个人信息权益维护的渠道是否通畅等
境外接收方所在国家或者地区的个人信息保护政策和法规对标准合同履行的影响	与境外接收方拟订立的数据出境相关合同或者其他具有法律效力的文件等是否充分约定了数据安全保护责任义务
其他可能影响个人信息出境安全的事项	其他可能影响数据出境安全的事项

虽然在具体控制手段上存在差异,但是两者的控制思路基本相同,无论是《数据出境安全评估办法》的自评估和安全评估相结合,还是《个人信息出境标准合同办法》的自主缔约与备案管理相结合,都是间接控制和直接控制相结合的控制思路。同时,两部法律也都体现了分级控制的思路,《数据出境安全评估办法》通过区分"主体身份 + 数据种类"进行了分级控制,《个人信息出境标准合同办法》则通过"主体身份 + 信息量级"结合的

[①] 详情参见:《个人信息出境标准合同办法》第六条:标准合同应当严格按照本办法附件订立。国家网信部门可以根据实际情况对附件进行调整。个人信息处理者可以与境外接收方约定其他条款,但不得与标准合同相冲突。标准合同生效后方可开展个人信息出境活动。

区分方式划定了控制范围。①

　　《个人信息出境标准合同办法》对个人信息出境后的状态也进行了一定控制。一方面，针对某些情况规定了重新评估、补充或重新订立标准合同、进行备案等义务。对比《数据出境安全评估办法》，《个人信息出境标准合同办法》所规定的重新评估情形基本相同，但是限制有所减少，在重新评估环节上的控制稍有放宽。同时，《数据出境安全评估办法》明确了评估结果有效期为 2 年，《个人信息出境标准合同办法》仅提及了"标准合同有效期"但并未明确具体年限，模糊的规定使《个人信息出境标准合同办法》对该法场景下的个人信息流动的控制程度相对降低。另一方面，在政府部门事后监管方面，《个人信息出境标准合同办法》也规定了相关部门对个人信息出境后状态持续监督的责任。② 可见，《个人信息出境标准合同办法》对出境后行为和状态的控制思路和《数据出境安全评估办法》相同，都是采取个人信息处理者的间接控制和国家直接控制相结合的思路，如表 7.6 所示。

表 7.6　《个人信息出境标准合同办法》和《数据出境安全评估办法》重新评估范围对比

《个人信息出境标准合同办法》重新评估	《数据出境安全评估办法》重新评估
向境外提供个人信息的目的、范围、种类、敏感程度、方式、保存地点或者境外接收方处理个人信息的用途、方式发生变化，或者延长个人信息境外保存期限的	向境外提供数据的目的、方式、范围、种类和境外接收方处理数据的用途、方式发生变化影响出境数据安全的，或者延长个人信息和重要数据境外保存期限的

---

　　①　详情参见：《个人信息出境标准合同办法》第四条：个人信息处理者通过订立标准合同的方式向境外提供个人信息的，应当同时符合下列情形：（一）非关键信息基础设施运营者；（二）处理个人信息不满 100 万人的；（三）自上年 1 月 1 日起累计向境外提供个人信息不满 10 万人的；（四）自上年 1 月 1 日起累计向境外提供敏感个人信息不满 1 万人的。法律、行政法规或者国家网信部门另有规定的，从其规定。个人信息处理者不得采取数量拆分等手段，将依法应当通过出境安全评估的个人信息通过订立标准合同的方式向境外提供。
　　②　详情参见：《个人信息出境标准合同办法》第十七条：国家网信部门发现已经通过评估的数据出境活动在实际处理过程中不再符合数据出境安全管理要求的，应当书面通知数据处理者终止数据出境活动。数据处理者需要继续开展数据出境活动的，应当按照要求整改，整改完成后重新申报评估。

《个人信息出境标准合同办法》重新评估	《数据出境安全评估办法》重新评估
境外接收方所在国家或者地区的个人信息保护政策和法规发生变化等可能影响个人信息权益的	境外接收方所在国家或者地区数据安全保护政策法规和网络安全环境发生变化以及发生其他不可抗力情形、数据处理者或者境外接收方实际控制权发生变化、数据处理者与境外接收方法律文件变更等影响出境数据安全的
可能影响个人信息权益的其他情形	出现影响出境数据安全的其他情形
	2年后需要重新评估申报

第二节　比较视野下中国数据主权治理的底层逻辑

　　美国在数据主权治理上倾向于以扩大本国立法调整范围的方式运作，2018年美国通过《澄清域外合法使用数据法》(*Clarify Lawful Overseas Use of Data Act*，*Cloud Act*)所构建的"长臂管辖"就是一个典型例子。依据此法，美国政府可以更大程度地突破地域控制，将自己的数据主权从物理国境扩张到了技术国境，以至于可以对全球各地的数据行使管辖、控制。[①] 相比于美国，欧盟的数据主权治理则更偏向于夯实数据保护权，欧盟的GDPR是目前全球个人数据严保护的范本。强调对个人数据严保护的原因一方面在于欧洲的人权思想氛围，另一方面则是出于构建欧盟内部统一市场的目的。构建统一市场是欧盟现阶段的国家发展战略，在数据主权上也不例外，欧盟侧重于内部数据市场的统一，并致力于通过政策机制促进内部数据市场的统一。相比之下，中国的数据主权治理并没有明显的偏好，既不似美国那般以法律为扩张工具，也不似欧盟那般主攻市场，而是在维护国家安全的基础上，采取了一种因时制宜的主权策略，并通过分级分类手段实现主权在具体场景中的恰到好处。

---

　　① 吴玄. 数据主权视野下个人信息跨境规则的建构［J］. 清华法学，2021，15（3）：74-91.

一、维护国家安全是数据主权之底色

国家安全是指"国家政权、主权、统一和领土完整、人民福祉、经济社会可持续发展和国家其他重大利益相对处于没有危险和不受内外威胁的状态，以及保障持续安全状态的能力"。[①] 网络安全、数据安全是国家安全的一部分，因此《国家安全法》明确了国家建设网络和信息安全保障体系，实现关键信息基础设施安全、重要领域信息系统安全、数据安全，从而维护国家在网络空间中的主权。[②]

国家安全工作坚持总体安全观，因此对数据主权的理解也离不开对国家总体安全观的理解，当前我国建立起了情报信息、风险预防、风险评估、风险预警、审查监管、危险管控等全面、综合的国家安全制度，[③] 构成了数据主权之具体应用制度。第一，《国家安全法》建立了国家安全审查制度，对可能影响国家安全的重大事项和活动进行国家安全审查，其中就包括网络信息技术产品和服务。[④]《网络安全法》建立了关键信息基础设施国家安全审查制度，《数据安全法》建立了数据安全审查制度，这都是国家安全审查制度在网络、数据中的具体适用表现。第二，《国家安全法》第五十六条

---

① 详情参见:《国家安全法》第二条：国家安全是指国家政权、主权、统一和领土完整、人民福祉、经济社会可持续发展和国家其他重大利益相对处于没有危险和不受内外威胁的状态，以及保障持续安全状态的能力。

② 详情参见:《国家安全法》第二十五条：国家建设网络与信息安全保障体系，提升网络与信息安全保护能力，加强网络和信息技术的创新研究和开发应用，实现网络和信息核心技术、关键基础设施和重要领域信息系统及数据的安全可控；加强网络管理，防范、制止和依法惩治网络攻击、网络入侵、网络窃密、散布违法有害信息等网络违法犯罪行为，维护国家网络空间主权、安全和发展利益。

③ 详情参见:《国家安全法》第四章：国家安全制度。

④ 详情参见:《国家安全法》第五十九条：国家建立国家安全审查和监管的制度和机制，对影响或者可能影响国家安全的外商投资、特定物项和关键技术、网络信息技术产品和服务、涉及国家安全事项的建设项目，以及其他重大事项和活动，进行国家安全审查，有效预防和化解国家安全风险。

建立了国家安全风险评估机制,《数据安全法》要求重要数据处理者定期开展数据安全风险评估并报送报告,《网络安全法》要求关键信息基础设施运营者定期进行监测评估并报送相关部门,数据、网络安全评估显然也是国家安全制度的又一体现。第三,《国家安全法》第五十七条建立了国家安全风险监测预警制度,《网络安全法》中专门规定了"监测预警与应急处置"一章,《数据安全法》中也建立了数据安全风险信息共享、监测预警机制。可见, 集中体现数据主体的《数据安全法》《网络安全法》几乎是《国家安全法》的延伸、化形,因此使国家安全成为数据主权的底色。

二、因时制宜的数据主权形态

综合看待中国数据主权治理的制度谱系,可以发现我国的数据主权治理底层逻辑既有严保护、强控制的一面,也有弱控制、促流通的一面。就严格保护而言,我国采取了数据本地化这种现阶段被视为最严格的数据、个人信息保护措施:《网络安全法》要求关键信息基础设施运营者履行本地化存储,《个人信息保护法》要求国家机关、关键信息基础设施运营者、处理个人信息达到国家规定数量的个人信息处理者将数据、个人信息本地化存储。就强化控制而言,安全评估是主要的控制手段,《网络安全法》《数据安全法》《个人信息保护法》《数据出境安全评估办法》中都规定了出境安全评估。例如《数据安全法》第三十一条规定了关键信息基础设施运营者数据出境需通过国家安全评估,其他数据处理者的出境则由国家网信部门会同国务院有关部门控制。但是, 对上述严格保护、强化控制手段的适用,我国法律明确了具体的情形,上述措施并没有广泛适用,而是进行了限定。就数据本地化而言,我国法律针对上述义务主体以外的个人信息处理者、数据处理者采取了更为宽松的规定,例如《网络安全法》对关键信息基础设施以外的主体,只是鼓励其自愿参与关键信息基础设施保护体系。就数据出境安全评估而言,评估制度存在本身也意味着流动的可能性,即通过评估即可合法出境。同时,《数据出境安全评估办法》对数据出境安全评估进行了细化，只限定了四类应当申报数据出境安全评估的情形，其他情形则可以采取较为多样的出境手段，认证、标准合同等都是可选手段。可见，评估本身既是数据控制手段，也是数据安全流通的手段。综上而言，严格保护、强化控制数据和个人信息只是限定在了具体情形，这些情形下数据安全是一般性原则，而数据流动则居于次要地位。对这些主体及其背后数据规定更高程度保护、更强程度控制的原因在于，这些主体及其关涉的数据对国家安全、公共利益至关重要。

相比之下，在其他数据处理、个人信息处理情况下，数据或个人信息与国家安全、公共利益的关联性相对较弱，因此在强调数据安全的同时，相对降低了控制程度，鼓励数据流动成了一般性原则。可以发现，对"安全"的强调是数据主权的底色，但是基于保护和控制程度的差异，不同情形下数据主权的具体形态则存在一些差异。这种差异背后，体现了一种因时制宜、中正平和的智慧。2014 年 2 月 27 日，习近平总书记在中央网络安全和信息化领导小组第一次会议上的讲话中指出，"网络安全和信息化对一个国家很多领域都是牵一发而动全身的，要认清我们面临的形势和任务，充分认识做好工作的重要性和紧迫性，因势而谋，应势而动，顺势而为"。当前，对重要数据则加强保护，对普通数据则放松控制，实现具体措施和应用场景相匹配，收放自如间使数据主权最终呈现出一种"恰到好处"的行使状态，正是"因势而谋，应势而动，顺势而为"。

三、分级分类是数据主权之核心机制

根据上文可知，不同情形下数据主权形态呈现差异性，分级分类——作为调整保护内容、控制程度之机制，是导致差异形态的直接原因。《网络安全法》提出了网络安全等级保护制度，"分级"机制初步建立。《数据安全法》中提出了数据分类分级保护制度，在"分级"机制基础上增加了"分类"机制，并明确了分级分类的"重要程度＋危害程度"判定标准，不过这个标准具有较大的可解释性。个人信息的分类标准则更为明确，因为其以数量级为分类标准，而数字则不存在解释的空间。可以发现，分级分类机制贯穿了网络安全、数据安全、个人信息保护三大领域，并且在发展中根据各领域的特征采取了不同的标准。

同时，分级分类也将各种主权行使之具体措施统一起来。数据主权的具体行使措施多种多样，目前主要的是数据本地化存储、安全评估、认证等手段。数据本地化存储本身以分级分类为前提，即以数据处理主体性质为分类标准，区分"关键信息基础设施运营者""政府主体"等特殊主体和一般主体。安全评估以数据重要程度、个人信息量级为分类标准，区分"重要数据"和达到一定量级的个人信息。认证则以产品、服务、管理体系为分类依据评估数据安全性。可以发现，虽然数据主权行使的具体措施多样，但是各措施之运作机制都受到分级分类思想的影响。分级分类标准的不同，具体措施就呈现出差异，最终具体情形下的数据主权形态也就具有差异化，然而实质上都是分级分类思想的多样实践。

第八章

中国数据主权治理面临的挑战与应对方案建议

第一节　新时代面临的机遇与挑战

一、数据治理时代的机遇

在大数据、人工智能、区块链等数字技术蓬勃发展的时代背景下，全球数字经济迅猛发展，世界各国对数据的依赖程度明显提升，数据跨境流通也日趋常态化，数据全球化已经成为继贸易全球化、资本全球化之后最新的发展趋势，而数字经济规则和治理体系的构建将对数字经济发展产生重要影响，全球数据治理成为数据全球化进程中一个重要的议题。

在参与全球数字经济治理的过程中，我国拥有丰富的数据资源、巨大的市场潜力、完备的信息基础设施和良好的国际合作基础，为数据主权治理的发展提供了有利条件。

（一）数据资源优势

我国是全球名列前茅的数据生产国和消费国，拥有庞大的用户群体、海量的数据资源和丰富的数据类型，涵盖了多个领域和多个维度，数据挖掘和数据开发的潜力巨大。数据显示，2017—2021 年，我国数据产量从 2.3ZB 增长至 6.6ZB，全球占比 9.9%，仅次于美国，位居世界第二[①]。2022 年，我国数据产量达到 8.1ZB，同比增长 22.7%，全球占比提升至 10.5%，继续位居世界第二，彰显了我国在数据产业方面的巨大潜力。截至 2022 年年底，我国数据存储量达 724.5EB，同比增长 21.1%，全球占比达 14.4%。全国一体化政务数据共享枢纽发布各类数据资源 1.5 万类，累计支撑共享调用超过 5000 亿次[②]。根据国际数据公司（IDC）推测，得益于物联网基础设施优势，2025 年我国或将超过美国成为全球第一大数据生产国。

随着宽带网络迅猛发展，人人都成为数据的生产者，也是数据的使用者和受益者，个人数据的价值越来越被重视，连接到网络的人数也决定着网络数据的价值。网络连接的人数越多，数据交流和信息传播的效率就会越高。在互联网的快速发展下，我国互联网用户的规模持续扩大，拥有全球最大的互联网用户基数和移动互联网用户基数，截至 2022 年 6 月，我国互联网与移动互联网网民人数超过 10 亿人，超过美国和欧盟人口总数，互联网渗透率持续提升，为数字经济发展及数据主权治理提供了强大支撑。

此外，拥有大量的跨境数据对于我国是"无价之宝"，2019 年我国数据跨境流动量约为 1.11×10^8 Mbps，占全球数据跨境流动量的 23%，位居世界第一[③]，跨境数据不仅为我国的经济发展提供了有力支撑，还为科学研究、国家安全和社会治理等领域提供了重要数据基础。庞大的跨境数据流动规模能帮助我国大力推动数字经济发展以及相关规则的制定，进一步提升我国在全球数据治理中的影响力。我国也在积极推动数据资源有序流通

---

① 数据来源：中国信息通信研究院，中国网络空间研究院. 国家数据资源调查报告（2021）[R]. 中国信息通信研究院，中国网络空间研究院. 2022.

② 数据来源：国家互联网信息办公室. 数字中国发展报告（2022 年）[R/OL]（2023-05-22）[2023-06-30]. https://www.cac.gov.cn/2023-05/22/c_1686402318492248.htm.

③ 数据来源：中华人民共和国商务部. 中国数字贸易发展报告 2020 [R]. 中华人民共和国商务部. 2021.

和创新利用，先后制定了《数据安全法》《个人信息保护法》等法律法规，并提出了《全球数据安全倡议》，为全球数据治理提供了中国智慧与中国方案。

我国作为全球重要的数据大国，积极参与和引领全球数据治理的进程，推动全球数据治理体系的建设，将有助于提升我国在国际舞台上的话语权和影响力，在全球数字经济浪潮中捍卫国家数据主权。

（二）市场规模优势

我国已经成为全球名列前茅的数字经济体之一，拥有广阔的市场空间和巨大的市场需求，数字经济发展成就可圈可点，数字贸易增长势头喜人。

党的十八大以来，我国数字化转型发展迅速，2020 年，我国数字经济规模达到了 39.2 万亿元（人民币，下同），位居全球第二，占 GDP 比重 38.6%。其中，北京市、上海市的数字经济在地区经济中已占据主导地位，占 GDP 比重已超过 50%[①]。2021 年，我国数字经济规模进一步提升到 45.5 万亿元，占 GDP 的比重增长到 39.8%[②]。自 2012 年以来，数字经济年均增速显著高于同期 GDP 平均增速[③]，已成为支撑经济高质量发展的关键力量。数字经济的迅猛发展也带来了新的经济增长点和创新动力，加速了产业结构调整和转型升级。

我国数字产业化基础更加坚实，产业数字化步伐持续加快，电商交易额、移动支付交易规模全球第一名。我国电子商务持续繁荣，2021 年，我国实物商品网上零售额 10.8 万亿元，同比增长 12%，占社会消费品零售总额比重达 24.5%，跨境电商进出口规模达到 1.92 万亿元，同比增长 18.6%[④]，彰显了我国电子商务市场的强劲增长势头。我国第三方支付交易

---

① 数据来源：中国网络空间研究院. 中国互联网发展报告 2021［R］. 中国网络空间研究院，2021.

② 数据来源：何桂立. 中国互联网发展报告 2022［R］. 中国网络空间研究院，2022.

③ 数据来源：中国信息通信研究院. 中国数字经济发展报告（2022 年）［R］. 中国信息通信研究院，2022.

④ 数据来源：中华人民共和国商务部. 中国电子商务报告（2021）［R］. 中华人民共和国商务部，2022.

规模持续扩大，2021年，我国可数字化交付的服务贸易规模达2.33万亿元，同比增长14.4%[①]，数字服务跨境支付能力不断增强。我国服务业商业模式不断创新，互联网医疗、在线教育、远程办公等为服务业数字化按下了快进键，阿里研究院最新报告显示[②]，2021年，我国已形成近3000个数字化产业带，覆盖163个城市，涌现出一批享誉全球的互联网平台企业，形成了新产业、新分工、新市场、新模式、新财富，数字化产业带的发展不仅推动了经济增长，也提升了我国在全球数字经济领域的竞争力。

我国还通过数字经济市场优势，积极参与和推动全球数字经济合作，加入《数字经济伙伴关系协定》，探索共建"数字丝绸之路"，共创"数字命运共同体"，为全球数据治理的发展做出了重要贡献。

（三）信息基础设施优势

信息基础设施是数字经济发展的关键底座，目前，我国数字信息基础设施建设正加速发展，取得了显著成效，建设了众多的通信网络基础设施和算力基础设施，涵盖各个城市和乡村地区，为数据的收集、传输和存储提供了坚实的基础。

不断完善的数字信息基础设施为我国数字经济的进一步发展提供了强有力的支持。截至2022年7月，我国已建成全球规模最大、技术领先的移动网络基础设施。截至2022年9月底，我国累计建成并开通5G基站222万个，在扩大有效投资、稳定经济增长的同时，充分发挥数字经济对经济发展的放大、叠加、倍增作用。与此同时，5G网络的覆盖范围也在逐渐扩大，截至2021年年底，我国已成为全球最大的5G市场，覆盖全国所有地级市城区、超过98%的县城城区和80%的乡镇镇区。全国5G基站密度为15.7个/万人，达到2020年同期的1.9倍，北京市、上海市、天津市、浙江省5G基站密度突破20个/万人。我国5G移动电话用户规模居全球首位，达到5.1亿

[①] 数据来源：中华人民共和国国务院新闻办公室. 携手构建网络空间命运共同体［R］. 新华社国内部，2022.

[②] 数据来源：阿里研究院. 数字化产业带：增强产业韧性与活力（2022）［R］. 阿里研究院，2022.

户，是 2021 年同期的 1.8 倍，在移动电话用户中占比 30.3%，青海省、北京市、广东省、宁夏回族自治区、浙江省等地区 5G 移动电话渗透率全国居前[①]，随着 5G 网络的不断发展和智能手机的普及，我国 5G 移动电话用户规模也将继续增长。

得益于长期以来对信息基础设施建设的大力投入，我国已建成全球规模最大的光纤网络，提供高速、稳定的网络连接。截至 2022 年 9 月底，光纤端口数量达到 10 亿个，同比增长 7.9%，光纤用户达到 5.5 亿户，数量居全球首位，为数字化时代的发展奠定了坚实基础。千兆光网加速部署，为社会的数字化转型和智能化发展提供强劲动力，2022 年，我国具备千兆网络服务能力 10G-PON 及以上端口规模达到 1267.9 万个，比 2021 年年末净增 480 多万个，千兆光网具备覆盖超 4.5 亿户家庭的能力，已通达全国所有城市地区，千兆及以上速率固定宽带用户规模超 7603.1 万户，比 2021 年年末净增 4100 多万户。

全方位、多层次、立体化的网络互联架构实现了数据信息的高速传输。截至 2022 年 9 月底，伴随着济南市、青岛市、哈尔滨市、长沙市国家级互联网骨干直联点建成开通，我国国家级互联网骨干直联点开通数量达到 21 个，覆盖了全国主要的经济中心和科技创新城市。网间通信性能持续提升，网络时延和丢包率大幅下降，网络整体性能保持国际一流水平，极大地促进了信息传输和数据交流的速度和效率。

全国一体化大数据中心体系的建设取得了阶段性成果，我国的信息化水平和数据治理能力逐步提升。数据中心的规模和算力取得了巨大的增长，截至 2022 年 6 月底，我国在用数据中心机架总规模超过 590 万标准机架，近 5 年年均增速超过 30%，服务器规模近 2000 万台，算力总规模超过 150EFlops，通用、超算及边缘等多样化的数据中心形态日益满足各行业发展的算力需求，算力发展水平逐步提升，为数字经济发展夯实基础。目前，

---

① 数据来源：中国信息通信研究院. 中国宽带发展白皮书（2022 年）［R］. 中国信息通信研究院，2022.

京津冀、长三角、粤港澳大湾区、成渝等 8 个国家算力枢纽节点建设方案均进入深化实施阶段，"东数西算"工程初见成效，起步区新开工数据中心项目超过 60 个，新建数据中心规模超过 110 万标准机架①，算力集聚效应初步显现。

此外，我国政府也在大力投资境外数字基础设施建设，通过"数字丝绸之路"在全球范围内扩大通信基础设施建设，创造了以我国为中心的跨国网络基础设施体系，促进全球数字化合作与发展，提升我国在国际数字经济领域的话语权和影响力。

关键数字基础设施是国家数据主权行使的关键物质载体，它不仅是数字经济发展的基础，也是夺取数据主权高地的根基，对国家安全和社会稳定产生着深远的影响。

（四）国际合作优势

我国坚持以开放包容的态度推动全球数据安全治理，科学平衡数据安全保护和数据有序流动之间的关系，持续深化跨境数据流动的国际协调合作机制，提高数据安全和个人信息保护合作水平，共同探索反映国际社会共同关切、符合国际社会共同利益的数据安全和个人信息保护规则。

我国广泛开展数字领域国际合作，共享数字经济发展机遇，通过与"一带一路"沿线国家和地区签署"数字丝绸之路"合作谅解备忘、与非洲国家共同制定实施"中非数字创新伙伴计划"、与东盟国家举办中国—东盟数字部长会议，以及中国—东盟数字经济发展合作论坛等方式，致力于构建数据主权时代的治理新秩序。截至 2022 年年底，我国已与 17 个国家签署"数字丝绸之路"合作谅解备忘录，与 23 个国家建立"丝路电商"双边合作机制②，推动我国与丝绸之路沿线国家在数字经济领域深度合作与互联互通。

我国积极参加多双边数字贸易规则谈判与治理合作，稳步推进数字贸

---

① 数据来源：单志广，何宝宏，张云泉. 东数西算下新型算力基础设施发展白皮书［R］. 智能计算（中国智能计算产业联盟），2022.

② 数据来源：华信研究院. "一带一路"数字贸易发展指数报告（2022）［R］，华信研究院，2023.

易领域的制度型开放，与国际社会携手推动数字治理规则的构建与完善。早在 2016 年担任 G20 轮值主席国时，我国就首次将"数字经济"列为 G20 创新增长蓝图中的一项重要议题，牵头制定和发布了全球首个由 20 国集团领导人共同签署的数字经济政策文件《二十国集团数字经济发展与合作倡议》。此后，我国在 2020 年提出了《全球数据安全倡议》，希望以此为基础，同各国共同探讨制定反映各方意愿、尊重各方利益的数字治理国际规则，为加强全球数字安全治理、促进数字经济可持续发展提出中国方案，贡献中国智慧。此外，我国还积极搭建世界互联网大会、世界 5G 大会、世界人工智能大会等开放平台，促进全球数字经济领域的合作与交流，推动全球数字创新发展。

全球数据治理需要各国间的合作和共享，作为全球第二大经济体，我国可以发挥积极作用，推动国际合作机制的建立和数据共享的实践，通过促进国际间的数据流动和共享，加强与其他国家和地区的经济、科技和创新合作，共同推动全球数据治理的发展，构建更加公正、合理的数字世界。

二、全球数据治理时代的挑战

在全球数据治理时代，主权国家间在数据权属、数据跨境流动等数据治理议题上的主张相异，并竞相提出了各自的数据发展战略。美国强调数据自由流动、促进数字市场自由开放为治理目标，并通过政治手段和长臂管辖措施，试图将数据主权牢牢掌握在自己手中。欧盟则是强调个人数据隐私的保护，以数据主权为依托，仅确保在对数据提供高标准保护的前提下促进数据自由流动。建立全球数据治理规则体系，需要全球各国共同努力，形成共识和合作，我国迎来了机遇的同时，也面临着诸多挑战。

（一）数字核心产业受到关键核心技术限制

我国在数字技术的某些关键环节仍然依赖进口，这使我们的数字核心产业在面临突发状况时容易受到关键核心技术限制，这种技术依赖性给我国的数字核心产业带来了不稳定因素，一旦出现供应链中断或技术封锁，将造成生产中断和市场竞争力下降。当前，美国政府通过一系列行政命令对我国实施了重要的技术封锁，不仅对我国经济产生了极大影响，也阻碍了数字核心产业的发展。

半导体技术是数字经济时代和新兴产业竞争的基石，但是目前我国半导体制造技术还存在一定的瓶颈，导致数字核心产业受到关键核心技术的限制。美国自 2018 年以来频繁使用出口管制及外国投资国家安全审查等政策性工具，对我国企业施加限制，以压制我国半导体行业发展。2021 年 4 月，美国参议院外交关系委员会公布《2021 年战略竞争法案》。该法案由国会民主党和共和党共同制定，将中美在供应链和科学技术上的全面竞争上升至立法高度，将对华科技冲突制度化、框架化。2022 年 8 月 9 日，美国总统拜登签署了《2022 年芯片与科学法案》。该法案提出的战略目标是振兴美国国内半导体制造业，但却对美国本土芯片产业提供巨额补贴，推行差异化产业扶持政策，包含一些限制有关企业在华正常投资与经贸活动、中美正常科技合作的条款，充满了美国遏制打压我国半导体产业发展的意图。

美国还限制其他国家存储芯片制造企业向我国工厂提供美国半导体制造设备。2022 年 7 月 6 日，美国推动荷兰禁止芯片光刻设备制造商阿斯麦（ASML）向我国出售制造大部分芯片至关重要的主流技术设备。在此之前，主要控制在生产 7 纳米、5 纳米、3 纳米等最尖端的芯片的光刻机上，现已延伸至荷兰禁止相关企业向我国出售其老一代深紫外光刻机（DUV）。2019 年年底，迫于美国的压力该企业已停止向我国企业销售较为先进的极紫外光刻机（EUV），禁止未经许可向我国半导体制造企业提供可用于制造 10 纳米及以下芯片的多数设备。2022 年 7 月 31 日，美国政府致函半导体设备制造商，要求不得向我国公司提供 14 纳米以及更先进的半导体制造设备。这些举措表面美国政府持续加强对我国的技术封锁，试图削弱我在半导体领域的竞争力。

人工智能也是美国政府意图打压我国的重点领域。2022 年 8 月 31 日，美国芯片设计公司英伟达称被美国政府要求限制向中国出口两款被用于加速人工智能任务的最新两代旗舰图形处置器（GPU）计算芯片——A100 和

H100。高端芯片出口管制，不仅降低了我国人工智能领域的算力性能，还增加了算力成本，进一步延长了我国人工智能领域追赶周期，对我国人工智能产业发展也构成了严峻挑战。

（二）地缘政治博弈复杂、传统管辖权治理模式应对乏力

地缘政治冲突放大新兴技术风险，给传统管辖权治理模式带来了巨大挑战，迫使国际社会重新思考数据治理规则，数字治理紧迫性更加突出。

在网络安全方面，欧盟《2022年网络安全威胁全景》报告显示，2022年以来，地缘政治对网络行动的影响持续加剧，黑客活动显著增加，甚至出现网络攻击者与军事行动相配合的情况，虚假信息也成为重要工具，经常被用作战前的准备活动。2022年9月，在线跟踪问题的组织新闻卫士（NewsGuard）发布的报告也认为，部分数字平台上重大时事的相关视频中，有近20%的视频包含虚假或误导性信息。在关键数字基础设施和数据安全方面，2022年已出现多起卫星网络被迫下线、针对政府部门的"数据擦除"等重大网络安全事件，增加了各国对数字基础设施安全保障的担忧。相关统计数据显示，2022年数据泄露的全球平均成本高达435万美元，比2021年增长12.7%[1]，是相关统计以来的最高值，其中受数据泄露成本影响最大的三大行业分别是医疗保健、金融和制药，均涉及关键基础设施部门。

全球各方都将数字治理上升到关系国家安全的战略高度，不同模式间竞争性更加凸显。美国在2022年10月发布的《国家安全战略》中，明确了新兴技术发展与数字治理秩序契合美式价值观对维护美国国家利益的重要性，由2022年4月4日成立的网络空间与数字政策局专职负责推进相关事项。欧盟2022年7月发布第二个数字外交结论文件，提出以欧盟为主体的数字外交总体推进方案，继续将欧盟价值观在数字领域的全球实现作为整体政策目标，强调欧盟内部数字治理模式和欧盟企业要树立"全球示范性"，同时以是否契合欧盟价值观作为开展国家间数字合作的前提，计划增

---

[1]　数据来源：JOHN ZORABEDIAN. Cost of a Data Breach Report 2022［R/OL］.（2022-07）［2023-06-30］. https://ocedic.com/_newsletters/2022/19-8-22/docs/IBM-DATA-BREACH.pdf.

加"全球门户"海外数字援建计划的投资。印度近年来参与国际多边治理机制更加积极，逐步形成了以数字能力公共产品供给、供应链保障和反对数字恐怖主义为特色的基本主张。我国陆续发布《中方关于网络主权的立场》《携手构建网络空间命运共同体》白皮书、《中国关于加强人工智能伦理治理的立场文件》等重要文件，以促进安全与发展、维护"网络主权"、共建网络空间人类命运共同体为核心的数字治理方案日益清晰。

然而，美欧等西方国家将网络空间政策与意识形态挂钩，持续打压我国数据主权的发展。2022年4月，美国务卿布林肯表示，确保将价值观纳入美国网络空间和数字政策，推进能持续支撑美国价值观的数字技术愿景。2022年4月，美国联手全球约60个国家和地区在线签署了一项所谓"促进开放和自由的互联网"的《未来互联网宣言》，企图主导未来互联网规则制定，以制约我国网络空间发展。此外，美欧在数字领域的跨大西洋协调正在显著提升。俄乌冲突爆发后，七国集团召开会议明确表示美欧将加快数字安全的集体行动，对俄实施了技术制裁，包括限制俄罗斯在关键领域的技术合作和资金流动，并在美国—欧盟贸易和技术委员会（TTC）第二次部长级会议上全面加强了美欧之间的数字合作。欧盟也在旧金山设立了一个办事处以加强跟苹果等产业界在技术政策和法规方面的联系和沟通。同时，由美国主导发起的《互联网未来宣言》《全球跨境隐私规则声明》《印太经济框架》等合作框架，欧盟持续推广的"全球门户"计划，都旨在建立基于共同价值观的数字伙伴关系。

此外，数据的跨境分布式存储也为各国政府执法机构的数据调取带来管辖权上的争议，数据主权的争夺成为各国在网络空间立法博弈的新领地。如今，电子邮件、社交网络帖子和其他许多内容通常存储在不同的国家，导致对普通刑事调查至关重要的证据需要跨国界调取。欧盟委员会2018年的一份报告指出，85%左右的刑事调查需要电子证据，在这些调查中，有2/3需要从另一个管辖区的在线服务提供商那里获取证据，这种数据的跨国界流动引发了许多难题和挑战。2017年，美国微软公司拒绝了美国政府调取其存储的数据的请求，理由是该数据存储在爱尔兰的服务器上，而当时所依据的美国《存储通信法》并无域外效力。随后，美国通过颁布《云法案》解决了其中的部分问题，根据该法案，美国执法部门可以依据《美国法典》第 18 卷第 2703 节的规定获得数据搜查令而不管数据位于何处。但该法案仍并未阐明美国在线服务提供商应如何响应外国政府提出的合法数据请求，假设美国提供商收到《云法案》未涵盖国家的请求，提供商是否可以根据当地法律直接回复，或者该国是否必须使用司法协助条约程序申请美国授权，该法案都未给出明确规定，由数据主权政策差异带来的司法管辖挑战尚未有效解决。

（三）企业出海受到"数字本土主义"和"数据霸权主义"制约

新一代信息技术催生了我国大批科技企业，其中部分企业掌握着海量的用户敏感数据。企业出海横跨多个司法管辖区，纵观用户、企业乃至国家等多个数据主体，其所涉及的数据安全治理国际合作问题既包括国内层面的数据安全治理机制，也包括国际间的数据流动规则和数据隐私保护标准的制订，这使企业面临着"数字本土主义"和"数据霸权主义"的制约。

伴随着大型跨国数字平台在全世界的发展，一些国家强调"数字本土主义"，即数据和服务器的本地化。基于数据安全考虑，我国实行较为严格的数据本地化策略，《网络安全法》《数据安全法》《个人信息保护法》均对数据本地化存储进行了原则性规定，并针对重要数据和个人信息等初步建立了以数据本地化存储为原则、以数据出境安全评估为例外的数据跨境安全治理模式，成为我国数据安全治理机制的核心所在。然而，在数据本地化模式下，我国数字企业可能面临大量数据无法跨境流动或数据跨境安全评估周期长的现实困境，阻碍了数字企业出海合作。有学者指出，若长期与主要贸易伙伴缺乏合法且便捷的数据流动机制，我国企业走出去的合规成本和运营风险会越来越高，一些研发中心、数据中心等战略资源也可能被迫设在海外，甚至会束缚我国数字企业深入参与国际数字贸易[①]。

---

① 熊鸿儒，田杰棠. 突出重围：数据跨境流动规则的"中国方案"［J］. 人民论坛·学术前沿，2021，226（Z1）：54-62.

随着中国数字产业和数字企业出海，西方发达国家尤其是美国频频推行"数据霸权主义"，对我国数字企业实施歧视性贸易待遇或动用行政力量进行打压，对我国数据主权以及数据安全治理国际合作构成了外部挑战。2018 年，美国通过了《澄清境外合法使用数据法案》，该法案赋权美国政府要求电子通信和远程计算服务提供商披露所掌控的用户境内外数据，其深层目的则是扩大美国对数据的司法管辖权范围，拓展美国对境外数据的获取权。此外，在量子计算、高端微芯片、云计算、人工智能和网络安全等关键领域，美国启动了"清洁网络计划"，将我国的一系列互联网产品和服务排除在美国市场之外。2020 年年初，时任美国总统特朗普以国家安全为由签署行政命令，禁止美国人与我国平台企业字节跳动和腾讯两家企业进行交易。拜登上任后则是以数据安全为由，通过新的行政命令限制和约束我国平台企业在美国经营。显然，美国联邦政府试图以国家力量制裁来自我国的平台企业。譬如发起"337 调查"，制定出口管制清单，禁用抖音、微信等应用程序；将半导体制造国际公司（中芯国际）等列入黑名单，声称其产品构成"被转用于军事终端用途"的"不可接受的风险"；针对华为开展一系列技术发展限制；对其他我国科技公司，如阿里巴巴、百度、腾讯和其他云服务提供商，在数据主权上实行双重标准。

（四）跨境数据流动国际规则不明导致数据主权纠纷频发

当前，跨境数据流动已成为推动全球数字经济发展的重要因素，然而世贸规则对数据跨境流动的限制措施缺少一个最低标准，主要将其交由成员国自由裁量。各成员国出于公共政策或国家安全的考虑而对数据跨境流动采取不同的限制性措施，对如何规制数据跨境流动尚未达成有效共识，甚至在数字贸易规则制定上表现得"政治化"和"阵营化"，给全球数字跨境流动带来了挑战和不确定性。在这种情况下，不少国家尝试通过《全面与进步跨太平洋伙伴关系协定》（CPTPP）、《区域全面经济伙伴关系协定》（RCEP）、《数字经济伙伴关系协定》（DEPA）等区域贸易协定来应对。据不完全统计，已有超过 180 个区域贸易协定中增设了包括数据跨境流动在内的数字贸易规则专门章节或专门条款。

各国政府出于对国家安全、经济利益等因素考量，相继出台了相关数据监管政策，以期在跨境数据流动方面设置保护壁垒，但是各国的治理模式却不尽相同，并未形成统一的治理标准，导致数据主权纠纷事件频发。2021年7月，滴滴公司因违规收集用户信息，存在严重影响国家安全的数据处理活动被我国罚款80.26亿元；2021年7月，美国亚马逊公司因违反欧盟《通用数据保护条例》的方式处理个人信息被处以7.46亿欧元罚款；2022年7月，美国谷歌公司因滥用其在视频托管市场的主导地位，未能删除被俄罗斯视为非法的内容被俄罗斯联邦反垄断局罚款20亿卢布；同年9月，谷歌公司未经用户同意收集个人信息并将其用于个性化在线广告和其他目的被韩国个人信息保护委员会罚款692亿韩元；2022年12月，美国微软公司违反法国的《数据保护法》，未经用户允许给用户添加广告cookie被罚款6000万欧元。跨境数据流动国际规则不明在一定程度上加重了对跨境数据流动的限制，阻碍了跨境数据流动的发展。

（五）数据要素市场化配置机制仍待健全和完善

随着我国数据要素相关政策环境不断完善，相关法律规制逐步健全，数据要素资源规模持续扩大，数据交易市场日趋繁荣。然而，我国数据要素市场化配置水平还有待优化，缺乏一个完善的监管体系来保障数据的合法使用和保护个人隐私总体水平还仍需提升。

当前，数据要素市场仍然存在"信息孤岛"现象，数据开放共享程度低，导致数据要素流动困难。数据产权的归属问题也一直是困扰企业和政府的一大难题，缺乏清晰的产权界定将导致数据要素无法进行市场化交易。此外，当前数据要素的价格形成机制尚未建立，缺乏市场发现价格的机制，导致数据交易的公平性和透明性不足。

目前，数据要素市场还缺乏有效的市场化运作机制，缺乏竞争性的市场环境和交易平台。目前，我国在数据产权界定、数据安全和隐私保护等方面的政策法规还不够完善，缺乏可操作性，制约了数据要素市场的发展。同时，国内的用户数据隐私泄露的事件愈演愈烈，违规收集个人信息现象频现，移动端应用软件强制授权等问题突出，这些已成为数字经济治理的难点和重点。数据非法交易态势加剧，随着大量数据交易平台的出现，在缺乏制度规制和行业监管的情况下，大数据流通交易中的问题比较严重，如数据侵权、数据盗窃、非法数据使用、非法数据交易经常出现，已成为行业乱象并处于弱监管状态。

第二节　应对数据主权治理挑战的应对方案建议

党的二十大报告把"加快发展数字经济""发展数字贸易"作为"加快构建新发展格局"的重要内容。党的二十大以来，我国发布了《关于构建数据基础制度更好发挥数据要素作用的意见》，组建了国家数据局，为数据要素的国内大循环提供了制度基础和组织保障。在此基础上，应加快完善我国数据主权战略的理念、内容和规则，提出应对数据主权治理挑战的中国方案。

一、完善数据主权治理顶层设计，树立包容性数据主权观

以"包容性数据跨境流动"理念为引领，贡献统筹发展与安全的数字主权中国方案。建议在"构建网络空间命运共同体"高度上，统筹发展与安全，分别设置独立议题，跳出美国将"数据自由流动"与"贸易自由流动"捆绑设置议题的陷阱。一是在安全议题上，以2020年提出并已产生广泛国际影响的《全球数据安全倡议》为基础，进一步聚焦"全球重要数据安全"，明确数据安全边界，增进国际理解。二是在发展议题上，立足《全球发展倡议》提出的普惠包容价值理念，将数据跨境"安全流动"理念升级为"包容性数据跨境流动"理念。该理念相较于日本2019年提出并广为发达国家认同的"基于信任的跨境数据流动"，更强调以人为本的包容性，有利于携手各国消弭数字鸿沟，迈向合作共赢的全球数字治理，也有助于我国在数字经贸协定谈判中进退有据。三是以包容性数字理念为核心，发

起《全球数据发展倡议》，与《全球数据安全倡议》共同构成我国数据国际治理双支柱，并将"包容性跨境数据流动"嵌入到"数字丝绸之路"建设之中，加快实践探索。

二、加快掌控关键数字技术，筑牢数据主权根基

开源已成为全球科技进步至关重要的创新渠道。开源创新体系建设是我国实现关键数字技术自主可控的重要途径。一是加快开源文化普及，推动开源理念传播，营造有利于开源的发展环境。二是聚焦大数据、云计算、工业互联网、下一代通信网络等新兴技术领域布局重大基础开源项目，提供政策支持。三是鼓励国内头部数字科技企业联合科研院所，围绕国内重点开源项目成立专业领域开源基金会，积极推进开源芯片、开源软件创新联合体建设。四是吸引国外知名开源项目、全球开源社区基金会在我国设立中文分区或成立合资企业、分支机构，鼓励并大力资助国际开源精英参与我国开源社区和开源项目建设。五是鼓励承接和主办更多的国际开源技术交流活动，开发具有国际影响力的开源项目，通过长期积淀形成自主品牌，构建自主可控的开放创新生态。中长期建议为打造全球数据中心和全球开源中心，以数据为抓手，共享开源为依托，助力营造开放创新生态，支撑建设世界科技创新强国的宏伟目标。

三、对接国际高水平数字贸易规则，推进数字领域制度型开放

一是以参与 DEPA 谈判为契机，将自由贸易试验区及自贸港等平台作为先行试点，建设数字领域制度型开放试验区，开展高水平制度型开放开放压力测试，打造我国对接国际高水平数字贸易规则的窗口和试验田。在具体开放领域上，可以优先在跨境数据流动要求上提出更加开放的中国方案，优先开放气候变化、生物多样性等科学数据领域的国际共享。扩大电信、计算

机和信息服务领域高水平开放，允许数据中心、云计算、人工智能等国外数字企业在试验区设立分支机构。二是借鉴欧盟经验，发挥试验区以点带面作用，引领建立全国统一的数字市场制度规则，以数字规则一体化畅通数据要素大市场，形成统一数字大市场优势，进一步将市场优势转化为规则优势，将中国数字规则推向世界。三是加强数字知识产权保护，探索建立安全与开放并重的跨境数据流动机制，通过数字海关、国际大数据交易所保障数据安全交易监管规则的有效性。四是建设性参与上海合作组织、金砖国家、二十国集团、亚太经济合作组织、经济合作与发展组织等现有国际平台机制中数据主权治理、数据安全、数字贸易等相关国际规则和标准制定，与各方进一步加强数据主权治理合作和政策沟通协调，主动设置有利于中国的议程，交流共享最佳实践。

四、加强数字公共平台和产品供给，推进数据安全和流动技术标准制定

一是聚焦全球可持续发展议题，打造开源性数字公共产品。承接和主办更多的国际开源技术交流活动，组织力量尽快推出具有国际影响力的开源社区。聚焦新兴技术领域布局重大基础开源项目，提供政策支持。二是依托"数字丝绸之路"建设，创新数字技术供给，推出一批一流的首创技术、首制产品，加强数字技术向"一带一路"沿线国家转移转化。三是加快"数字丝绸之路"与联合国数字议程对接，围绕联合国发布的《数字合作路线图》主要行动领域，实施一批数字标杆工程，着力输出高水平数字技术标准和数据标准，提升沿线国家对我国数字基础设施建设标准的认可度。四是发挥我国在数字技术领域优势，共建"数字丝绸之路"安全防护网络，统筹协同防范合作中的各种重大风险。加强网络安全关键前沿技术合作研究，开展数字安全治理方面的交流合作，共同提高"数字丝绸之路"的数字监管水平，以此推进我国数据安全和流动技术标准制定的国际影响力。

五、完善数据主权治理的法律架构，积极回应新技术新应用挑战

一是完善数据主权治理立法，鼓励相关行业组织依法制定数据安全行为规范和团体标准，加强行业自律。二是注重国内法与国外法的衔接，做好数据主权治理的国内法和域外法的对接，使两者在碰撞中产生良性互动和交融。三是适应新技术、新应用快速发展迭代的形势，弹性化、前瞻性设计和调整数据主权治理的法律制度。数据主权治理的相关技术和国际实践，远远走在法学理论和治理立法的前面，急需立法层面予以回应。应加快研究新技术、新应用领域的相关法律制度，对人脸、健康码、自动驾驶数据等敏感个人数据，应作出更加严格的法律规范。考虑到数字技术的高速发展趋势，立法应为新技术的采纳留有余地，以适应数字技术和数字经济的新发展。

六、以重要数据治理规则为突破口，提供数据安全国际治理规则新路径

借鉴欧盟非个人数字治理规则，分国际和国内两个层面来完善重要数据出境管理制度。一是在国际层面，将重要数据作为独立议题提出，不再认为其仅属于"例外条款"。在数字贸易谈判中，可以借鉴欧盟将个人数据和隐私保护条款与数据跨境流动条款并列的做法，拟定并提出单独的"重要数据条款"，由各国自行确定重要数据的具体范围。二是在国内层面，尽快厘清重要数据范围，出台重要数据出境安全评估制度，明确我国数据出境的"负面清单"。三是考虑到不同行业不同领域的差异性与复杂性，可通过重要数据认定制度等举措替代列举重要数据范围的方式，并借鉴欧盟经验，建立非重要数据出境认定"白名单"机制，纳入"一带一路"倡议下的双边或多边数据流通协议，逐步实现数字服务领域市场相互有序开放。

七、推动企业数据合规建设，强化数据主权安全意识

企业是数据主权安全管理的责任主体，应监督指导企业落实数据主权治理责任。一是政府应指导企业建立识别和评估数据安全风险的制度和流程，并在大型互联网平台和重点数字贸易企业试点建立数据保护专员（DPOs）制度。二是探索欧盟和美国等主要经济体向中国跨境传输个人数据的替代性途径，建立跨境数据商事争议解决机制和中小企业数据合规性"一站式"服务平台，开展跨境数据流动保障性措施的咨询、指导和培训。三是加强数据主权安全的宣传教育。将数据主权安全观教育纳入总体国家安全观教育中，加强数据主权治理人才培养，让数据主权安全观教育寓于大学生思想政治理论课之中。在全民国家安全教育日等活动中，组织开展形式多样的数据主权安全宣传教育活动，提高公众的数据主权安全意识和个人隐私保护意识。

八、加强国际传播能力建设，提升数据主权治理的国际话语权

一是围绕"数字命运共同体""减少数字鸿沟""构建网络空间命运共同体""创新南南合作模式"等内容展开"数字丝绸之路"话语体系建构和传播。高举数字命运共同体旗帜，加强数字主权战略中国方案的国际传播，增进世界各国对我国数字主权战略的充分理解，为全球数字治理提供新的价值导向，消除因西方国家的数字霸权在全球范围的治理所引发的数字不平等问题。二是强化数据主权治理中的媒体责任，充分发挥主流媒体的优势，善用新媒体，主动出击，积极塑造能充分展现中国优势和特色的国家形象，积极呈现中国在数字经济、数字技术等领域发生的翻天覆地的变化，加大《携手构建网络空间命运共同体行动倡议》和《全球数据安全倡议》的宣传力度。三是革新办会理念，放大主场优势。加大牵头举办数

据主权治理国际性会议和论坛的力度，突出主题设定、议题选择、议程设置等会议环节的中国特色，突破西方数据主权治理会议话语体系中隐含的霸权逻辑。

主要参考文献

［1］纪海龙. 数据的私法定位与保护［J］. 法学研究，2018，40（6）：72-91.

［2］劳伦斯·莱斯格. 代码2.0：网络空间中的法律［M］. 李旭，沈伟伟，译. 北京：清华大学出版社，2009.

［3］梅夏英. 在分享和控制之间数据保护的私法局限和公共秩序构建［J］. 中外法学，2019，31（4）：845-870.

［4］金晶. 欧盟《一般数据保护条例》：演进、要点与疑义［J］. 欧洲研究，2018，36（4）：1-26.

［5］陈兵，郭光坤. 数据分类分级制度的定位与定则——以《数据安全法》为中心的展开［J］. 中国特色社会主义研究，2022（3）：50-60.

［6］周鲠生. 国际法［M］. 北京：商务印书馆，2018.

［7］吴玄. 数据主权视野下个人信息跨境规则的建构［J］. 清华法学，2021，15（3）：74-91.

［8］何波. 数据主权的发展、挑战与应对［J］. 网络信息法学研究，2019（1）：201-216，338.

［9］冉从敬，刘妍. 数据主权的理论谱系［J］. 武汉大学学报（哲学社会科学版），2022，75（6）：19-29.

［10］卜学民，马其家. 论数据主权谦抑性：法理、现实与规则构造［J］. 情报

杂志，2021，40（8）：62-70.

[11] 唐云阳. 安全抑或自由：数据主权谦抑性的展开［J］. 图书与情报，2022（4）：87-95.

[12] 郑琳，李妍，王延飞. 新时代国家数据主权战略研究［J］. 情报理论与实践，2022，45（6）：55-60.

[13] 张晓君. 数据主权规则建设的模式与借鉴——兼论中国数据主权的规则构建［J］. 现代法学，2020，42（6）：136-149.

[14] 陈曦笛. 法律视角下数据主权的理念解构与理性重构［J］. 中国流通经济，2022，36（7）：118-128.

[15] 黄海瑛，何梦婷，冉从敬. 数据主权安全风险的国际治理体系与我国路径研究［J］. 图书与情报，2021（4）：15-28.

[16] 漆晨航，陈刚. 基于文本分析的欧盟数据主权战略审视及其启示［J］. 情报杂志，2021，40（8）：95-103，80.

[17] FLORIDI L. The Fight for Digital Sovereignty：What It Is，and Why It Matters，Especially for the EU［J］. Philosophy & Technology，2020，33（3）：369-378.

[18] 郑春荣，金欣. 欧盟数字主权建设的背景、路径与挑战［J］. 当代世界与社会主义，2022（2）：151-159. DOI:10.16502/j.cnki.11-3404/d.2022.02.013.

[19] 宫云牧. 欧盟的数字主权建构：内涵、动因与前景［J］. 国际研究参考，2021（10）：8-16.

[20] OLE WAEVER. Identity，integration and security：Solving the sovereignty puzzle in EU studies［J］. Journal of international affairs，1995：389-431.

[21] 宫云牧. 数字时代主权概念的回归与欧盟数字治理［J］. 欧洲研究，2022，40（3）：18-48，165-166.

[22] ECIPE. Europe's Quest for Technology Sovereignty：Opportunities and Pitfalls［R/OL］.（2020-05-25）［2023-06-30］. https://ecipe.org/publications/europes-technology-sovereignty/.

[23] 彭前卫. 面向信息网络空间的国家主权探析［J］. 情报杂志，2002（5）：98-100.

[24] 许钊颖. 欧盟公布《芯片法案》，增强半导体领域技术主权［J］. 国际人

才交流，2022（12）：58-60.

［25］冉从敬. 数据主权治理的全球态势与中国应对［J］. 人民论坛，2022（4）：24-27.

［26］钱忆亲. 2020年下半年网络空间"主权问题"争议、演变与未来［J］. 中国信息安全，2020（12）：85-89.

［27］王玫黎，陈雨. 中国数据主权的法律意涵与体系构建［J］. 情报杂志，2022，41（6）：92-98.

［28］周鲠生. 国际法大纲［M］. 北京：中国方正出版社，2004：57.

［29］梁坤. 基于数据主权的国家刑事取证管辖模式［J］. 法学研究，2019，41（2）：188-208.

［30］肖永平. "长臂管辖权"的法理分析与对策研究［J］. 中国法学，2019（6）：39-65.

［31］任明艳. 互联网背景下国家信息主权问题研究［J］. 河北法学，2007（6）：71-74，94.

［32］齐爱民，盘佳. 数据权、数据主权的确立与大数据保护的基本原则［J］. 苏州大学学报（哲学社会科学版），2015（1）：64-70.

［33］朱莉欣.《塔林网络战国际法手册》的网络主权观评介［J］. 河北法学，2014，32（10）：130-135.

［34］卜学民. 论数据本地化模式的反思与制度构建［J］. 情报理论与实践，2021，44（12）：80-87，79.

［35］胡文华，孔华锋. 印度数据本地化与跨境流动立法实践研究［J］. 计算机应用与软件，2019，36（8）：306-310.

［36］孔庆江，于华溢. 数据立法域外适用现象及中国因应策略［J］. 法学杂志，2020，41（8）：76-88.

［37］黄钰. 欧盟非个人数据跨境流动监管模式研究［J］. 情报杂志，2022，41（12）：111-118.

［38］沈俊翔. 数字经济时代个人信息跨境保护的机制研究——兼论CPTPP视野下人民法院参与全球数据治理的新型路径［J］. 法律适用，2022（6）：174-184.

［39］吴玄. 数据主权视野下个人信息跨境规则的建构［J］. 清华法学，2021，

15（3）：74–91.

［40］沈伟，冯硕. 全球主义抑或本地主义：全球数据治理规则的分歧、博弈与协调［J］. 苏州大学学报（法学版），2022，9（3）：34–47.

［41］邓崧，黄岚，马步涛. 基于数据主权的数据跨境管理比较研究［J］. 情报杂志，2021，40（6）：119–126.

［42］王中美. 跨境数据流动的全球治理框架：分歧与妥协［J］. 国际经贸探索，2021，37（4）：98–112.

［43］王燕. 跨境数据流动治理的国别模式及其反思［J］. 国际经贸探索，2022，38（1）：99–112.

［44］翟志勇. 数据主权时代的治理新秩序［J］. 读书，2021（6）：95–102.

［45］刘天骄. 数据主权与长臂管辖的理论分野与实践冲突［J］. 环球法律评论，2020，42（2）：180–192.

［46］何傲翾. 数据全球化与数据主权的对抗态势和中国应对——基于数据安全视角的分析［J］. 北京航空航天大学学报（社会科学版），2021，34（3）：18–26.

［47］赵海乐. 数据主权视角下的个人信息保护国际法治冲突与对策［J］. 当代法学，2022，36（4）：82–91.

［48］沈国麟. 大数据时代的数据主权和国家数据战略［J］. 南京社会科学，2014（6）：113–119，127.

［49］张晓磊. 日本跨境数据流动治理问题研究［J］. 日本学刊，2020（4）：85–108.

［50］傅盈盈. 数字经济视野下跨境数据流动法律监管制度研究及对我国的启示——以日本为例［J］. 经济研究导刊，2021（33）：125–129.

［51］宋慧中，吴丰光. 韩国《信用信息使用及保护法》修订的背景、内容及对我国的启示［J］. 征信，2020，38（11）：70–73.

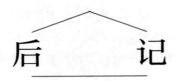

后　记

　　本书立足于中国科协创新战略研究院"国内外数据主权治理格局演化与治理模式研究"课题研究成果。在该课题立项与实施过程中，中国科协战略发展部申金升部长、中国科协创新战略研究院郑浩峻院长给予了大力帮助，对外经贸大学张欣教师及其课题组成员参与了大量工作。在此，感谢对外经济贸易大学民商法学2020级博士宋雨鑫，中国人民大学2021级法学理论博士研究生郭珈铭，对外经济贸易大学2021级国际法学博士贺小桐，北京大学2023级法学理论硕士张旭阳，对外经济贸易大学2021级法律硕士宋佳钰，对外经济贸易大学2021级法律硕士范星楠，北京大学粤港澳大湾区知识产权发展研究院闫文光，中国标准化研究院长三角分院秦瑞翰，中国科协创新战略研究院博士后孙飞翔、助理工程师李世欣参与了研究及相关章节的撰写工作！另外，李世欣协助进行了大量的书稿整理工作。

　　在书稿即将付梓之际，也一并感谢参与课题研究的北京邮电大学任乐毅副教授，以及参与书稿评审的中国科学技术发展战略研究院胡志坚研究员、中国软件评测中心吴志刚副主任、中国社会科学院数量经济与技术经济研究所王宏伟研究员、中国科学院大学经济与管理学院孙毅教授、北京工业大学经济与管理学院何喜军研究员。书稿中参考了大量的相关文献和素材，也一并向有关作者表示敬意。